"十三五"国家重点图书出版物出版规划项目
上海市新闻出版专项资金资助项目

# 西南乡村人居环境

李　云　张　立　王丽娟　著

同济大学出版社·上海

**图书在版编目(CIP)数据**

西南乡村人居环境 / 李云，张立，王丽娟著．—
上海：同济大学出版社，2021.12
（中国乡村人居环境研究丛书 / 张立主编）
ISBN 978-7-5765-0000-4

Ⅰ．①西… Ⅱ．①李… ②张… ③王… Ⅲ．①乡村—居住环境—研究—西南地区 Ⅳ．①X21

中国版本图书馆 CIP 数据核字(2021)第 279771 号

“十三五”国家重点图书出版物出版规划项目
国家出版基金项目
上海市新闻出版专项资金资助项目
国家自然科学基金项目
住建部课题及上海市高峰学科计划资助项目

中国乡村人居环境研究丛书
**西南乡村人居环境**
李　云　张　立　王丽娟　著

丛书策划　华春荣　高晓辉　翁　晗
责任编辑　尚来彬
责任校对　徐春莲
封面设计　王　翔

出版发行　同济大学出版社　www.tongjipress.com.cn
（地址：上海市四平路 1239 号　邮编：200092　电话：021-65985622）
经　　销　全国各地新华书店、建筑书店、网络书店
排版制作　南京文脉图文设计制作有限公司
印　　刷　上海安枫印务有限公司
开　　本　710mm×1000mm　1/16
印　　张　19.75
字　　数　395 000
版　　次　2021 年 12 月第 1 版
印　　次　2021 年 12 月第 1 次印刷
书　　号　ISBN 978-7-5765-0000-4
定　　价　169.00 元



**地图审图号：GS(2021)8333 号**

# 内 容 提 要

本书及其所属的丛书，是同济大学等高校团队多年来的社会调查和分析研究成果展现，并与所承担的国家住房和城乡建设部课题“我国农村人口流动与安居性研究”密切相关；本丛书被纳入“十三五”国家重点图书出版物出版规划项目。

丛书的撰写以党的十九大提出的乡村振兴战略为指引，以对我国13个省（自治区、直辖市）、480个村的大量一手调查资料和城乡统计数据分析为基础。书稿借鉴了本领域国内外的相关理论和研究方法，建构了本土乡村人居环境分析的理论框架；具体的研究工作涉及乡村人口流动与安居、公共服务设施、基础设施、生态环境保护，以及乡村治理和运作机理等诸多方面。这些内容均关系到对社会主义新农村建设的现实状况的认知，以及对我国城乡关系的历史性变革和转型的深刻把握。

本书的撰写以西南地区54个村庄样本、762个农户样本的一手入户调查资料和城乡统计数据分析为基础，建构了基于乡村人居环境建设和村民认同的乡村人居环境分析理论框架，并从时空演变视角结合多源人居环境数据资料进行了复合分析。本书的出版旨在展示西南地区乡村人居环境建设成效，为相关工作的进一步开展提供基础性依据，并为西南地区乡村规划技术规范研究制定提供实证参考。鉴于近年来城乡关系进入新的发展阶段，西南地区的乡村社会也一直处于快速发展变化之中，相关调查与研究工作应持续推进。

本书可供各级政府制定乡村振兴政策、措施时参考使用，可作为政府农业农村、规划、建设等部门及“三农”问题研究者的参考书，也可供高校相关专业师生延伸阅读。

# 中国乡村人居环境研究丛书
# 编委会

# 序　一

我欣喜地得知,"中国乡村人居环境研究丛书"即将问世,并有幸阅读了部分书稿。这是乡村研究领域的大好事、一件盛事,是对乡村振兴战略的一次重要学术响应,具有重要的现实意义。

乡村是社会结构(经济、社会、空间)的重要组成部分。在很长的历史时期,乡村一直是社会发展的主体,即使在城市已经兴起的中世纪欧洲,政治经济主体仍在乡村,商人只是地主和贵族的代言人。只是在工业革命以后,随着工业化和城市化进程的推进,乡村才逐渐失去了主体的光环,沦落为依附的地位。然而,乡村对城市的发展起到了十分重要的作用。乡村孕育了城市,以自己的资源、劳力、空间支撑了城市,为社会、为城市发展作出了重大的奉献和牺牲。

中国自古以来以农立国,是一个农业大国,有着丰富的乡土文化和独特的经济社会结构。对乡村的研究历来有之,20世纪30年代费孝通的"江村经济"是这个时期的代表。中国的乡村也受到国外学者的关注,大批的外国人以各种角色(包括传教士)进入乡村开展各种调查。1949年以来,国家的经济和城市得到迅速发展,人口、资源、生产要素向城市流动,乡村逐渐走向衰败,沦为落后、贫困、低下的代名词。但是乡村作为国家重要的社会结构具有无可替代的价值,是永远不会消失的。中央审时度势,综览全局,及时对乡村问题发出多项指令,从"三农"到乡村振兴,大大改变了乡村面貌,乡村的价值(文化、生态、景观、经济)逐步为人们所认识。城乡统筹、城乡一体,更使乡村走向健康、协调发展之路。乡村兴,国家才能兴;乡村美,国土才能美。但是,总体而言,学界、业界乃至政界对乡村的关注、了解和研究是远远不够的。今天中国进入一个新的历史时期,无论从国家的整体发展还是圆百年之梦而言,乡村必须走向现代化,乡村研究必须快步追上。中国的乡村是非常复杂的,在广袤的乡村土地上,由于自然地形、历史进程、经济水平、人口分布、民族构成等方面的不同,千万个乡村呈现出巨大的差异,要研究乡村、了解乡村还是相当困难和艰苦的。同济大学团队借承担住房和城乡建设部乡村人居环境研究的课题,利用在国内各地多个规划项目的积累,联合国内多所高校和研究设计机构，开展了全国性的乡村田野调查，总结撰写了一套共 10 个分册的“中国乡村人居环境研究丛书”，适逢其时，为乡村的研究提供了丰富的基础性资料和研究经验，为当代的乡村研究起到示范借鉴作用，为乡村振兴作出了有价值的贡献！

纵观本套丛书，具有以下特点和价值。

（1）研究基础扎实，科学依据充分。由 100 多名教师和 500 多名学生组成的调查团队，在 13 个省（自治区、直辖市）、85 个县区、234 个乡镇、480 个村开展了多地区、多类型、多样本的全国性的乡村田野调查，行程 10 万余公里，撰写了 100 万字的调研报告，在此基础上总结提炼，撰写成书，对我国主要区域、不同类型的乡村人居环境特点、面貌、建设状况及其差异作了系统的解析和描述，绘就了一份微缩的、跃然纸上的乡居画卷。而其深入村落，与 7 578 位村民面对面的访谈，更反映了村庄实际和村民心声，反映了乡村振兴“为人民”的初心和“为满足美好生活需要”而研究的历史使命。近几年来，全国开展村庄调查的乡村研究已渐成风气。江苏省开展全省性乡村调查，出版了《2012 江苏乡村调查》和《百年历程 百村变迁：江苏乡村的百年巨变》等科研成果，其他多地也有相当多的成果。但对全国的乡村调查且以乡村人居环境为中心，在国内尚属首次。

（2）构建了一个由理论支撑、方法统一、组织有机、运行有效的多团体的科研协作模式。作为团队核心的同济大学，首先构建了阐释乡村人居环境特征的理论框架，举办了培训班，统一了研究方法、调研方式、调查内容、调查对象。同时，同济大学团队成员还参与了协作高校和规划设计机构的调研队伍，以保证传导内容的一致性。同时，整个研究工作采用统分结合的方式——调研工作讲究统一要求，而书稿写作强调发挥各学校的能动性和积极性，根据各区域实际，因地制宜反映地方特色（如章节设置、乡村类型划分、历史演进、问题剖析、未来思考），使丛书丰富多样，具有新鲜感。我曾在 20 世纪 90 年代组织过一次中美两国十多所高校和研究设计机构共同开展的“中国自下而上的城镇化发展研究”，以小城镇为中心进行了覆盖全国多类型十多个省区、几十个小城镇的多类型调研，深知团队合作的不易。因此，从调研到出版的组织合作经验是难能可贵的。

（3）提出了一些乡村人居环境研究领域颇具见地的观点和看法。例如，总结提出了国内外乡村人居环境研究的“乡村—乡村发展—乡村转型”三阶段，乡村人居环境特征构成的三要素(住房建设、设施供给、环卫景观);构建了乡村人居环境、村民满意度评价指标体系;提出了宜居性的概念和评价指标,探析了乡村人居环境的运行机理等。这些对乡村研究和人居环境研究都有很大的启示和借鉴意义。

丛书主题突出、思路清晰、内容全面、特色鲜明,是一次系统性、综合性的对中国乡村人居环境的全面探索。丛书的出版有重要的现实意义和开创价值,对乡村研究和人居环境研究都具有基础性、启示性、引领性的作用。

崔功豪
南京大学
2021 年 12 月

# 序　　二

这是一套旨在帮助我们进一步认识中国乡村的丛书。

我们为什么要“进一步认识乡村”?

第一,最直接的原因,是因为我们对乡村缺乏基本的了解。“我们”是谁,是“城里人”还是“乡下人”? 我想主要是城里人——长期居住在城市里的居民。

我们对于乡村的认识可以说是凤毛麟角,而我们的这些少得可怜的知识,可能是一些基于亲戚朋友的感性认知、文学作品里的生动描述,或者是来自节假日休闲时浮光掠影的印象。而这些表象的、浅层的了解,难以触及乡村发展中最本质的问题,当然不足以作为决策的科学支撑。所以,我们才不得不用城市规划的方式规划村庄,以管理城市的方式管理乡村。

这样的认知水平,不是很多普通市民的“专利”,即便是一些著名的科学家,对于乡村的理解也远比不上对城市来得深刻。笔者曾参加过一个顶级的科学会议,专门讨论乡村问题,会上我求教于各位院士专家,“什么是乡村规划建设的科学问题?”并没有得到完美的解答。

基本科学问题不明确,恰恰反映了学术界对于乡村问题的把握,尚未进入“自由王国”的境界,甚至可以说,乡村问题的学术研究在一定程度上仍然处在迷茫和不清晰的境地。

第二,我们对于乡村的理解尚不全面不系统,有时甚至是片面的。比如,从事规划建设的专家,多关注农房、厕所、供水等;从事土地资源管理的专家,多关注耕地保护、用途管制;从事农学的专家,多关注育种、种植;从事环境问题的专家,多关注秸秆燃烧和化肥带来的污染;等等。

但是,乡村和城市一样,是一个生命体,虽然其功能不及城市那样复杂,规模也不像城市那么庞大,但所谓“麻雀虽小,五脏俱全”,其系统性特征非常明显。仅从部门或行业视角观察,往往容易带来机械主义的偏差,缺乏总揽全局、面向长远的能力,因而容易产生片面的甚至是功利主义的政策产出。

如果说现代主义背景的《雅典宪章》提出居住、工作、休憩、交通是城市的四大基本活动，由此奠定了现代城市规划的基础和功能分区的意识，那么，迄今为止还没有出现一个能与之媲美的系统认知乡村的科学模型。

农业、农村、农民这三个维度构成的“三农”，为我们认识乡村提供了重要的政策视角，并且孕育了乡村振兴战略、连续十多年以“三农”为主题的中央一号文件，以及机构设置上的高配方案。不过，政策视角不能替代学术研究，目前不少乡村研究仍然停留在政策解读或实证研究层面，没有达到规范性研究的水平。反过来，这种基于经验性理论研究成果拟定的政策行动，难免采取“头痛医头，脚痛医脚”的策略，甚至出现政策之间彼此矛盾、相互掣肘的局面。

第三，我们对于乡村的理解缺乏必要的深度，一般认为乡村具有很强的同质性。姑且不去考虑地形地貌的因素，全国 200 多万个自然村中，除去那些当代“批量”“任务式”“运动式”的规划所“打造”的村庄，很难找到两个完全相同的。形态如此，风貌如此，人口和产业构成更表现出很大的差异。

如果把乡村作为一种文化现象考察，全国层面表现出来的丰富多彩，足以抵消一定地域内部的同质性。况且，作为人居环境体系的起源，乡村承载了更加丰富多元的中华文明，蕴含着农业文明的空间基因，它们与基于工业文明的城市具有同等重要的文化价值。

从这一点来说，研究乡村离不开城市。问题是不能拿研究城市的理论生搬硬套。事实上，我国传统的城乡关系，从来就不是对立的，而是相互依存的“国—野”关系。只是工业化的到来，导致了人们对资源的争夺，特别是近代租界的强势嵌入和西方自治市制度的引入，才使得城乡之间逐步走向某种程度的抗争和对立。

在建设生态文明的今天，重新审视新型城乡关系，乡村因为其与自然环境天然的依存关系，生产、生活和生态空间的融合，成为城市规划建设竞相仿效的范式。在国际上，联合国近年来采用的城乡连续体（rural-urban continuum）的概念，可以说也是对于乡村地位与作用的重新认知。乡村人居环境不改善，城市问题无法很好地解决；“城市病”的治理，离不开我们对乡村地位的重新认识。

显而易见，乡村从来就不只是居民点，乡村不是简单、弱势的代名词，它所承载的信息是十分丰富的，它对于中华民族伟大复兴的宏伟目标非常重要。党的十九大报告提出乡村振兴战略，以此作为决战全面建成小康社会、全面建设社会主义现代化国家的重大历史任务。在“全面建成了小康社会，历史性地解决了绝对贫困问题”之际，“十四五”规划更提出了“全面实施乡村振兴”的战略部署，这是一个涵盖农业发展、农村治理和农民生活的系统性战略，以实现缩小城乡差别、城乡生活品质趋同的目标，成为城乡人居体系中稳住农民、吸引市民的重要环节。

实现这些目标的基础，首先必须以更宽广的视角、更系统的调查、更深入的解剖，去深刻认识乡村。“中国乡村人居环境研究丛书”试图在这方面做一些尝试。比如，借助组织优势，作者们对于全国不同地区的乡村进行了广泛覆盖，形成具有一定代表性的时代“快照”；不只是对于农房和耕地等基本要素的调查，也涉及产业发展、收入水平、生态环境、历史文化等多个侧面的内容，使得这一“快照”更加丰满、立体。为了数据的准确、可靠，同济大学等团队坚持采取入户调查的方法，调查甚至涉及对于各类设施的满意度、邻里关系、进城意愿等诸多情感领域问题，使得这套丛书的内容十分丰富、信息可信度高，但仍有不少进一步挖掘的空间。

眼下我国正进入城镇化高速增长与高质量发展并行的阶段，农村地区人口减少、老龄化的趋势依然明显，随着乡村振兴战略的实施，农业生产的现代化程度和农村公共服务水平不断提高，乡村生活方式的吸引力也开始显现出来。

乡村不仅不是弱势的，不仅是有吸引力的，而且在政策、技术和学术研究的层面，是与城市有着同等重要性的人居形态，是迫切需要展开深入学术研究的领域。

作为一种空间形态，乡村空间不只存在着资源价值、生产价值、生态价值，正如哈维所说，也存在着心灵价值和情感价值，这或许会成为破解乡村科学问题的一把钥匙。乡村研究其实是一种文化空间的问题，是一种认同感的培养。

对于一个有着五千多年历史、百分之六七十的人口已经居住在城市的大国而言，城市显然是影响整个国家发展的决定性因素之一，而乡村人居环境问题，也是名副其实的重中之重。这套丛书的作者们正是胸怀乡村发展这个“国之大者”，从乡村人居环境的理论与方法、乡村人居环境的评价、运行机理与治理策略等多个维度，对13个省（自治区、直辖市）、480个村的田野调查数据进行了系统的梳理、分析与挖掘，其中揭示了不少值得关注的学术话题，使得本书在数据与资料价值的基础上，增添了不少理论色彩。

“三农”问题，特别是乡村问题需要全面系统深入的学术研究，前提是科学可靠的调查与数据，是对其科学问题的界定与挖掘，而这显然不仅仅是单一学科的研究，起码应该涵盖公共管理学、城乡规划学、农学、经济学、社会学等诸多学科。正是出于对乡村人居环境问题的兴趣，笔者推动中国城市规划学会这个专注于城市和规划研究的学术团体，成立了乡村规划建设学术委员会。出于同样的原因，应中国城市规划学会小城镇规划学术委员会张立秘书长之邀为本书作序。

石　楠

中国城市规划学会常务理事长兼秘书长

2021 年 12 月

# 序　三

历时5年有余编写完成的“中国乡村人居环境研究丛书”近期即将出版，这是对我国乡村人居环境系统性研究的一项基础性工作，也是我国乡村研究领域的一项最新成果。

我国是名副其实的农业大国。根据住房和城乡建设部2020年村镇统计数据，我国共有51.52万个行政村、252.2万个自然村。根据第七次全国人口普查，居住在乡村的人口约为5.1亿，占全国人口的36.11%。协调城乡发展、建设现代化乡村对于中国这样一个有着广大乡村地区和庞大乡村人口基数的发展中国家而言，意义尤为重大。但是，我国长期以来的城乡二元政策使得乡村人居环境建设严重滞后，直到进入21世纪，城乡统筹、新农村建设被提到国家战略高度，系统性的乡村建设工作在全国范围内陆续展开，乡村人居环境才得以逐步改善。

纵观开展新农村建设以来的近20年，我国乡村人居环境在住房建设、农村基础设施和公共服务补短板、村容村貌提升等方面取得了巨大的成就。根据2021年8月国务院新闻发布会，目前我国已经历史性地解决了农村贫困群众的住房安全问题。全面实施脱贫攻坚农村危房改造以来，790万户农村贫困家庭危房得到改造，惠及2 568万人；行政村供水普及率达80%以上，农村生活垃圾进行收运处理的行政村比例超过90%，农村居民生活条件显著改善，乡村面貌发生了翻天覆地的变化。

虽然我国的乡村建设政策与时俱进，但乡村建设面临的问题众多，情况复杂。我国各区域发展很不平衡，东部沿海发达地区部分乡村乘着改革开放的春风走出了“乡村城镇化”的特色发展道路，农民收入、乡村建设水平都实现了质的飞跃。而在2020年全面建成小康社会之前，我国仍有十四片集中连片特困地区，广泛分布着量大面广的贫困乡村。发达地区的乡村建设需求与落后地区有很大不同，国家要短时间内实现乡村人居环境水平的全面提升，必然面临着诸多现实问题与困难。

从2005年党的十六届五中全会通过的《中共中央关于制定国民经济和社会

发展第十一个五年规划的建议》提出“扎实推进社会主义新农村建设”，到 2015 年同济大学承担住房和城乡建设部“我国农村人口流动与安居性研究”课题并组织开展全国乡村田野调研工作，我国的新农村建设工作已开展了十年，正值一个很好的对乡村人居环境建设工作进行全面的阶段性观察、总结和提炼的时机。从即将出版的“中国乡村人居环境研究丛书”成果来看，同济大学带领的研究团队很好地抓住了这个时机并克服了既往乡村统计数据匮乏、难以开展全国性研究、乡村地区长期得不到足够重视等难题，进而为乡村研究领域贡献了这样一套系统性、综合性兼具，较为全面、客观反映全国乡村人居环境建设情况的研究成果。

本套丛书共由 10 种单本组成，1 本《中国乡村人居环境总貌》为“总述”，其余 9 本分别为江浙地区、江淮地区、上海地区、长江中游地区、黄河下游地区、东北地区、内蒙古地区、四川地区和西南地区等 9 个不同地域乡村人居环境研究的“分述”，10 种单本能够汇集而面世，实属不易。我想，这首先得益于同济大学研究团队长期以来在全国各地区开展的村镇研究工作经验积累，从而能够在明确课题开展目的的基础上快速形成有针对性、可高效执行的调研工作计划。其次，通过实施系统性的乡村调研培训，向各地高校/设计单位清晰传达了工作开展方法和材料汇集方式，确保多家单位、多个地区可以在同一套行动框架中开展工作，进而保证调研行为的统一性和成果的可汇总性。这一工作方式无疑为乡村调研提供了方法借鉴。而最核心的支撑工作，当属各调研团队深入各地开展的村庄调研活动，与当地干部、村长、村民面对面的访谈和对村庄物质建设第一手素材的采集，能够向读者生动地展示当时当地某个村的真实建设水平或某类村民的真实生活面貌。

我曾参与了课题“我国农村人口流动与安居性研究”的研究设计，也多次参加了关于本套丛书写作的研讨，特别认同研究团队对我国乡村样本多样性的坚持。10 所高校共 600 余名师生历时 128 天行程超过 10 万公里完成了面向全国 13 个省(自治区、直辖市)、480 个村、28 593 个农村家庭的乡村田野调查，一路不畏辛劳，不畏艰险——甚至在偏远山区，还曾遭遇过汽车抛锚、山体滑坡等危险状况。也正因有了这些艰难的经历，才能让读者看到滇西边境山区、大凉山地区等在当时尚属集中连片特殊困难地区的乡村真实面貌，也更能体会以国家战略推行的乡村扶贫和人居环境提升是一项多么艰巨且意义重大的世界性工程。最后，得益于研究团队的不懈坚持与有效组织，以及他们对于多年乡村田野调查工作的不舍与热情，这套丛书最终能够在课题研究丰硕成果的基础上与广大读者见面。

纵观本套丛书，其价值与意义在于能够直面我国巨大的地域差异和乡村聚落个体差异，通过量大面广的乡村调研为读者勾勒出全国层面的乡村人居环境建设画卷，较为系统地识别并描述了我国宏大的、广泛的乡村人居环境建设工程呈现出的差异性特征，对于一直缺位的我国乡村人居环境基础性研究工作具有引领、开创的意义，并为这次调研尚未涉及的地域留下了求索的想象空间。而本次全国乡村调研的方法设计、组织模式和成果展示也为乡村研究领域提供了有益借鉴。对于本套丛书各位作者的不懈努力和辛勤付出，为我国乡村人居环境研究领域留下了重要一笔，表以敬意。当然，也必须指出，时值我国城乡关系从城乡统筹走向城乡融合，乡村人居环境建设亦在持续推进，面临的形势与需求更加复杂，对乡村人居环境的研究必然需要学界秉持辩证的态度持续关注，不断更新、探索、提升。由此，也特别期待本套丛书的作者团队能够持续建立起历时性的乡村田野跟踪调查，这将对推动我国乡村人居环境研究具有不可估量的意义。

彭震伟
同济大学党委副书记
中国城市规划学会常务理事
2021 年 12 月

# 序　　四

改革开放40余年来，中国的城镇化和现代化建设取得了巨大成就，但城乡发展矛盾也逐步加深，特别是进入21世纪以来，“三农”问题得到国家层面前所未有的重视。党的十九大报告将实施乡村振兴上升到国家战略高度，指出农业、农村、农民问题是关系国计民生的根本性问题，是全党工作重中之重。

解决好“三农”问题是中国迈向现代化的关键，这是国情背景和所处的发展阶段决定的。我国是人口大国，也是农业大国，从目前的发展状况来看，农业产值比重已经不到8%，但农业就业比重仍然接近27%，农村人口接近40%，达到5.5亿人，同时有超过2.3亿进城务工人员游离在城乡之间。我国城镇化具有时空压缩的特点，并且规模大、速度快。20世纪90年代的乡村尚呈现繁荣景象，但20多年后的今天，不少乡村已呈凋敝状。第二代进城务工的群体已经形成，农业劳动力面临代际转换。可以讲，中国现代化建设成败的关键之一将取决于能否有效化解城乡发展矛盾，特别是在当前的转折时期，能否从城乡发展失衡转向城乡融合发展。

乡村振兴离不开规划引领，城乡规划作为面向社会实践的应用性学科，在国家实施乡村振兴战略中有所作为，是新时代学科发展必须担负起的历史责任。开展乡村规划离不开对“三农”问题的理解和认识，不可否认，对乡村发展规律和“三农”问题的认识不足是城乡规划学科的薄弱环节。我国的乡村发展地域差异大，既需要对基本面有所认识，也需要对具体地区进一步认知和理解。乡村地区的调查研究，关乎社会学、农学、人类学、生态学等学科领域，这些学科的积累为其提供了认识基础，但从城乡规划学科视角出发的系统性的调查研究工作不可或缺。

“中国乡村人居环境研究丛书”依托于国家住房和城乡建设部课题，围绕乡村人居环境开展了全国性乡村田野调查。本次调研工作的价值有三个方面：

(1) 这是城乡规划学科首次围绕乡村人居环境开展大规模调研，运用了田野调查方法，从一个历史断面记录了这些地区乡村发展状态，具有重要学术意义；

（2）调研工作经过周密的前期设计，调研结果有助于认识不同地区间的发展差异，对于建立我国不同地区整体的认知框架具有重要价值，有助于推动我国的乡村规划研究工作；

（3）调研团队结合各自长期的研究积累，所开展的地域性研究工作对于支撑乡村规划实践具有积极的意义。

本套丛书的出版凝聚了调研团队辛勤的努力和汗水，在此表达敬意，也希望这些成果对于各地开展更加广泛深入、长期持续的乡村调查和乡村规划研究工作起到助推的作用。

张尚武
同济大学建筑与城市规划学院副院长
中国城市规划学会乡村规划与建设学术委员会主任委员
2021 年 12 月

# 总 前 言

只有联系实际才能出真知，实事求是才能懂得什么是中国的特点。

——费孝通

自21世纪初期国家提出城乡统筹、新农村建设、美丽乡村等政策以来，乡村人居环境建设取得了很大成就。全国各地都在积极推进乡村规划工作，着力解决乡村建设的无序问题。与此同时，我国乡村人居环境的基础性研究却一直较为缺位。虽然大家都认为全国各地的乡村聚落的本底状况和发展条件各不相同，但是如何识别差异、如何描述差异以及如何应对差异化的发展诉求，则是一个难度很大而少有触及的课题。

2010年前后，同济大学相关学科团队在承担地方规划实践项目的基础上，深入村镇地区开展田野调查，试图从乡村视角去理解城乡人口等要素流动的内在机理。多年的村镇调查使我们积累了较多的深切认识。此后的2015年，国家住房和城乡建设部启动了一系列乡村人居环境研究课题，同济大学团队有幸受委托承担了“我国农村人口流动与安居性研究”课题。该课题的研究目标明确，即探寻乡村人居环境改善和乡村人口流动之间的关系，以辨析乡村人居环境优化的逻辑起点。面对这一次难得的学术研究机遇，在国家和地方有关部门的支持下，同济大学课题组牵头组织开展了较大地域范围的中国乡村调查研究。考虑到我国乡村基础资料匮乏、乡村居民的文化水平不高、运作的难度较大等现实情况，课题组确定以田野调查为主要工作方法来推进本项工作；同时也扩展了既定的研究内容，即不局限于受委托课题的目标，而是着眼于对乡村人居环境实情的把握和围绕对“乡村人”的认知而展开更加全面的基础性调研工作。

本次田野调查主要由同济大学和各合作高校的师生所组成的团队完成，这项工作得到了诸多部门和同行的支持。具体工作包括下乡踏勘、访谈、发放调查问卷等环节；不仅访谈乡村居民，还访谈了城镇的进城务工人员，形成了双向同步的乡村人口流动的意愿验证。为确保调查质量，课题组对参与调研的全体成员进行了培训。2015年5月，项目调研开始筹备；7月1日，正式开始调研培训；

7月5日，华中科技大学团队率先启程赴乡村调查；11月5日，随着内蒙古工业大学团队返回呼和浩特，调研的主体工作顺利完成。整个调研工作历时128天，100多名教师（含西宁市规划院工作人员）和500多名学生参与其中，撰写原始调查报告100余万字。本次调查合计访谈了7 578名乡村居民，涉及13个省（自治区、直辖市）的85个县区、234个乡镇、480个行政村和28 593个家庭成员。此外，还完成了524份进城务工人员问卷调查，丰富了对城乡人口等要素流动的认识。

本次调研工作可谓量大面广，为深化认知和研究我国乡村人居环境及乡村居民的状况提供了大量有价值的基础数据。然而，这么丰富的研究素材，如果仅是作为一项委托课题的成果提交后就结项，不免令人意犹未尽，或有所缺憾。因而经过与参与调查工作的各高校课题组商讨，团队决定以此次调查的资料为基础，以乡村居民点为主要研究对象，进一步开展我国乡村人居环境总貌及地域研究工作。这一想法得到了住房和城乡建设部村镇司的热忱支持。各课题组很快就研究的地域范畴划分达成了共识，即按照江浙地区、上海地区、江淮地区、长江中游地区、黄河下游地区、东北地区、内蒙古地区、四川地区和西南地区等为地域单元深化分析研究和撰写书稿，以期编撰一套"中国乡村人居环境研究丛书"。为提高丛书的学术质量，同济大学课题组将所有调研数据和分析数据共享给各合作单位，并要求全部书稿最终展现为学术专著。这项延伸工程具有很大的挑战性，在一定程度上乡村人居环境研究仍是一个新的领域，没有系统的理论框架和学术传承。为了创新、求实、探索，丛书的编写没有事先拟定共同的写作框架，而是让各课题组自主探索，以图形成契合本地域特征的写作框架和主体内容。

丛书的撰写自2016年年底启动，在各方的支持下，我们组织了4次集体研讨和多次个别沟通。在各课题组不懈努力和有关专家学者的悉心指导和把关下，书稿得以逐步完成和付梓，最终完整地呈现给各地的读者。丛书入选"十三五"国家重点图书出版物出版规划项目，获得国家出版基金以及上海市新闻出版专项资金资助。

中国地域辽阔，我们的调研工作客观上难以覆盖全国的乡村地域，因而丛书的内涵覆盖亦存在一定局限性。然而万事开头难，希望既有的探索性工作能够激发更多、更深入的相关研究；希望通过对各地域乡村的系统调研和分析，在不远的将来可以更为完整地勾勒出中国乡村人居环境的整体图景。在研究的地域方面，除了本丛书已经涉及的地域范畴，在东部和中西部地区都还有诸多省级政区的乡村有待系统调研。在研究范式方面，尽管“解剖麻雀”式的乡村案例调研方法是乡村人居环境研究的起点和必由之路，但乡村之外的发展协同也绝不可忽视，这也是国家倡导的“城乡融合发展”的题中之义；在相关的研究中，尤其要注意纵向的历史路径依赖、横向的空间地域组织和系统的国家制度政策。尽管丛书在不同程度上涉及了这些内容，但如何将其纳入研究并实现对案例研究范式的超越仍待进一步探索。

本丛书的撰写和出版得到了住房和城乡建设部村镇司、同济大学建筑与城市规划学院、上海同济城市规划设计研究院和同济大学出版社的大力支持，在此深表谢意。还要感谢住房和城乡建设部赵晖、张学勤、白正盛、邢海峰、张雁、郭志伟、胡建坤等领导和同事们的支持。来自各方面的支持和帮助始终是激励各课题组和调研团队坚持前行的强劲动力。

最后，希冀本丛书的出版将有助于学界和业界增进对我国乡村人居环境的认知，并进而引发更多、更深入的相关研究，在此基础上，逐步建立起中国乡村人居环境研究的科学体系，并为实现乡村振兴和第二个百年奋斗目标作出学界的应有贡献。

赵 民 张 立
同济大学城市规划系
2021 年 12 月

# 前　言

本书的撰写依托2015年国家住房和城乡建设部启动的乡村人居环境研究，以及由同济大学牵头、11所高校和科研机构共同参加的全国性乡村田野调查。本书是“我国农村人口流动与安居性研究”课题成果——“中国乡村人居环境研究丛书”的组成部分。课题的研究目标是探寻乡村人居环境的改善和乡村人口流动之间的关系，试图寻找优化乡村人居环境的逻辑起点。

本书是在西南地区乡村田野调查基础之上进一步研究的成果。西南地区是我国地理分区中的重要板块之一，通常包括重庆市、四川省、贵州省、云南省、西藏自治区共五个省（直辖市、自治区）。本次全国性乡村调查，覆盖了西南地区中的云、贵、川三个省份，其中四川省相关调研成果作为本丛书单册《四川乡村人居环境》出版；云南省和贵州省的调研成果则在本书中呈现，其中云南省作为重点研究省份。

此次的乡村调研由同济大学与深圳大学组成的联合团队进行，前期准备工作始于2015年5月，7月初正式开展调研培训，7月下旬至8月底陆续赴贵州和云南两省进行田野调查工作，本次调查共涉及云贵地区11个地级市（自治州）、9个县区（自治县）、25个乡镇、54个村庄、762个农户样本、3 499个农户家庭成员样本。其中，云南省5市43村访谈699位村民，贵州省6市11村访谈63位村民。如没有特别提及，书中所述西南地区即云贵两省。

在基于调查数据的研究过程中，团队从时空演变及差异角度、通过多源人居环境数据资料进行复合分析与解读，对西南地区（尤其是云南省）的乡村人居环境的演变趋势、地域差异、人居评价、价值认同、影响因素、乡村发展本质与动力机制等方面进行系统完整的、富有深度思考的地域乡村人居样本研究。研究还基于乡村价值认同，提出“生活愿景”和“本土认同”概念，期望能够为乡村人居环境建设及乡村永续发展，提供有益的理论分析方法与参考案例。

2015—2018 年的中央一号文件持续跟进乡村人居环境任务部署，直到 2018 年正式出台《农村人居环境整治三年行动方案》，标志着我国农村人居环境建设进入更加科学、系统的推进阶段。因此，本书试图改变目前单一的乡村物质空间环境研究，从西南地区村民的主体感知视角出发，不局限于满意度衡量，从更深层次的主体诉求与发展意愿来评价乡村人居环境建设，提出乡村人居环境发展机制与建设择向。研究进一步审视西南地区与乡村人居环境建设息息相关的乡村产业发展、生态保护和文化传承等方面，构建西南地区“地方乡土价值”的乡村人居环境分析体系，借此书进行阐释。

李 云

深圳大学城市规划系

2020 年 6 月 6 日

# 目　录

# 第1章 绪　　论

## 1.1 研究背景

21世纪以来，我国乡村人居环境建设进入了全面快速发展时期。2004年至今，中央一号文件持续关注“三农”问题，农村建设水平迅速提高。2006年中央一号文件《中共中央 国务院关于推进社会主义新农村建设的若干意见》提出“生产发展、生活宽裕、乡风文明、村容整洁、管理民主”的20字方针，整体推进新农村建设。2007年，党的十七大召开，国家进一步从推进农村改革发展的角度，提出加强农村组织建设、改善农村人居和生态环境、增强农村可持续发展能力。2012年，党的十八大提出生态文明建设、美丽中国建设和中华民族永续发展。2013年1月，中央一号文件《中共中央 国务院关于加快发展现代农业进一步增强农村发展活力的若干意见》提出“加强农村生态建设、环境保护和综合整治，努力建设美丽乡村”，乡村人居环境治理逐渐成为环境建设的重要组成部分。随后《农业部关于切实做好2014年农业农村经济工作的意见》首次提出以农村人居环境整治为着力点，重点抓好“美丽乡村”创建试点工作任务。2014年《国务院办公厅关于改善农村人居环境的指导意见》指出“目前我国农村人居环境总体水平仍然较低”，到2020年基本实现“干净、整洁、便捷”的人居环境。2015—2018年的中央一号文件持续跟进乡村人居环境任务部署，直到2018年正式出台《农村人居环境整治三年行动方案》，标志着我国农村人居环境建设进入更加科学、系统的推进阶段。

云贵两省历来是一个地理区域，同处云贵高原，“地无三尺平”的多山地理格局造成了耕地资源稀缺、交通与信息闭塞等经济发展的先天性限制条件，因此，云贵地区曾经是我国全面建成小康社会进程中脱贫攻坚重点地区，在调研之时仍有诸多贫困村落散落于高山峻岭之间。作为我国“两屏三带”生态安全格局[①]中的西南

① “两屏三带”生态安全格局即以全国主体功能区规划中的青藏高原生态屏障、黄土高原-川滇生态屏障、东北森林带、北方防沙带和南方丘陵土地带以及大江大河重要水系为骨架，以其他国家重点生态功能区为重要支撑，以点状分布的国家禁止开发区域为重要组成部分的生态安全战略格局。

屏障以及长江上游的重要水源涵养区，云贵地区具备多样的自然环境和丰富的生物多样性，承载着生态安全保障重任。两省同为多民族聚居区，是中国民族种类最多的地区，历史上曾存在过夜郎国、南诏国、大理国等地方民族政权，文化多样性显著，是我国传统村落分布最为密集的地区之一。

## 1.2 研究宗旨及价值

### 1）认识西南地区的乡村人居环境建设基础

2015 年开展的 13 个省（自治区、直辖市）480 个村乡村调查是一次全国层面的乡村人居环境田野调查，与以往的专项调查不同，本次调查全部是专业人员深入田间地头、走访入户完成，即使是在偏远山区的未通硬化道路的贫困村，课题组成员也在当地调研人员陪同下到达现场采集一手数据和资料，使数据搜集和感性认识相结合，具备较强的接地性，为充分认识西南地区的乡村建设现状、问题及其价值提供了直观感受与基础信息。

### 2）为乡村人居环境建设政策制定提供参考

截至 2019 年，云南省有 684 个镇、542 个乡、11 861 个村委会，贵州省有 837 个镇、122 个乡、13 231 个村委会，乡村人居环境建设任务依然艰巨。本书从多学科、多视角，以较为系统和全面的田野调查素材为基础，并结合相关年鉴数据等材料，展开分地域的乡村人居环境研究，实践性与理论性并重，并结合地区具体问题，对乡村人居环境的若干政策（规划）提出建议，为国家和西南地区地方政府乡村发展政策制定提供支撑。

### 3）为西南地区乡村规划编制实施提供技术支撑

在乡村振兴战略实施及国土空间规划改革的背景下，编制实用性村庄规划是必然需求。根据住建部村镇建设统计报表，2019 年云南省和贵州省已编制村庄规划的行政村占比分别为 80％和 76％，村庄规划编制需求仍较为迫切。本书针对西南地区的典型地理环境、多民族文化特征、生态重要性特征，对当地人居环境发展模式进行了探究，可以为当地乡村规划的编制实施提供技术支撑。

#### 4) 丰富了中国特色的乡村人居环境分析体系

本书作为住建部乡村人居环境系列丛书的平行研究之一，从西南地区的地域特殊性和内在差异性视角，初步构建了中国特色的西南地区乡村人居环境基础理论体系。本书的科学价值在于，基于西南地区调研数据和案例，尝试构建“地方乡土价值”(Local Value)的概念框架，进一步丰富了中国特色的乡村人居环境分析体系。

## 1.3 研究现状及进展

### 1.3.1 乡村人居环境研究概况

#### 1) 总体进展

国外乡村人居环境研究始于乡村地理学，主要源于对乡村聚落地理环境特征的认识和归纳，研究侧重于对乡村聚落形态和空间规律的探索。早期的研究多围绕乡村的农业属性展开，着力研究农业生产空间与乡村聚落空间的相互影响关系，代表性观点包括德国学者杜能(Johann Heinrich von Thünen)于1826年提出的古典农业区位理论(张明龙，2014)，法国地理学家白兰士(Pal Vidal de la Blache)等学者研究的乡村聚落的类型、分布、演变及其与农业系统的关系等(顾姗姗，2007)。进入20世纪中期，随着欧美主要国家城市化进程的快速推进，乡村地域的经济结构和空间构成也发生了新的变化，这一时期对于乡村人居环境的研究进一步拓展至由城市发展所导致的乡村生产方式与生产环境变化、乡村交通基础设施、乡村住房以及城乡发展差距等方面的议题(Thomas，1963)。进入20世纪末期，西方发达国家陆续进入“后城市化”发展阶段，对于乡村人居环境的研究已不再是仅从乡村自身发展规律的视角出发，而是将乡村置于城乡一体化发展环境下，对乡村空间品质、乡村功能、设施配置水平等提出要求(李伯华等，2008)，如强调发展循环经济、自然环境保护和创造乡村就业的重要性(Audirac，1997)，或重视对城乡关系的研究以及乡村性的评估与识别(Woods，2009)。与此同时越来越多学者开始探讨乡村人居环境建设的可持续性(Woods，2010)，以及人居环境建设中公众参与的重要性(Ambe J. Njoh，2011)，倡导多元、开放、包容、可持续的乡村人居环境空间建设。

从文献发表数量来看(图 1-1),国内学者对于乡村人居环境的研究始于21 世纪初,近年来随着“新农村建设”和“美丽乡村”的推进,对乡村人居环境研究的数量、广度与深度都有了显著提升。尤其是自 2017 年党的十九大报告提出实施“乡村振兴战略”后,对乡村人居环境的研究达到了新的高度,研究领域逐步涵盖地理、环境、生态、城市规划、建筑、社会学研究等多学科领域(图 1-2)。

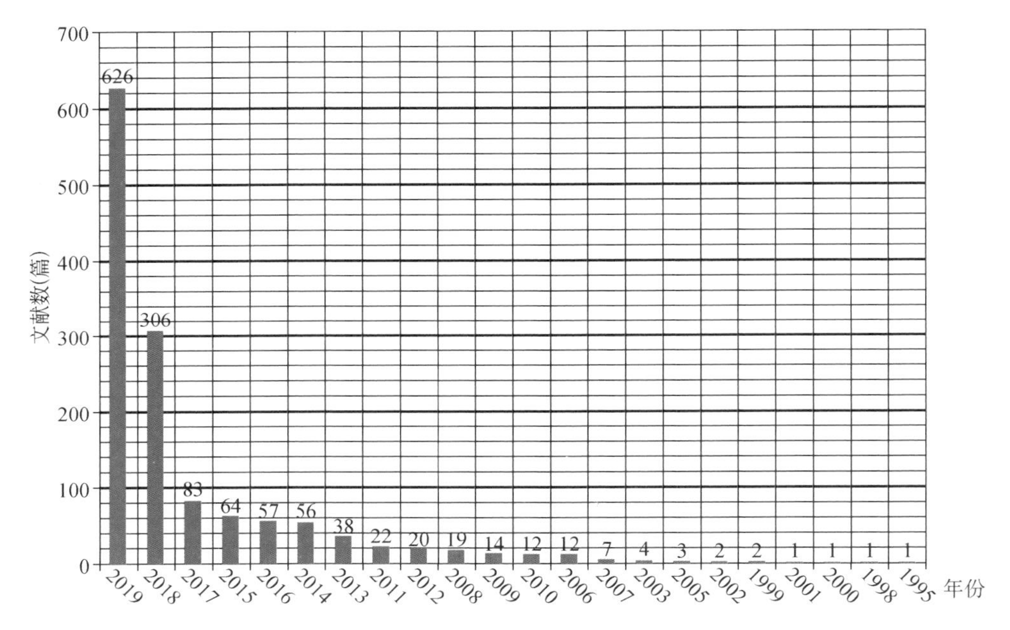


图 1-1 CNKI 文献数据库 以“乡村人居环境”为关键字检索的文献年度发表数量
资料来源:中国知网数据库,2021 年 4 月 22 日登录。

初步总结既有研究成果可以发现,当前乡村人居环境研究中较为主要的研究包括以下几个方面:

首先,对乡村人居环境的构成及空间特征的探讨。对于乡村人居环境特点的研究可分为两个层面:一类是在中观层面将一定区域(省或市)内的群体乡村空间作为研究对象,测度研究区域内村庄总体人居环境的特征与发展水平差异;另一类是聚焦乡村社区个体,在微观层面研究村庄空间的构成、要素特点、设施配置水平、社会结构等。针对第一类的研究,学者多采用构建指标体系的方法开展人居环境质量的量化评估(李伯华等,2009;刘春艳等,2012),这也是当前乡村

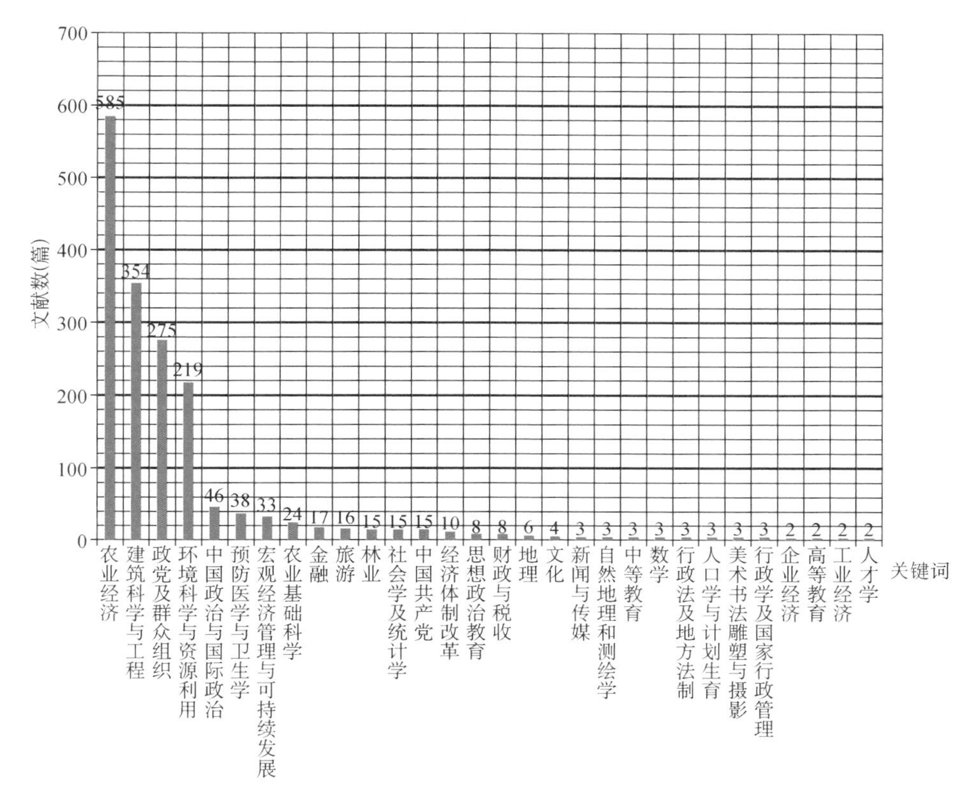


图 1-2 CNKI 文献数据库 以“乡村人居环境”为关键词检索的文献涉及学科
资料来源:中国知网数据库,2021 年 4 月 22 日登录。

人居环境研究中的热点内容,将在本书第二部分展开重点评述。针对第二类微观尺度的研究,主要采用入户调查和田野调查的方式,重点观察村庄人居环境的历时性演变特征。如唐明(2002)以典型宗族村落——丁村为案例,从自然环境、经济模式、宗族组织、家庭结构等角度深入研究丁氏宗族的发展与丁村村落形态特征。陈兰(2011)将酉阳县 5 个村庄根据经济发展和地形两个指标分为三种类型,发现不同类型的村庄在居住条件和居住环境上存在差异,并且农户的整理意愿和整理模式也有所不同。李伯华等(2012)以湖北省红安县二程镇 8 个村为例,探讨了转型期特定区域乡村人居环境聚落的空心化和边缘化、生态环境的剧烈恶化以及乡村社会文化的更新等方面的演变特征,并认为其演化实质是农户空间行为作用的外在表现,不同类型农户的空间行为对乡村人居环境有不同的作用方式和影响效果,其综合效应构成了乡村人居环境的系统功能。

上述微观尺度的村庄人居环境演变研究往往侧重于不同的学科视角。如政治学主要侧重于乡村文化转型的研究，其中包括城市化背景下乡村文化的变迁及乡村文化转型的原因、过程和策略等（贺雪峰，2013；夏永久，储金龙，2014；魏成等，2016）；生态学则主要是研究关于人居环境建设中环境、生态保护与可持续发展问题（甘枝茂等，2005）；地理学侧重研究乡村人居环境的空间演变及规律（周政旭等，2018）。

从研究的内容来看，大致可以分为以下三类：一是乡村聚落的演化分析，具体指对乡村人居环境的时空特征演化规律以及影响因素的分析。如李伯华等（2014）基于自组织原理对乡村人居环境系统的特征及演化机理进行探索，他认为乡村人居环境是一个包含自然生态环境、社会文化环境和地域空间环境的动态复杂系统，具有开放性、非平衡性、非线性和涨落性的典型自组织结构特征。其中，空间变化的研究还包括乡村土地利用方式的变化，乡村宅基地转型和空间格局的变化（龙花楼，2006；王思远等，2002）。空间格局变化和村民的空间行为变化密切相关，比如说空心村现象就值得重视（程连生等，2001）。二是乡村人居环境的评价研究。学者通过构建评价指标体系，对一定区域范围内的乡村人居环境进行评价及研究。三是自然适宜性分析，关注因城市化快速发展而出现的自然环境问题。

其次，对乡村人居环境形成的原因与机制研究，重在总结内在规律。既有研究从不同学科视角出发，研究乡村人居环境的影响因素，包括气候与地貌、地理环境、区域经济发达程度、乡村价值认知与乡村发展政策及农民的主观行为与社会关系、农民的城镇化意愿等（朱炜，2009；张乾，2012；甘枝茂等，2005；唐小丽，2013；周游，周剑云，2014；薛冰等，2020；李伯华，曾菊新，2009；王成新等，2005）。从当前的研究现状来看，基于村民个体行为特征或家庭决策的微观层面研究成果相对较少，研究者往往偏向于乡村规划、乡村转型等宏观研究，忽略了对乡村人居环境的微观主体——农户的研究。乡村人居环境的状态归根结底是人的行为造成的，摸清微观主体的行为规律及影响行为的关键因素是解决问题的关键。比如，李伯华和曾菊新（2009）基于农户空间行为，从居住空间、消费空间、就业空间、社会交往空间四个方面探讨了农户空间行为变化的原因，以及农户的空间行为变化对乡村人居环境的影响和制约，并尝试从农户个人行为总结出人居环境演化特征和规律，最后提出优化建议。此外亦有不少学者从综合视角讨论乡村人居环境的演变机制，如薛力（2005）讨论了影响江苏乡村聚落发展的自然、社会基础，详细分析了地形地貌、水文、气候、资源、经济、人口、生活方式、技术、制度等各种因素对乡村聚落空间分布的影响，并预测未来的乡村发展将会受到更加复杂的综合作用。

再次，对改善乡村人居环境的路径或规划方法研究。从规划角度看，提升乡村人居环境品质主要涉及规划类型方面的研究。在村庄层面主要有村庄建设规划和村庄环境整治规划：前者是对村庄住宅、公共服务设施、供水供电、道路、绿化、环境卫生以及生产配套设施做出的具体安排；后者是对村庄公用设施与村容村貌的整治整修等。此外，彭震伟和陆嘉（2009）认为，区域村庄布点规划是农村人居环境建设及编制村庄建设与环境整治规划的重要依据，要从区域角度出发，立足于区域城镇化发展的目标，明确农村人口容量从而提出村庄发展策略和各类社会服务设施与基础设施的配套要求。从行为主体视角来看，多数文献认为政府是实施策略的主要行动主体，如何引导政府公共财政资源有效作用于村庄人居环境建设是较多研究所关注的议题，但对于政府在村庄人居环境建设中所承担的责任仍存在不同看法（贺雪峰，2013）。第一类可总结为“强政府”观点，强调仍需大力加强政府资源在人居环境提升中的主导作用，如李伯华等（2014）提出，考虑到中国城乡二元结构依然存在，政府的制度性约束对乡村人居环境建设主体的影响力依然强大，政府应强化自身的正向作用，加强乡村基础设施建设投入，有序推进乡村居民点建设；第二类是呼吁“弱政府，强村民”，要避免使政府成为“无限责任”政府，同时要更加积极地调动村民参与村庄建设的主动性，如贺雪峰（2013）基于全国多地乡村土地整治与村庄环境改善的实地调研提出，公共资源的下乡应与村民的能动性充分结合才能使政策发挥应有的作用。但无论是哪一类观点，村民的意愿和主体性在乡村人居环境提升策略中的重要性逐渐被重视，越来越多的学者开始深入研究如何从村民主体视角及村社需求角度来提出以人为本、差异化的人居环境改善策略。

### 2）质量评价研究

对人居环境质量评价的研究最早始于城市研究，主要研究方法为通过构建多因子指标体系量化衡量人居环境质量。随着该研究方法的日渐成熟,国内学者逐步沿用对城市的研究方法以分析乡村人居环境质量,并取得了一定研究成果。

从空间尺度来看,研究内容包括在省域、市域等较大范围内对乡村人居环境品质进行总体评价,以及在乡镇及村庄等个体尺度进行更为深入的评价研究。如朱彬等(2015)以地级市为单元对江苏省的乡村人居环境进行了研究,从基础设施、公共服务设施、能源消费结构、居住条件和环境卫生五个方面构建评价指标体系,分析了省域乡村人居环境质量的空间格局特征并通过空间自相关法研究了乡村人居环境质量空间集聚性特征。

从评价维度来看,当前针对乡村人居环境质量的评价标准尚未得到统一,各学者采用的评价指标体系各有不同。从既有研究可以看出,大部分学者采用的评价指标体系均包括乡村人居硬环境和软环境两方面的量化指标。其中硬环境是指物质空间环境,主要包括四个层面的内容:第一,生态环境,它包含卫生环境、水文环境、绿化景观环境等内容;第二,居住生活环境,它包含住房条件、绿地空地、娱乐设施等;第三,基础设施环境,包含供水、供电、供气、供热、道路、通信等;第四,可持续发展环境,包括土地、能源、人口等内容。而人居软环境即指社会经济环境,主要包括经济层面的村民收支情况、村庄产业产值以及社会层面的邻里关系、休闲娱乐、治安等内容。既有研究中的乡村人居环境评价维度梳理见表1-1。

表1-1 乡村人居环境评价指标体系研究概况

| 年份 | 作者 | 研究内容 | 系统层 | 子系统层 |
| --- | --- | --- | --- | --- |
| 2006 | 胡伟<br>冯长春 | 乡村人居环境优化系统研究 | 乡村人居环境评价指标 | 安全格局、村镇规划、社会经济、基础设施、环境卫生、公共服务设施 |
| 2007 | 周围 | 乡村人居环境支撑系统评价指标体系的构建 | 乡村人居环境支撑系统总体建设水平 | 基础设施建设、交通建设、通信建设、物质环境规划建设 |
| 2008 | 刘学<br>张敏 | 镇江典型乡村人居环境与满意度评价 | 乡村人居环境建设水平评价 | 基础设施、居住条件、社会公共服务设施、生态环境 |
| 2010 | 董国仓 | 三峡库区乡村人居环境质量研究 | 可持续发展的人居环境评价指标体系 | 自然资源、社会经济、基础设施、生活质量、安全保障、环境卫生 |
| 2013 | 杨兴柱 | 皖南旅游区人居环境质量评价 | 乡村人居环境质量水平 | 基础设施、公共服务、能源消费结构、居住条件、环境卫生 |
| 2015 | 朱彬<br>张小林<br>尹旭 | 江苏省乡村人居环境质量评价及空间格局分析 | 乡村人居环境质量水平 | 基础设施、公共服务、能源消费、居住条件、环境卫生 |

从研究方法来看，多数学者运用熵值法、层次分析法（Analytic Hierarchy Process，AHP）、德尔菲法（Delphi Method）、GIS分析法、专家打分法和主成分分析法等数据处理与分析方法对人居环境质量进行评价打分。为避免过于受主观定性和单一方法的局限性影响，部分研究采用了基于以上基本方法的混合算法，例如，曾菊新等（2016）应用Delphi和AHP混合法分析了1998—2012年间湖北省利川市的乡村人居环境。

乡村人居环境评价方法是人居环境研究中的重点内容，目前的研究在体系构建、指标选取、分析方法等方面已有较多探索和突破，但仍存在以下几方面的不足。一是人居环境指标体系的建构评价，很大程度上取决于研究的关注偏向（如指标体系的权重分配和指标的选择）和指标的可获取性，出于不同的研究目标，目前尚未形成比较稳定、成熟、便于验证比较的指标体系和处理流程。二是从指标建构来看，由于大多采用年鉴数据来构建指标体系，从而导致数据一定程度上不够丰富并缺乏一定时效性。三是从评价指标体系上来看，大部分研究均沿用城市的评价体系而未体现乡村特性，缺少对乡村生产生活及当地居民主观评价的关注。四是研究方法较为单一，绝大多数研究以官方统计的基础数据为主要依据，而较少研究能够结合实证调查，将村民的主观感受纳入对乡村人居环境质量的评价，因此，对于人居环境的认知多重物质空间而轻社会环境，这样得到的评价结论往往是片面的，而非综合的。

### 3）村民满意度评价研究

国外学者从主客体相互作用的角度对人居环境做过较多探讨。美国学者坎贝尔（A. Campbell）认为，“客观变量”对“主观生活质量计量的变化最多只解释了17%”（李伯华等，2008），其他学者一系列研究也表明，居民的主观评价与客观物质环境实际上存在一定的偏离现象，单纯从客观环境方面对人居环境进行评价并不全面（李云等，2019），因此结合对人居环境的主观满意度来补充对乡村人居环境的认识是很有必要的。

随着村民自主择居能力和意识的增强，国内对人居环境主观满意度的研究日益增多，涉及的领域主要包括建筑学、心理学、地理学、社会学等。心理学家常怀生先生的著作《环境心理学》以微观环境与人的心理的相互作用为核心，深入探讨了主体的主观评价与环境的关系。而擅长人地关系研究的地理学者则通过问卷调查构建满意度评价指标体系进行评价分析，关于乡村人居环境研究的成果较为丰富。例如殷冉(2013)通过对南通市典型村庄的调查，构建了自然生态、社会服务、乡村基础、居住条件、乡风文明五个方面的满意度评价指标体系，运用模糊评价法分析了村民满意度指数，并结合“顾客满意度”的相关理论探讨了影响村民满意度的因素。而武晓静等(2013)以福建省安溪县为例，对当地乡村基础设施和公共服务设施两方面进行了调查，研究了当地乡村人居环境的发展特征，研究表明，不同发展状况的乡村人居满意度不同。刘春艳等(2012)以吉林省9个村庄为例，从生态环境、基础设施、居住条件、社会服务和社会关系五个方面构建满意度评价体系，对调查村庄进行了综合评价和分区评价，并且对各单个因子进行了统计分析。张东升和丁爱芳(2015)对山东省17个区的随机村庄进行实地问卷调查，从居住环境、住房条件、市政设施、道路交通等方面分析了村民的满意程度，最后针对结果提出改善意见。

人居环境说到底是“人”的环境，从文献的梳理中可以看出，我国的乡村人居环境研究在客观环境评价的基础上，逐渐增加了不少从主体角度出发的研究成果。但总的来看，主观满意度评价的研究体系尚未成熟，尤其对村民主观满意度与客观物质环境评价之间匹配程度的研究几乎是一片空白，关于主客观评价出现差异现象的原因也未见研究，因此这方面的研究很有必要。

#### 4）动因与机制研究

人居环境的内外动因，主要存在内生主体意愿和外部介入意愿两种。前者主要包括在乡村生活的当地村民(包括村支书或村主任等)，其对于人居环境发展意愿的认知是直接基于当地人居环境质量与自身满意度，较直接地反映了当地的生活质量与环境品质。后者主要是村庄以外的发展主体对乡村人居环境的认知和改变意愿，主要包括各级政府、规划设计单位和商业开发机构。

乡村建设涉及村民、乡村集体组织、各级政府部门、企业、其他非政府组织等众多利益相关群体，不同的利益主体有不同的意愿及诉求。而政府和村民作为乡村规划中两个主要的群体，对其各自意愿的分析就显得尤为重要。村民的意愿包括村庄发展意愿、村民生产意愿、村民生活意愿和村民资产意愿，其中生活意愿是指村民对于日常生活的个体意愿，在一定程度上是对集体中居住生活意愿的反映和体现。包括村民日常的衣食住行、对于公共服务设施和基础设施的想法和建议，以及对环境景观公共空间等的意愿（乔路，李京生，2015）。国内学者通过走访及问卷调查的方式对村民生活愿景进行了较多研究，白南生等（2007）发现大多数村民对基础设施需求强烈，且生产型设施的需求强度大于生活型设施。李强等（2006）通过村民访谈的方式研究了村民对乡村公共服务项目的满意程度及投资意愿，认为政府应当加强对村民满意度低、投资意愿强烈的设施进行投资。

政府的意愿则体现在处理乡村问题的态度及相关政策、各类乡村规划上。政府对乡村的意愿诉求归结于以下几类议题：保障国家粮食安全、保护乡村生态环境、保护乡村历史文化、促进乡村的休闲娱乐、提高村民的生活福利等。中央政府希望在当前背景下保证粮食生产的充足供给和生产安全，以打破城乡二元结构，解决“三农”问题。地方政府的诉求除落实中央政策之外，还希望缩小城乡差距、改善乡村人居环境、保护乡村自然生态环境和历史文化环境，以及通过产业发展、用地集约等方式实现乡村地区可持续发展（李琬，孙斌栋，2015）。

但在实践中，政府和村民两者意愿往往出现不协调甚至矛盾之处，导致规划难以实施或者村民的满意度较低。乡村空间是以家庭为空间生产单元的行为主体与实施主体的统一，村民之间长期保持良好的“共生关系”能有效减少邻里矛盾，但规划时往往忽视乡村的地域特点，简单照搬城市空间形态，割裂了乡村空间环境组织肌理，使得不少村民抱怨规划实施后邻里之间的关系大不如前（章莉莉等，2010）。

李伟等（2014）从政府和村民双向需求的角度，在人居、生态、设施配建、体制、产业五个方面对两者之间需求的差异性进行了探索，研究结果发现，双方在人居建设和产业发展两方面存在需求错位和冲突。在人居建设方面，政府希望村民集中居住以达到节约用地的效果，而村民却不希望放弃现有宅基地；产业发展方面，村政府希望通过对产业和土地宏观调控以改变现有粗放的发展模式，而村民却想在现状的基础上扩大规模（孟莹等，2015）。因此，有必要对各群体利益诉求和意愿进行分析，以期达到协调一致。

对于外部主体介入意愿，则从规划政策层面对乡村人居环境提升进行相关研究。研究大多基于村域人居环境整治中存在的问题,从基层组织、工作重点、合作参与模式、资金保障模式、管理机制、村民自身意识的提升等角度为其提供人居环境发展的政策路径(李伟等,2014;赵婷,2020)。

### 1.3.2 西南地区乡村人居环境研究

#### 1) 总体进展

特殊的地貌特征与独特的民族文化共同塑造了西南地区丰富多样又各具特点的乡村聚落。因此,在研究西南地区乡村人居环境的发展过程中,地域特色与社会文化长期以来一直是学术研究的重点。对云南民族聚落的研究最早可追溯到20世纪初期国内外建筑及人类学家对昆明、丽江地区的考察研究,新中国成立后,云南省组织民族调查,云南省设计院先后两次全面调查编写《云南民居》(杨大禹,2009),该项调查为研究云南的乡村聚落特征提供了宝贵的一手调研素材,对了解云南乡村人居环境特征具有重要意义。随着对民族地区的调查研究逐步深入,在20世纪80年代涌现不少研究云贵地区乡村民族建筑与聚落的成果,对系统认识和研究云贵的乡村传统聚落具有重要影响。当下,云贵地区众多的"中国传统村落"得到社会与学界各个层面的广泛关注(高倩, 赵秀琴,2014),尤其是在大力推动传统村落保护与乡村旅游开发的发展趋势下,越来越多的成果涉及西南地区乡村聚落空间与社会经济、旅游发展、生态环境之间的密切联系,其中更多学者针对民族传统村落的乡村文化景观、生态景观、旅游发展、保护传承等问题开展了更为深入的探索(图1-3),这标志着西南地区乡村人居环境的研究已经从以民居建筑、聚落空间等物质要素为主要研究对象,转向以居住生活空间、产业发展空间、乡村景观、文化遗产等为对象的多元、综合的乡村空间研究。

#### 2) 特征与评价

西南地区多山地,人居环境有其特殊性。从既有研究来看,西南地区的乡村人居环境评价指标体系区别于一般地区的乡村研究,更加突出对地理环境、文化价值的考虑,而宜居性、生态适宜性、可持续性、本土化等成为衡量西南地区乡村

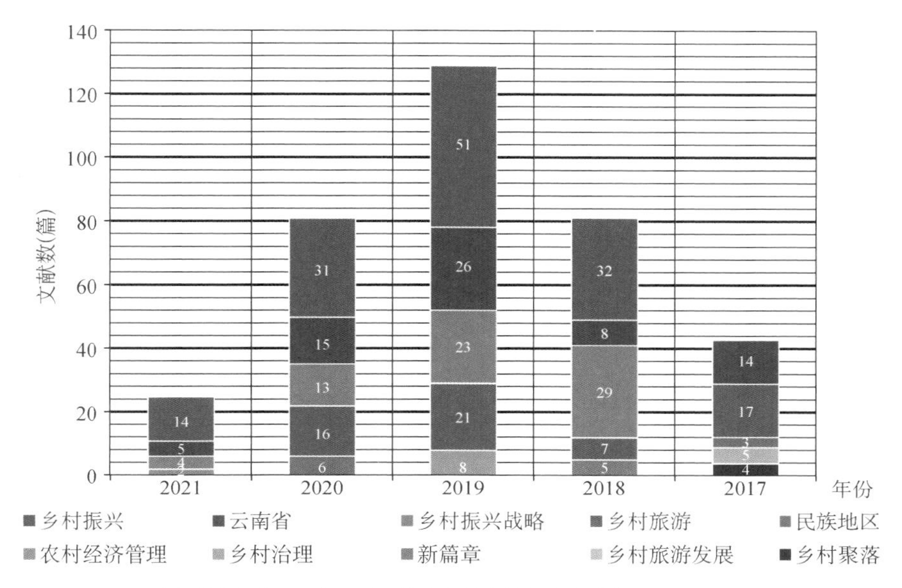


图 1-3　CNKI 文献数据库以“云南 & 乡村”为关键字检索的文献篇数
资料来源：中国知网数据库，2021 年 4 月 22 日登录。

人居环境质量的特色指标。如程海帆（2019）基于自然地理、文化景观、社会经济、传统村落四个方面构建了云南民族聚落的人居环境的评价体系，发掘传统民族人居环境规律，探讨聚落空间适应性重构发展。黄耘（2012）以西南民族为例，提出从生活方式、社会体系、社会演变、适应机制等更深层次的文化视角，探讨与地域人居环境更为适合的人居发展模式。邓磊（2005）认为对于民族人居环境进行评价应先了解该区域的地形、地貌等因素，这样才能客观评价人居环境质量。王沐栩等（2020）对云南高原山地的乡村进行了一定探讨，从生态景观和人居适应性的角度出发，研究了云南乡村的人居环境，从聚落生活方式、聚落结构、营造模式、地域乡土特征、地形地貌特征等方面构建了乡村人居环境质量评价指标体系并分析其空间特征，说明了高原山地上的乡村人居环境因山地资源无法得到充分利用而发展困难，所以应提高人居环境发展建设的适应性。张元博等（2019）以贵州石漠化片区为研究对象，构建经济、历史文化、生态、社会、建筑环境适宜度 5 个评价指标，综合分析了人居环境适宜程度。周政旭等（2018）根据聚落在区域的数量、分布、村寨形态等方面的变化规律，分析山地特定条件下乡村聚落空间演变特征（图 1-4）。

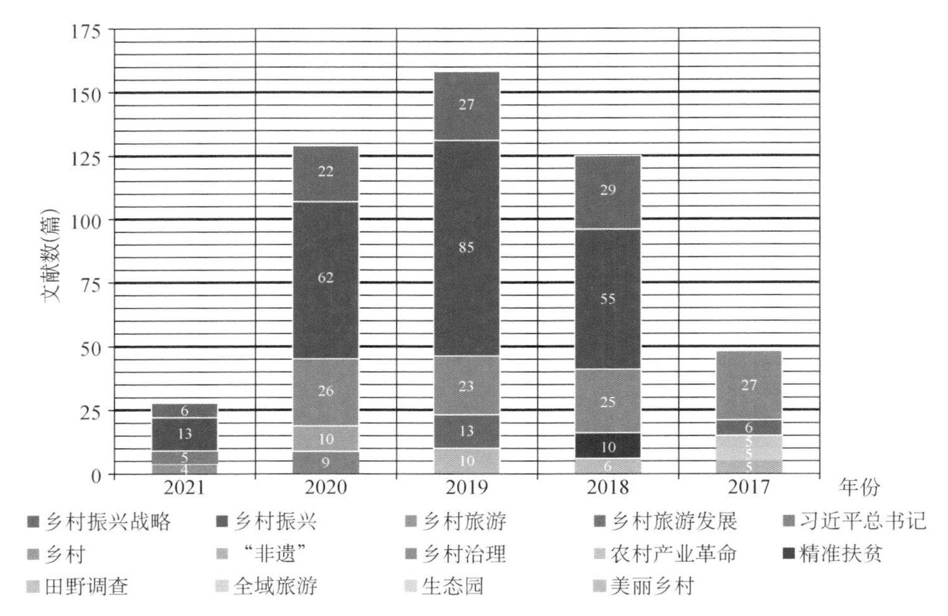


图 1-4 CNKI 文献数据库以"贵州 & 乡村"为关键字检索的文献篇数
资料来源:中国知网数据库,2021 年 4 月 22 日登录。

关于西南地区乡村人居环境质量客观评价,大部分学者采用的评价指标体系均涉及物质空间和社会人文的评价,即乡村人居硬环境和软环境的指标(表 1-2)。其中硬环境指标有:①生态环境,它包括地形、地貌、绿化景观等。②基础设施和公共服务设施环境,包括住房条件、绿地空地等。③可持续发展环境,包括土地、人口,如植被覆盖年变化率、人均 GDP 年增长率、人口自然增长率等。④空间格局,包括建筑布局、聚落格局等。但在西南地区乡村人居环境质量客观评价指标选取上,多以定性描述分析为主,较少采用量化指标分析。软环境指标有:①经济发展,包括人均 GDP、人均农业总值、农业投入产出比等。②社会文化,包括居民生活方式、社会体系、历史文化等(周晓芳等,2012;霍强,王丽华,2019)。

表 1-2 西南地区乡村人居环境评价指标研究概况

| 年份 | 作者 | 研究内容 | 系统层 | 子系统层 |
|---|---|---|---|---|
| 2012 | 周晓芳<br>周永章<br>欧阳军 | 喀斯特乡村地区人居环境质量评价 | 乡村人居环境质量水平 | 自然环境、经济环境、聚居能力、社会环境、可持续 |

（续表）

| 年份 | 作者 | 研究内容 | 系统层 | 子系统层 |
|---|---|---|---|---|
| 2012 | 黄　耘 | 西南民族人居环境优化系统研究 | 乡村人居环境支撑系统评价指标体系的构建 | 生活方式、社会体系、社会演变、适应机制 |
| 2018 | 周政旭<br>王训迪<br>刘加维等 | 贵州中部白水河谷地区的山地乡村空间格局分析 | 乡村人居环境质量水平 | 自然资源、社会经济、基础设施、生活质量、安全保障、环境卫生 |
| 2019 | 程海帆 | 云南民族聚落的人居环境质量评价 | 乡村人居环境评价指标 | 自然环境、文化景观、社会经济、传统村落空间格局 |
| 2019 | 张元博<br>黄宗胜等 | 贵州石漠化区布依族传统村落的人居环境质量评价 | 乡村人居环境适宜度评价指标体系 | 经济、历史文化、生态、社会、建筑环境适宜度 |

### 3）满意度研究

西南地区人居环境主观满意情况的研究有待加强。现有关于西南地区整体的人居环境主观满意度评价的研究相对较少，大多集中于人居环境的某一要素配置满意度的研究。如霍强和王丽华（2019）通过问卷调查的方法，发现了村民的民族、年龄、文化程度、贫困程度、地理距离等较为显著地影响着他们对公共文化服务的适用满意度，提出应提供精准文化服务配置。鲁瑞丽和徐自强（2014）则以民族乡村的养老意愿为切入点，采用老年人问卷调查的方式，从个体特征、家庭情况、养老意愿及需求层次、政策宣传与参与度、政策落实满意度水平5个维度分析了各民族乡村建设中的养老服务建设存在的不足，为人居环境的适老化改造提供了参考。因此，构建客观分析与主观满意度相结合的人居环境综合评价体系是本书尝试突破既有研究局限的核心内容所在。

目前对西南地区乡村居民居住意愿的研究主要围绕乡村居民的城镇化意愿、主动被动迁居及“留守”村庄等几个问题（李云等，2017）。人居环境发展意愿很大程度上体现在农民等群体对于改善现有生活、社会、经济等环境的城镇化意愿。如杜双燕（2013）提出贵州省农民对以改善居住环境为目的的城镇化发展意愿十分强烈，但多数农民表现为“流动”而非“迁移”，属于“半城镇化”状态。聂弯等（2017）利用二项 logistic 模型对云南省峨山县各族农民进城意愿的影响因素进行研究，结果发现在新型城镇化背景下，受限于自身能力，农民进城发展的意愿不强。不同年龄阶层的农户对于城镇化的意愿也存在差异，白露(2019)以贵州省六盘水市六枝特区为例，研究新生代农民城镇化发展意愿，发现与传统的进城务工人员相比，新生代进城务工人员的文化程度相对较高，人生目标更加多元化，消费观念更加开放，生活方式明显改变，更容易接受新事物，更愿意留在城市生活并尽可能长期居住下去，这些显著的特点决定了新生代进城务工人员不同于老一代进城务工人员。除了将城镇化作为人居环境提升的一种方式，搬迁至周边乡村新居也是乡村人居环境提升发展的一条路径，例如费智慧等(2013)基于加权 Voronoi 图对重庆市合川区大柱示范村的乡村新居辐射进行分析，结果发现农户对于搬迁新居行为的发展意愿受到各自家庭的生计来源、生产生活习惯、住居意愿差异的影响。农户搬迁发展意愿变化过程实际上是乡村新居与农户间的"双向选择"过程，既表现为乡村新居综合条件对农户的"吸引"，乡村新居未来发展对农户后顾生计的保障，又表现为农户依据自身生计来源、生产生活需求、未来发展方向及农户之间的相互作用对乡村新居的选择。

目前对就地乡村人居环境发展意愿的研究还存在一定缺陷，研究以自身"留守"村域环境整治为主。如田双清等(2017)以成都市为例，研究在其城镇近郊区空心村环境整治过程中，农户对人居环境发展的意愿。研究表明，农户的政策认知程度、生活改变接受度与农户的整治期望度、整治意愿之间存在正向的相关关系，现有状况满意度与整治意愿呈负相关，而且满意度对整治农户意愿的影响最大。以自发行为对乡村人居环境进行相应整治同样也体现农户的发展意愿，闵师等(2019)对西南山区农户参与人居环境整治提升的意愿做了相关调查，研究表明，村级实施乡村人居环境整治和开展乡村旅游可以显著促进农户参与到乡村人居环境整治当中。而户主性别、户主的民族、家庭人口数、家庭财富等在不同程度上影响农户参与乡村人居环境整治的意愿。

### 1.3.3 研究评述

乡村人居环境研究作为人居环境研究的重要领域，已从研究农业生产与乡村聚落的关系出发，逐步延伸拓展成为对乡村经济与生产空间、社会交往空间和生活聚落空间的系统化研究。研究内容包括乡村人居环境质量的评价、人居环境发展的动因、提升乡村人居环境的行为主体与实现路径等。研究视角已不再是针对单一物质空间构成，而是将乡村置于城乡发展的宏观背景下，分析乡村人居环境的特点、问题与挑战。

国内对乡村人居环境的研究与我国社会经济发展和乡村政策的出台紧密联系，研究内容不断扩展和深化，研究成果日益丰硕。然而在新型城镇化和工业化快速推进的背景下，面对我国区域间极度不平衡及城乡统筹阶段城乡关系日趋复杂等乡村问题和现象，相关研究也需要进一步加强。其一，研究多注重中观层面，将乡村人居空间板块化、抽象化，从而导致许多微观信息在研究中被有意或无意地忽略，缺少从微观层面对乡村人居空间的演变特征和影响因素的研究。其二，研究较多以实体空间特征作为切入点，侧重乡村居民点自然环境和外部因素对乡村空间的影响，而往往忽视了乡村空间主体“农户”“农民”对农村居民点发展的影响，较少从个体的角度去研究农户的行为、需求与生计策略对乡村居民点空间所产生的影响。其三，研究方法以官方统计数据下的量化评价为主，而以实地田野调查等一手资料支撑结论的很少，对乡村人居环境的主观评价和认识感知不够全面、深入。其四，系统性的理论总结不够深入，目前乡村人居环境的系统性研究较薄弱，多集中于某一方面或局部案例，而未深入对乡村人居环境的理论架构进行探索，在理论总结方面需要给予更多关注。

此外，从对文献的梳理中可以看出，西南地区乡村人居环境有其特殊性，具有较高的研究价值，尤其在乡村振兴与生态文明发展的宏观背景下，研究者对西南地区乡村的关注达到了新的高度。但关于西南地区的乡村人居环境研究，当前对传统村落、特色村落文化、生态景观的研究较多，对该地区大部分的一般村庄、发展落后村庄或村庄人居环境建设的总体情况研究较少，导致对西南地区村庄人居环境特征的把握不全面、不客观。此外，从乡村主体角度出发的研究有待完善，对村民主观满意度评价的研究并不充分，关于主客观评价出现差异现象的原因和各主体发展要素的关联性的研究也不多。

## 1.4　相关概念及问题

### 1.4.1　基本概念

根据近期全国城乡规划学名词申请委员会审定发布的《城乡规划学名词》，乡村是指“具有大面积农业或林业土地使用或有大量的各种未开垦土地的地区。其中包含着以农业生产为主，人口规模小、密度低的人类聚落”。根据《建筑学名词》，人居环境是指人类集聚或居住的生存环境，特别是指建筑、城市、风景园林等整合的人工建成环境。长期以来，由于人居环境研究更倾向城市，对乡村人居环境的研究并不充分。在当前的研究成果中，对乡村人居环境的定义也并不统一，各学科对其内涵的解析有不同的侧重点。建筑规划学角度认为，乡村人居环境是农户住宅建筑（室内）与居住环境（室外）有机结合的环境的总称；地理学和生态学则秉持可持续发展的原则，以人地关系和生态系统演变为视角，将其视为以人为主体的复合生态系统。其中较为一致的观点认为相对于城市地区，乡村地区与自然环境有更紧密的结合与共生，乡村人居环境可以理解为自然生态环境、地域空间环境与社会人文环境的综合体现。自然生态环境提供自然条件和各项资源，村民作为人居环境的活动主体，在“传统习俗、制度文化、价值观念和行为方式”构成的社会文化背景下，被放置于特定的实体地域空间进行生产、生活活动，该地域空间既包括生产、生活资料，也包括人工创造的各项物质财富和设施。三者遵循一定的作用机制，相互关联，构成乡村人居环境的有机系统。

总而言之，广义上，乡村人居环境作为人居环境系统的一种类型，是乡村地区自然生态、地域空间与社会人文空间的有机结合体；狭义上，乡村人居环境指乡村居民生产、生活的空间载体，具体包括村庄住宅、设施建设、环境卫生、自然生态、农业作业空间等要素。

### 1.4.2　核心概念

#### 1）地方乡土价值：乡村人居环境水平评价及时空特征

基于相关研究，我们初步认为，作为人地关系载体的“乡村人居环境”，其内涵可具体分解为自然生态环境、地方建成环境、经济发展环境和人文历史环境四个维度。四者相互依存和转化,并各自体现出“地方乡土价值”(Local Value)。当四个维度的价值都呈现较高水平时,当地的现存和预期价值都会较高。地方建成环境作为其中最显性的价值维度,往往成为人居环境研究的核心内容,但并非唯一内容。

从某种意义上讲,人居环境的衡量指标体系(比如问卷)可以近似地用来衡量“地方乡土价值”,但却往往无法完全与之等同,这在后续研究中有待进一步完善。比如地方乡土价值中的人文历史维度,在同样保护完整的情况下,很难说某个村的人文历史维度价值就高于其他村庄,横向比较存在困难。另外,当前管理部门的建设统计年鉴及人居环境数据汇总,也是更多侧重于物质空间建设等实体领域的量化统计,指标设计往往不够全面,更多反映的是“狭义”物质空间层面的人居环境建设。

#### 2) 价值认同:村民满意度评价

当前中国经济社会正在发生着巨大的变化,这直接体现在村民空间行为的变化中,如居住空间、就业空间、消费空间、生产活动空间及村民社会关系空间等变化(李伯华等,2008)。村民主体的“价值认同”(Value Identification)程度即地方价值的高低并不一定真实反映村民对村庄的认可程度,因此存在地方价值与个体价值不匹配的现象。价值认同更像是一个地方价值的参照系,是一个比较复杂的概念,可表现为居民满意度和幸福指数等,其表达的程度往往取决于个体村民的人生经历、受教育程度等。当然,地方价值的不同维度对个体的决定意义也不同,很多南方村庄的村民更看重历史记忆、宗族理序等人文历史价值。

#### 3) 未来生活愿景:基于目标愿景的本土认同评价

生活愿景反映了村民对自身未来生活的预期,可以是积极的或消极的。价值认同程度直接决定了村民的“生活愿景”(Life Vision),贺雪峰(2013)亦将其表述为“生活面向”,即村民对自己乡村人居环境的居住意愿。具体可以表现为迁居意愿(包括自己与下一代)和潜在想法。

作为一个整体性概念,“乡村人居环境”的组织形成机制主要包括内生动力和外部动力,两种动力机制在不同历史阶段所发生的作用和角色各不相同。本研究除了田野数据呈现的截面特征外,其历时性主要表现在对2006—2015年间,随着农业税的取消和中国新农村建设的推进,西南地区在乡村人居环境方面主要变化与特征的研究。

### 1.4.3 研究问题

研究以乡村人居环境为主线,围绕五大核心问题,层层递进,深入剖析乡村人居环境的表征、成因、主体意愿和建设机制。

第一是回答西南地区乡村人居环境的特征“是什么”的问题,从生活质量、生产效率、生态环境和社会文化四个价值维度,系统剖析西南地区乡村人居环境建设现状,并归纳其特征。

第二是回答西南地区乡村人居环境建设“怎么样”的问题,从人居环境建设水平和村民满意度两个视角对云南省乡村人居环境进行综合评价,归纳出能够反映村民综合满意度的指标体系。

第三是从村民生活愿景出发,重在得出“村民想要改善村庄的哪些方面”,以及“是否愿意留在村庄”的永居性、迁居性与世居性意愿,探索当地村民生活愿景、价值认同与人居环境质量水平的匹配度关系。

第四是基于当地村民生活愿景和价值认同,探索影响乡村人居环境建设的关键因素,更为深入地研究“什么样”的村庄更能留住人的问题。

第五是基于“本土认同”概念回答乡村人居环境“怎么做”的问题,探析以强化“本土认同”为目标的乡村人居环境建设机制。

## 1.5 研究方法及步骤

### 1.5.1 研究方法

研究方法包括定量与定性分析。其中,定量分析在传统分类统计手段的基础上，强调数据的深度挖掘（ArcGis 10.0，SPSS 19.0）和可视化展示（Tableau 10.0）。定性分析主要在定量分析的基础上，以典型案例村庄为例证，做出结论并进行解读。

从研究深度来看，分为面上基本层面和重点调研层面，面上基本层面主要对西南地区的乡村人居环境建设现状在全国和省域范围内进行整体概括和特征梳理，采用定量与定性结合的方法，界定西南地区乡村人居环境的整体发展阶段、城乡地区差异和主要地域特征。重点调研层面则将针对云贵两省调研的11市54村，进行系统的定量分析，通过乡村人居环境衡量体系的建构，对云贵地区村庄的主要人居指标进行比较，并对村民的价值认同和生活意愿指标及成因进行分析与探讨。

### 1.5.2　样本选择

此次调研由高校与省住建厅根据本省乡村的特点，挑选具体的行政村作为调查样本。在兼顾各种类型的同时，尽量确保样本随机选择，保证样本的代表性与广泛性。要求各省原则上调查不少于30个行政村，且分布在5个以上的县级单位。

西南地区调研以云南省作为主要调研对象，并涵盖贵州省部分民族村落，以反映云贵地域的乡村民族特点。基于数据完整性，经过数据筛选，本研究以云贵两省的54个村庄调研数据为基础田野数据展开相关分析。考虑到贵州省村庄样本较少、分布较不均衡，以及云贵两省具有整体相似的自然地形地貌、多民族居住、乡村经济发展水平等特征，本研究将重点针对云南省的40个村展开更为深入的主客观数据分析，深入探讨人居环境与村民主观意愿的关联性。当然，以云南省作为西南代表省份进行的深层次分析，必然无法完全反映西南整体，这也是本研究之不足及未来将进一步拓展的方向。

### 1.5.3　调研组织

本次调研由同济大学领衔、深圳大学参与共同组成核心调研团队，结合近年的乡村调查实践经验，拟定调研计划、制定调研问卷。每个地区的调研团队确保有同济大学团队核心成员参加，以保证调研内容传导的一致性。

在调查开始前，课题负责人亲自宣讲课题研究的目的、工作组织、工作要求和调研技巧等。通过事前培训，确保所有调研团队成员对课题研究和相关调查工作有较为充分的认识。针对西南地区的调研工作从 2015 年 5 月开始准备，7 月初正式着手调研培训，7 月下旬同济大学课题团队开始陆续赴贵州省乡村调查，8 月中旬同济大学联合深圳大学团队开始赴云南调研，8 月底结束。

### 1.5.4 调研方式

本次调查方式与传统的发放问卷形式有所区别。结合同济大学课题组既往的乡村调查经验，村民文化水平普遍较低，阅读和理解能力有限，且地方政府和村委会工作繁忙，经常无暇去发放问卷。因此，本次调查要求所有问卷必须有调查团队成员亲自入户，通过访谈的形式由调查人员填写（个别村内有文化程度较高的调查对象，可以自行填写），且调查人员要事先接受培训并熟悉问卷内容，向调研对象解读各项问题的调查目的。

除问卷调查外，课题组还对调查乡村进行了现场踏勘、村干部访谈、乡镇和县政府主管领导访谈及省住建厅相关领导干部访谈。调查开展前，要求先与省住建厅主管部门接洽，除了商定拟调查的乡村以外，要对主管领导进行专业访谈，从全省层面了解该省的乡村人居环境建设情况。此外，工作组在进入每个县（市、区）后，先行与县政府主管部门接洽，核实确定拟调查的乡村，并对主管领导进行专业访谈，了解全县的乡村人居环境建设情况。对于有条件的县，由县政府主管领导组织召开部门座谈会，全面探讨县域乡村人居环境建设情况和问题。

工作组由县住建局等相关部门带领入村后，首先对村主任或村支书进行访谈，以形成对乡村情况的整体认识，并拍摄 10 张以上乡村的实景照片。对访谈过程进行录音和笔录，之后按照统一的模板和框架将访谈内容进行整理，形成乡村调研报告并插入实景照片，构成一份完整的乡村调查资料。

在对村主任或村支书访谈之后（或同步开展），课题组对村民进行入户调查（访谈 + 问卷）。除极个别的情况外，调查员全部是入户调查。原则上每个行政村发放不少于15～20份村民问卷，遇到个别偏远地区和其他特殊情况，问卷数量会有所减少。所有问卷由工作人员现场“一对一”提问、解释并填写。为保证调查访谈的顺利进行，课题组为大部分地区的村民准备了纪念品。在一些语言沟通有障碍的地区，通过村干部的协助，安排普通话较好的村民做翻译，以保证沟通交流的顺畅。

此外，结合调研实际情况挑选了一些具有代表性的当地企业，调研人员进入工厂发放问卷，并对企业经营者、人事经理及员工进行了访谈。这项工作为乡村人居环境研究提供不同视角，是本次乡村调研的重要补充。

### 1.5.5 调研内容

资料调查涉及省、市、县和乡镇层面，主要是有关乡村政策、建设试点和规划编制及相关政策研究等文件资料。

在行政村层面，主要是结合村主任或村支书访谈，调查村庄的区划面积、人口、户数、居民点规模和分布、农业用地使用及收益、村集体收入、村庄的资源条件、住房空置情况、休闲产业发展、政府补贴、宅基地面积、新建住房情况、村庄道路和基础设施及公共设施情况、气候条件、能人的作用、村民对村庄发展的态度、人口外出和流入情况、村庄社会团体的发育、村民的诉求等。

在村民访谈和问卷方面，主要包括村民的个人及家庭情况（居住年限、家中人口、与耕地的关系、年龄、性别、子女就学、务工等）、对村庄基本设施的态度和需求、老龄化方面的应对、现有住房情况、村落景观的维护、村庄的发展、经济和产业情况、迁居意愿和经历、离开和留在乡村的主要考虑因素等（具体见附录1）。

### 1.5.6 样本分类

同济大学课题组首先对全国的乡村类型进行划分，确立了空间、地理、经济、社会、村庄5个属性，在每一属性下，原则上划分出1～4个次级属性，每个次级属性下再大致划分1～4个类型，由此形成了乡村属性矩阵表（以下简称“矩阵表”，见表1-3）。

对每个调研乡村完成一份矩阵表的填写，其中宏观属性由课题组填写，比如空间属性和地理属性等，由调查员调研前或调研后查询填写。在对村干部访谈时，由调研员向村干部询问相关信息后，完成矩阵表的填写。矩阵表的信息，确保了后续乡村类型研究的顺利展开。

表 1-3　乡村属性分类标准

| 空间属性 | 宏观区位 | 东部 | 中部 | 西部 | 东北 |
|---|---|---|---|---|---|
| | 中观区位 | 城郊村（与城市建成区相连或接近，距离建成区边界不大于10千米） | 近郊村（与城市联系较为便捷，与城市建成区边界在10～20千米之间） | 远郊村（与城市建成区边界在20～50千米之间） | 偏远地区（与城市建成区边界在50千米以上） |
| 地理属性 | 地形因素 | 山区村（海拔大于500米） | 丘陵村（海拔200～500米，高差小于200米） | 平原村（海拔低于200米） | 山区平原村（海拔大于500米，但较为平坦） |
| 经济属性 | 区域发展程度 | 发达（所在地级市或地区公署人均GDP＞60 491元） | 中等（所在地级市或地区公署人均GDP＞32 572元，≤60 491元） | 欠发达（所在地级市或地区公署人均GDP＞23 266元，≤32 572元） | 落后（所在地级市或地区公署人均GDP≤23 266元） |
| | 村乡发展程度 | 发达（人均GDP＞12 860元） | 中等（人均GDP≤12 860元，人均GDP＞6 924元） | 欠发达（人均GDP≤6 924元，人均GDP＞4 946元） | 落后（人均GDP≤4 946元） |
| | 农业类型 | 种植业 | 林业 | 畜牧业 | 渔业 |
| | 非农产业 | 工业 | 旅游业 | 物流商贸 | 其他 |
| 社会属性 | 主要民族 | 汉族 | 其他民族 | — | — |
| | 历史文化 | 列入中国传统村落名录 | 省级/市级/县级历史文化名村 | 一般传统村落（有部分1970年以前历史建筑或景观遗存） | 非传统村落（基本无物质文化价值） |
| 村庄属性 | 乡村规模 | 大村（500户以上） | 较大村（200～500户） | 中等村（100～200户） | 小村（100户以下） |
| | 居住类型 | 集中型（只有一个居民点） | 散点型（有超过3个的乡村居民点且最大居民点的人口规模小于全村1/2） | 混合型（最大的居民点人口规模大于等于全村的1/2） | — |

## 1.5.7　数据整理

本书图表除了特殊注明外，均指云贵两省的村庄样本，数字信息全部来自本次乡村调查，其中云南省共录入有效村民问卷699份，贵州省共录入有效村民问卷63份。本书用词，除了固有用法和原文引用外，尽量使用“乡村”，但可能会有局部疏漏，用“农村”一词亦无特指含义。

# 1.6 研究样本及对象

## 1.6.1 村庄样本

### 1) 总量情况

本次现场调研案例共涉及云贵地区的11个地级市(自治州)、16个县区(自治县)、25个乡镇、54个村庄,调研获取762个农户样本、3 499个农户家庭成员样本。其中,云南省5市43村访谈699位村民,贵州省6市11村访谈63位村民,样本的数量分布情况见表1-4。

表1-4 调研样本基本情况和空间分布

| 省份 | 市/自治州 | 县(自治县) | 乡镇 | 村庄 | 农户样本 | 家庭成员样本 |
| --- | --- | --- | --- | --- | --- | --- |
| 云南省 | 昆明市 | 1 | 2 | 8 | 86 | 335 |
| | 曲靖市 | 2 | 2 | 8 | 127 | 602 |
| | 普洱市 | 3 | 3 | 10 | 179 | 848 |
| | 文山自治州 | 2 | 3 | 7 | 122 | 612 |
| | 大理自治州 | 1 | 6 | 10 | 185 | 813 |
| 贵州省 | 黔东南州 | 2 | 3 | 3 | 29 | 153 |
| | 铜仁市 | 1 | 2 | 4 | 8 | 28 |
| | 遵义市 | 1 | 1 | 1 | 5 | 25 |
| | 黔西南州 | 1 | 1 | 1 | 10 | 39 |
| | 六盘水市 | 1 | 1 | 1 | 4 | 14 |
| | 安顺市 | 1 | 1 | 1 | 7 | 30 |
| 总计 | — | 16 | 25 | 54 | 762 | 3 499 |

### 2) 空间分布

从宏观区位上来看,本次调研村庄大部分集中在云贵地区的中部和南部,其中中部最多,南部次之(图1-5)。中观区位上来看,远郊村和偏远地区村庄较多,城郊村最少,这也与云贵两省的实际村庄分布情况相似(图1-6)。从地形上来看,调研山区村数量最多,占总量的81.5%,与云贵地区的山地高原地形相吻合(表1-5、表1-6,图1-7)。

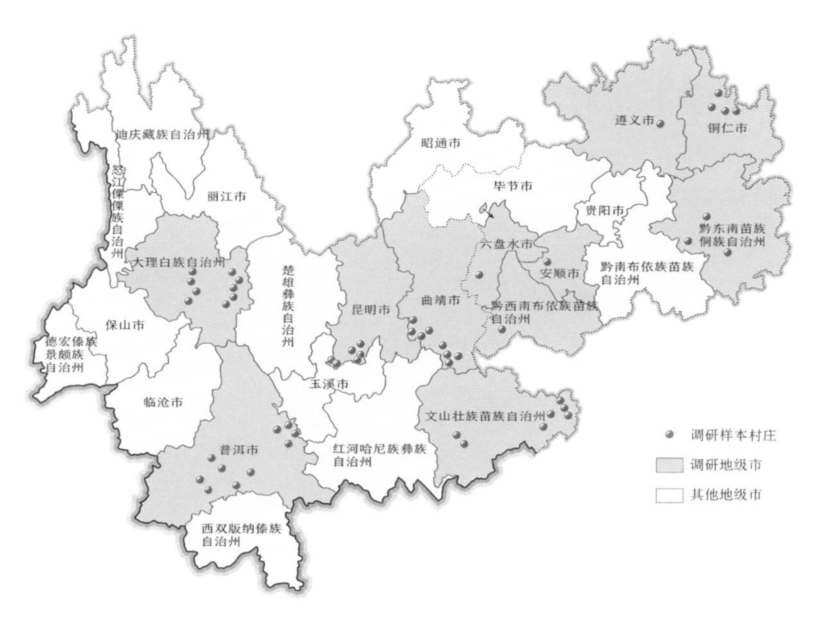


图 1-5 调研村庄的空间分布

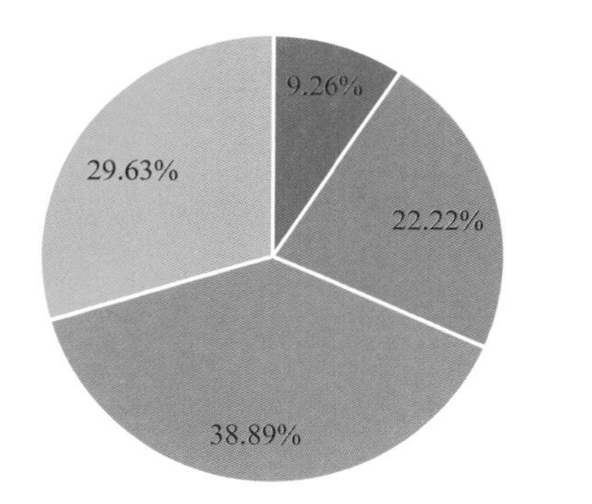


图 1-6 按区位分的调研村庄占比

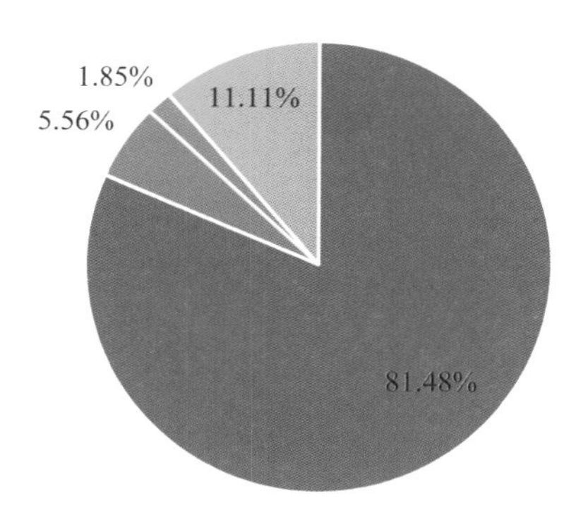


图 1-7 按地形分的调研村庄占比

表 1-5 按照空间、地理及经济属性区分的村庄数量(单位:个)

| | | | | |
|---|---|---|---|---|
| 中观区位 | 城郊村 | 近郊村 | 远郊村 | 偏远地区 |
| | 5 | 12 | 21 | 16 |
| 地形因素 | 山区村 | 丘陵村 | 平原村 | 山区平原村 |
| | 44 | 3 | 1 | 6 |
| 区域发达程度 | 发达 | 中等 | 欠发达 | 落后 |
| | 0 | 8 | 14 | 32 |

（续表）

| 村庄发达程度 | 发达 | 中等 | 欠发达 | 落后 |
|---|---|---|---|---|
| | 3 | 22 | 16 | 13 |

表 1-6 调研村庄所处地形属性表(单位:个)

| 省份 | 地形 | 村庄数量 | 村民数量 | 家庭成员数量 |
|---|---|---|---|---|
| 云南省 | 山区村 | 36 | 582 | 2 731 |
| | 丘陵村 | 1 | 19 | 81 |
| | 平原村 | 1 | 22 | 71 |
| | 山区平原村 | 5 | 80 | 327 |
| 贵州省 | 山区村 | 8 | 41 | 195 |
| | 丘陵村 | 2 | 12 | 55 |
| | 平原村 | 0 | 0 | 0 |
| | 山区平原村 | 1 | 10 | 39 |

### 3) 经济状况

从调研村庄的经济发达程度上来看,云贵两省大部分村庄处于中等及欠发达经济水平,而发达的村庄最少,与两省经济总貌大概一致(表 1-7)。

表 1-7 村庄经济状况属性表(单位:个)

| 省份 | 村庄发达程度 | 村庄数量 | 村民数量 | 家庭成员数量 |
|---|---|---|---|---|
| 云南省 | 发达 | 3 | 59 | 286 |
| | 中等 | 19 | 316 | 1 404 |
| | 欠发达 | 13 | 227 | 1 087 |
| | 落后 | 8 | 101 | 433 |
| 贵州省 | 发达 | 0 | 0 | 0 |
| | 中等 | 3 | 21 | 83 |
| | 欠发达 | 3 | 8 | 36 |
| | 落后 | 5 | 34 | 170 |

### 4) 民族和文化属性

云贵地区属于多民族聚居区,在调研样本村庄中,共有 39 个汉族村,15 个少数民族村,涉及 14 个少数民族(占全国调研的 480 村中少数民族种类的 2/3)。

云南省调研村庄中有传统村落 23 个，其中列入国家传统村落名录的有 2 个，分别位于昆明和大理（表 1-8）。

表 1-8　村庄历史文化类型属性表（单位：个）

| 省份 | 历史文化属性 | 村庄数量 | 村民数量 | 家庭成员数量 |
|---|---|---|---|---|
| 云南省 | 列入中国传统村落名录 | 2 | 30 | 112 |
| | 省、市、县级历史文化名村 | 3 | 55 | 214 |
| | 一般传统村落 | 18 | 151 | 1 103 |
| | 非传统村落 | 18 | 158 | 1 781 |
| 贵州省 | 列入中国传统村落名录 | 5 | 29 | 137 |
| | 省、市、县级历史文化名村 | 0 | 0 | 0 |
| | 一般传统村落 | 0 | 0 | 0 |
| | 非传统村落 | 6 | 34 | 152 |

### 5）乡村规模与居住类型

从村庄规模分布来看，样本村庄以大村和较大村为主，占比达 90%以上。从村庄居住类型上看，52%的村庄为混合型居住模式，35%为散点型，集中型仅占 13%。进一步观察云贵两省的样本村庄，可以发现虽然在规模上都以大村和较大村为主，但在居住类型上存在差异。云南省村庄主要以混合型为主，即一个行政村有多个居民点，但其中一个居民点占主导地位，其他居民点数量多、规模小、分散分布；而贵州省则以散点型为主（图 1-8、图 1-9，表 1-9）。

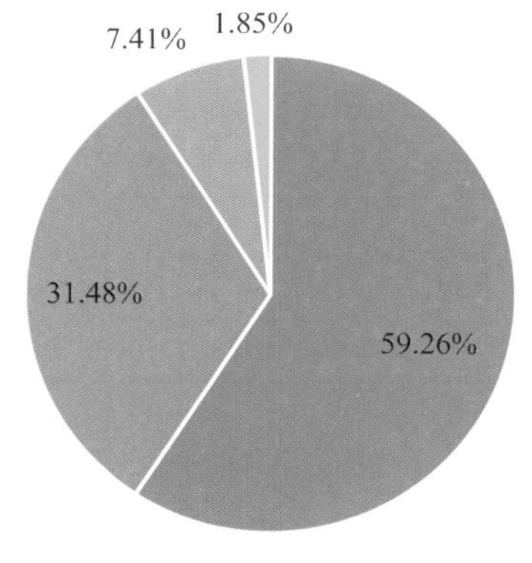

图 1-8　调研村庄规模占比情况

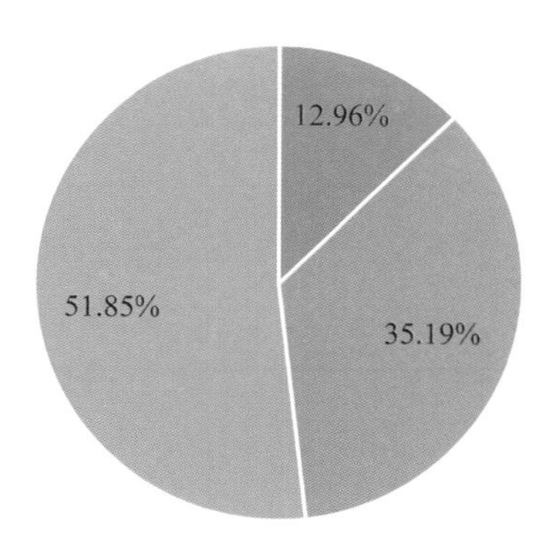

图 1-9　调研村庄居住类型占比情况

表 1-9　按照村庄规模、居住类型区分的村庄数量(单位:个)

| 村庄规模 | 云南省 | 贵州省 | 居住类型 | 云南省 | 贵州省 |
| --- | --- | --- | --- | --- | --- |
| 大村 | 24 | 8 | 集中型 | 5 | 2 |
| 较大村 | 15 | 2 | 散点型 | 12 | 7 |
| 中等村 | 3 | 1 | 混合型 | 26 | 2 |
| 小村 | 1 | 0 | — | — | — |
| 合计 | 43 | 11 | 合计 | 43 | 11 |

## 1.6.2　村民样本

### 1) 总量概况

本次云南省调查涉及农户 762 户，家庭成员共 3 499 人，家庭户平均人数 4.6 人，家庭平均常年在家居住人数为 4.0 人。分地区来看，大理自治州的调研样本数量最多，昆明市最少。昆明市的家庭户平均人数及常年在家居住人数均低于其他地区的数量(表 1-10)。

表 1-10　村民基本信息

| 省份 | 地市 | 农户数量(户) | 家庭成员数量(个) | 家庭户平均人数(个) | 常年在家居住平均人数(个) |
| --- | --- | --- | --- | --- | --- |
| 云南省 | 昆明市 | 86 | 335 | 3.9 | 3.3 |
| | 曲靖市 | 127 | 602 | 4.7 | 4.1 |
| | 普洱市 | 179 | 848 | 4.7 | 4.4 |
| | 文山自治州 | 122 | 612 | 5.0 | 4.4 |
| | 大理自治州 | 185 | 813 | 4.4 | 4.0 |
| 贵州省 | 黔东南州 | 29 | 153 | 5.3 | 3.9 |
| | 铜仁市 | 8 | 28 | 4.7 | 2.9 |
| | 遵义市 | 5 | 25 | 5.0 | 4.8 |
| | 黔西南州 | 10 | 39 | 4.3 | 3.7 |
| | 六盘水市 | 4 | 14 | 3.5 | 2.7 |
| | 安顺市 | 7 | 30 | 4.9 | 4.4 |
| 合计 | — | 762 | 3 499 | 4.6 | 4.0 |

### 2）性别与年龄

根据 2015 年全国 1%人口抽样调查资料，全国乡村人口的男女性别比为 1.05，云贵地区调研访谈对象的男女性别比为 1.93，远高于全国水平，男性比例显著偏高。

受访村民年龄以 30～69 岁为主，该年龄段人口在本次调研样本中的占比高于 2015 年抽样人口调查的相同年龄段乡村人口占比（图 1-10）。对比云南省整体人口结构，大部分同年龄段的男性样本相较于女性样本更多，样本中 29 岁以下的样本人口比例偏小，50～69 岁的人群比例偏高。这也从某种程度上反映当前乡村年轻人人口流失及乡村老龄化问题。另外，样本中无 90 岁以上人群及 10 岁以下人群，这与调查对象一般为有语言交流能力及具有独立行为能力的村民有关。

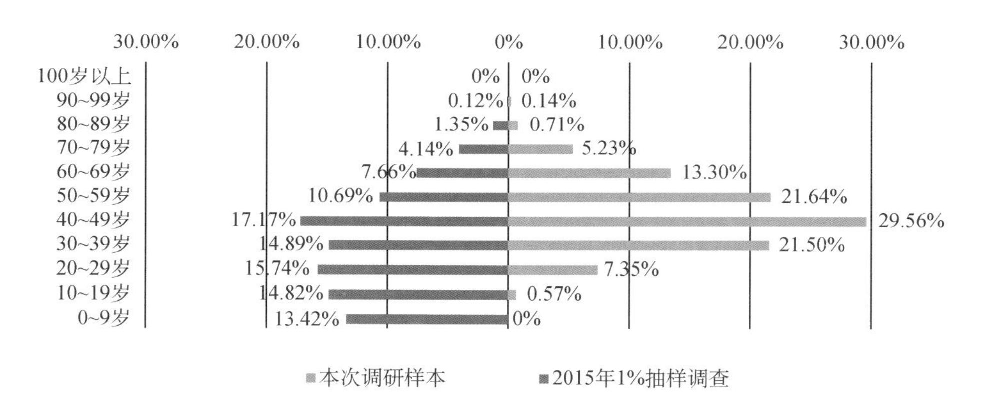


图 1-10 村民的年龄结构与 2015 年 1%抽样人口调查数据对比
资料来源：《2015 年全国 1%人口抽样调查资料》。

### 3）民族结构

多民族聚居是云贵地区的一大特点。本次调研样本村民除汉族外，共涉及 17 个民族。其中占比最高的是彝族，比例高达 18.3%；其次为哈尼族，占比达到 10.4%；再次分别为壮族、白族、苗族，占比都达到 6%以上（图 1-11）。

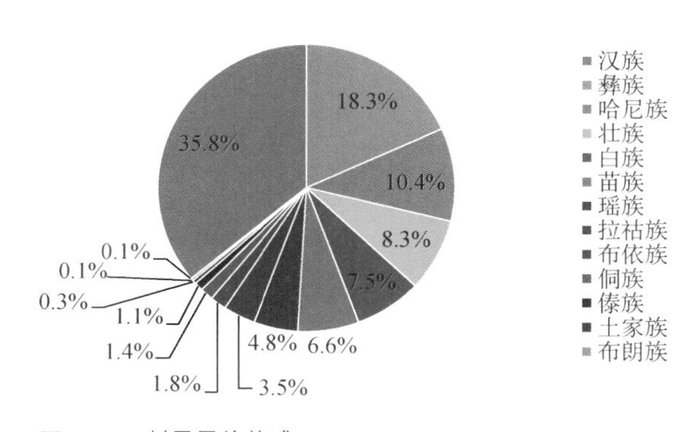


图 1-11 村民民族构成

#### 4) 文化程度

与 2015 年全国 1%人口抽样调查数据相比,云南省受访村民的整体文化程度偏低,贵州稍好(表 1-11)。云贵两省受访村民文化程度在小学以下的占比均高于全国水平,尤其是云南省,是全国水平的 2.6 倍。云南省初中及以上学历的受访村民占比明显低于全国水平,贵州省则略高于全国水平。各地区的文化程度整体情况有较大差异,比如云南省调研的 40 个村庄中,晋宁区六街镇大营村的初中及以上人口比例达到 67.6%,而师宗县龙庆乡山黑坡村为 0%。

表 1-11 村民受教育程度与 2015 年 1%抽样人口调查数据对比

| 文化程度 | 云南省 | 贵州省 | 2015 年 1%抽样人口调查 |
|---|---|---|---|
| 小学以下 | 21.9% | 12.5% | 8.6% |
| 小学 | 37.9% | 26.8% | 35.4% |
| 初中 | 31.3% | 42.9% | 42.3% |
| 高中(或中专) | 6.4% | 10.7% | 10.2% |
| 大学及以上 | 2.5% | 7.1% | 3.5% |

#### 5) 从事职业

云贵地区 63.7%的样本村民以务农为生,其余类别均占少数,其中半工半农和个体户占比较高。而全国调研的样本中村民纯务农者占比仅 37%,普通员工占比则达到 23%,云贵地区普通员工占比仅 4.2%,足见调研当时,城市经济发展对两省乡村地区的整体带动作用有限,本地城镇就业岗位的供给能力较弱(图 1-12)。

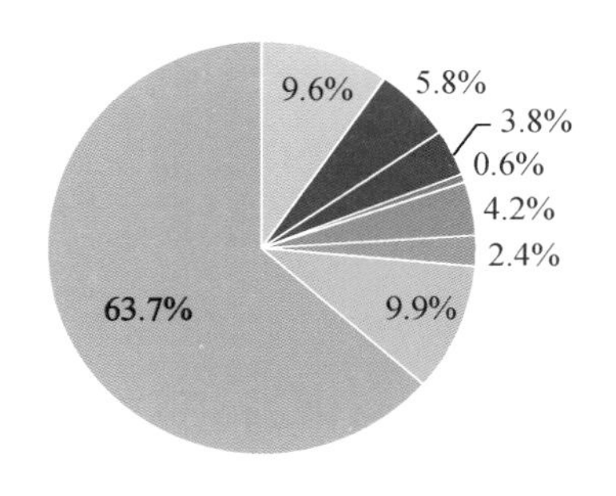


图 1-12 村民总体职业构成

## 1.7 本书结构

全书分为 8 章。

第 1 章,介绍本书研究的背景、宗旨及价值,对乡村人居环境研究进展做简要评述,重点对云贵地区乡村人居环境研究进行评述。进一步介绍本书研究架构及研究方法,并对调研的村庄样本和村民样本做了系统梳理。

第 2 章,系统论述了西南地区经济发展、生态安全、多民族文化、能源支撑、自然灾害等方面的基本省情。重点从人口概况、空间分布、居住环境、乡村产业、生态环境、文化传统和组织管理七个方面对西南乡村的基本特征进行阐述。进一步梳理西南乡村建设政策演变。

第 3 章,建立了生活质量、生产效率、生态环境、社会文化四个方面的乡村人居环境总体特征分析框架并进行系统分析。从村民主观满意度的视角出发,对村民关于以上四个方面的满意度进行系统论述。

第 4 章,构建基于乡村人居环境建设水平和村民满意度两个层面的综合评价指标体系,通过综合评价对乡村人居环境类型进行划分,基于村民满意度评价结果提出三个层面的人居环境提升指向。

第 5 章,从村民基于当下现实条件的改善需求和未来展望的畅想需求,分析了村民对乡村人居环境及未来乡村发展愿景的诉求,重点对基于未来诉求的类型差异、影响因素和实现机制做了阐述。

第6章，分析云南省乡村人居环境建设的地域差异。通过指标选取、主因子归纳、主因子的空间差异性分析和聚类分析，总结云南省四类不同的乡村人居环境建设差异特征区。

第7章，建立指标体系，分析云南乡村人居环境生态环境、生活质量、生产效率三大系统的动态演变特征，进一步结合2001—2015年三个五年计划总结人居环境的动态演变特征。提出并分析村民收入与乡村人居环境建设间的紧密关系。

第8章，提出基于“本土认同”概念的乡村发展动力机制。通过概念介绍、相关因素识别及趋势预测，对机制形成进行分析，最终形成对西南地区乡村人居环境建设的系统研究。

# 第2章　西南地区概况及西南乡村

## 2.1　西南地区概况

云南、贵州两省位于我国西南部，与四川省、重庆市和西藏自治区共同构成我国的西南地区。两省陆地面积共57万平方千米，占全国陆地面积的5.94%。云贵地区对内与西藏自治区、四川省、重庆市、湖南省、广西壮族自治区毗邻，对外与老挝、缅甸、越南等国接壤，是我国面向西南周边国家的桥头堡。截至2020年年末，云贵两省共有8 577万人，占全国总人口的6%，城镇化率51.44%，低于全国平均水平12.45个百分点(表2-1)。

表2-1　云贵两省基本情况一览表

| 比较区域 | 行政区划面积(万平方千米) | 地级区划数(个) | 年末总人口(万人) | 乡村人口(万人) | 乡村人口占比 |
|---|---|---|---|---|---|
| 云南省 | 39.4 | 16 | 4 721 | 2 482 | 52.6% |
| 贵州省 | 17.6 | 9 | 3 856 | 1 847 | 47.9% |
| 云贵两省 | 57.0 | 25 | 8 577 | 4 329 | 50.5% |
| 全国 | 960 | 333 | 141 178 | 50 979 | 36.1% |
| 云贵占全国比重 | 5.9% | 7.5% | 6.0% | 8.5% | — |

资料来源:《中国统计年鉴2020》，第七次全国人口普查数据公报，云南、贵州第七次人口普查公报。

### 2.1.1　经济发展相对薄弱

云贵两省的经济发展总体较为落后，一直是我国脱贫攻坚的重点地区。近年来城市的快速发展引领了区域经济的整体提升，与全国的差距越来越小。2019年，云贵两省人均生产总值总和达到4万亿元，占全国GDP的4.0%，比重逐步提升；两省人均GDP分别为4.8万元和4.6万元，分别为全国平均水平的67%和65%，较2016年有很大提高。与此同时，两省城镇居民人均可支配收入只有全国平均水平的80%左右，乡村居民人均可支配收入仅为全国平均水平的

74%和 67%，城乡收入比分别高于全国 15%和 21%（表 2-2）。

表 2-2　云贵两省经济指标一览表

| 云贵两省与全国对比 | GDP（亿元） | 人均 GDP（元） | 城镇人均可支配收入（元） | 农村人均可支配收入（元） | 城乡居民收入比 |
|---|---|---|---|---|---|
| 云南省 | 23 224 | 47 944 | 36 238 | 11 902 | 3.04 |
| 贵州省 | 16 769 | 46 433 | 34 404 | 10 756 | 3.20 |
| 全国 | 990 865 | 70 892 | 42 359 | 16 021 | 2.64 |

资料来源：《中国统计年鉴 2020》。

## 2.1.2　国家生态安全格局的重要组成部分

云贵两省是我国生态格局的关键区域。云南省东部和贵州省地处云贵高原，地形主要为山地和丘陵，海拔高程大多在 1 000 米以上，境内山脉众多，重峦叠嶂，绵延纵横，山高谷深，有大量喀斯特地貌。云南省西部则高山与峡谷相间，地势险峻，云南省北部迪庆州属于青藏高原的东部边缘。同时，云贵两省地处长江上游，怒江、澜沧江、金沙江、南盘江、乌江等多条重要河流流经此区域，是我国重要的水源涵养地。大山大河的自然地理条件使得云贵地区成为我国“两屏三带”生态安全格局中青藏高原生态屏障、黄土高原-川滇生态屏障和南方丘陵山地带的重要组成部分（谢丹等，2014），在保障国家生态安全方面发挥着重要作用。此外，丰富的气候类型与地形、流域条件结合，也孕育了西南地区多样化的生态系统和丰富的森林、水及生物资源，是我国生态景观最富集的地区之一。

## 2.1.3　多民族聚居区和文化多样地区

西南地区是我国少数民族人口集中地区。根据第七次全国人口普查，云贵两省少数民族人口共 2 968.6 万，占两省总人口的 34.6%，占全国少数民族人口总数的 23.7%。截至 2020 年年末，云南省少数民族人口数达 1 405 万人，占全省人口总数的 36.4%，是全国少数民族人口数超过千万的 3 个省区之一。云南省少数民族交错分布，以边疆和山区居多，彝族、回族在全省大多数县均有分布。

贵州省是多民族杂居省份，少数民族占全省总人口的33.1%，其中苗族、布依族和侗族共占少数民族人口总数的65%左右。省内少数民族主要分布在乌江以南地区，居住分散且分布面广。两省民族地区皆表现为大杂居、小聚居状态。

多民族、小聚居的特点孕育了西南地区丰富的民族文化，使西南地区成为我国重要的非物质文化遗产保护与开发地区。截至2019年，我国共评定了487个历史文化名村、6 803个中国传统村落，其中云贵两省的传统村落数量达到1 432个，总数占比达21%，诸多项目列入国家非物质文化遗产名录，质量和数量都位居全国前列。

### 2.1.4 重要的能源安全支撑区与矿产资源储备区

云贵两省是我国能源安全重要支撑区，两省煤炭、水能资源丰富。煤炭保有资源储量800多亿吨，是国家13个大型煤矿基地之一，是西南、中南地区煤炭供给主要来源地，是“西电东送”南部通道的重要起点区域。西南油气进口通道是中国四大陆上油气通道之一，对于保障我国能源供应安全具有重要意义。

西南地区也是我国矿产资源丰富地区。截至2015年年底，云南省共有143种矿产，占全国已发现矿产种类的83.14%，其中86种已探明储量，有50多个矿种的储量居全国前十，铅、锌、锗等矿产储量位全国第一。贵州省矿产资源种类110多种，其中74种探明储量，有38种位于全国前十，23种居全国前三位。贵州以“西南煤海”著称，煤炭资源储量达497.28亿吨，居全国第五位。另外，云贵两省矿产资源主要分布区大多也是自然资源丰富或生态敏感脆弱区，矿产资源富集区、自然保护区及地质灾害易发区在空间上的重叠，加大了生态环境保护难度。

### 2.1.5 自然与地质灾害频发

西南地区可以说是自然灾害的重灾区之一，云南有“无灾不成年”之说，贵州有“旱灾一大片、水灾一条线、小地震大灾害”的灾害特点。云贵两省既有气象灾害，也有地质灾害、生物灾害等，其中旱灾面积最广，危害也最严重，对农业影响最大。

灾害频繁的原因，一是云南地处亚欧板块与印度洋板块碰撞带东侧，地质构造复杂，构造运动强烈，是我国破坏性地震频繁发生、地震灾害特别严重的省份之一，而地震常伴随崩塌、滑坡、泥石流等地质灾害发生；二是云贵高原属于热带季风气候区，降水丰富，年季变化大，地势落差大，土质稀薄，水土流失严重，易发生滑坡、泥石流、洪涝、干旱等自然灾害；三是矿产资源开发对自然环境的破坏和扰动巨大，导致占用耕地、破坏植被，进而引发水土流失和石漠化等诸多生态环境问题，并引发塌陷、滑坡、泥石流等多种次生地质灾害。近年来，云南北部和云南怒江、楚雄、昭通等地多次发生重特大泥石流，造成严重的人员伤亡和社会财产损失（谢丹等，2014）。

## 2.2　西南乡村的基本特征

### 2.2.1　人口概况

截至 2019 年年末，云南省乡村人口 2 482 万人，城镇化率 48.91%；贵州省乡村人口 1 847 万人，城镇化率 49.02%，两省乡村人口占比仍在 50%以上。从城乡人口变化趋势看，云贵地区的城镇化进程从 21 世纪以来进入快车道，乡村人口持续下降，城市人口迅速增长（图 2-1）。但两省乡村人口基数大、城镇化起点低，截至 2019 年年末两省综合城镇化率为 48.96%，与全国 60.6%的城镇化率水平仍相差 11.6 个百分点。

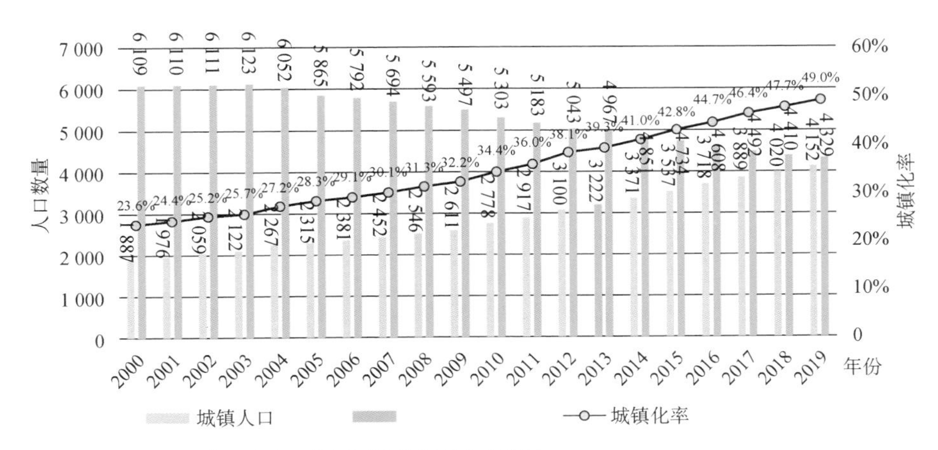


图 2-1　2000 年以来城乡人口数量及城镇化率变化情况
资料来源：《中国统计年鉴 2020》。

从性别比和年龄结构来看，2015 年 1%抽样人口调查数据显示，云贵两省男女性别比分别为 108.11 和 107.77，高于全国 105.03 的性别比水平。从老龄化程度来看，云贵两省 60 岁以上人口比例分别为 12.3%和 14.3%①，皆已超过全国 12.03%的平均水平，贵州乡村地区的老龄化程度更加严重。

从人口的民族构成上看，云贵地区汉族人口约占总数的 2/3，其他民族人口约占 1/3。中国 55 个少数民族，有 30 余个生活在云贵高原，其中云贵地区的少数民族共有 28 个，且多为该区独有，是中国少数民族种类最多的地区。各民族在发展过程中保留了自己原有的文化传统，使得云贵高原上的民族与内陆、沿河、西部产生异质性，各民族都沿袭着自身的文化传统，有许多民族文化至今仍鲜活地存在于现实生活之中。

从乡村人口的数量分布和密度分布上看，地域差异性较为显著，两省交界及贵州北部乡村人口规模大、分布密度高。两省交界处的曲靖市、昭通市乡村人口规模分别达 447 万人和 435 万人，也是高人口密度的地区，贵州省六盘水市和安顺市虽然乡村人口规模小，但分布密度高。云南省北部高海拔地区的迪庆、怒江、丽江及边境地区的西双版纳、普洱等地乡村人口规模小、分布密度低(图 2-2、图 2-3)。

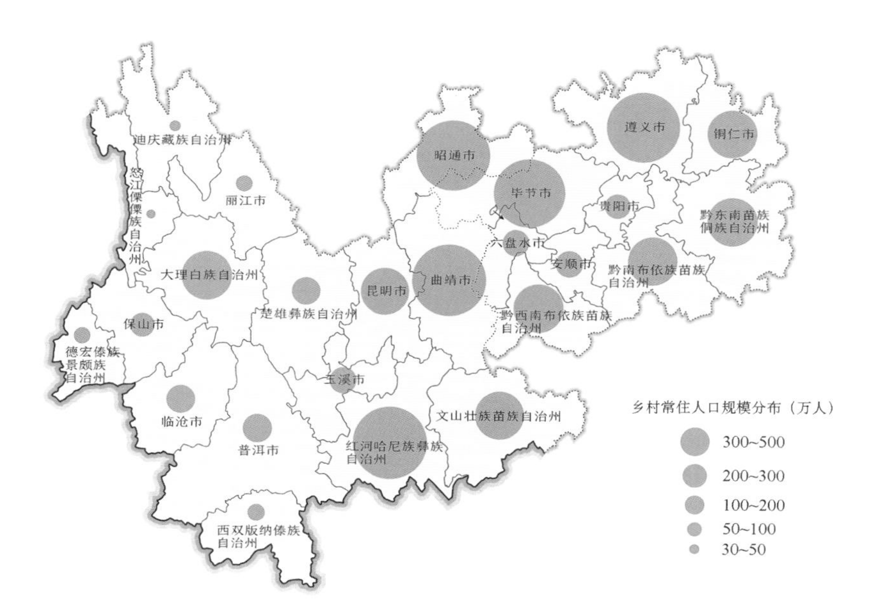


图 2-2 乡村常住人口规模分布
资料来源:《住建部村镇建设监测数据 2020》。

① 1982 年联合国在维也纳老龄问题世界大会上提出，60 岁及以上老年人口占总人口比例超过 10%，意味着这个国家或地区进入严重老龄化。

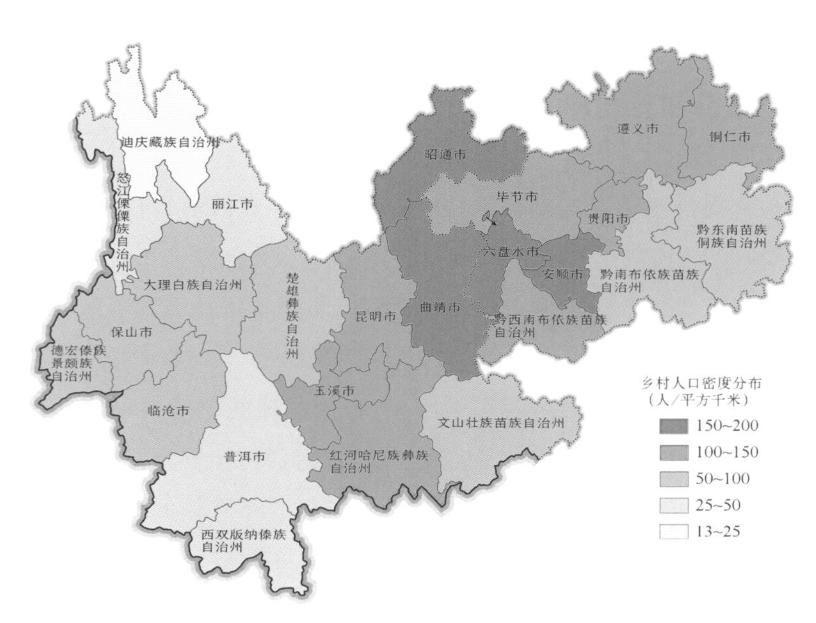


图 2-3　乡村人口密度分布图
资料来源：《住建部村镇建设监测数据 2020》。

从受教育程度来看，云贵两省乡村社会文化发展相对落后，农民受教育水平相对较低。全国 2015 年 1%抽样人口调查数据显示，云贵两省乡村人口中未上过学的占比分别达 15.9%和 12.6%，远高于全国 8.65%的水平。受教育者中，云南省 40.4%的人口、贵州省 46%的人口是小学学历，分别高出全国 5 个和 10 个百分点，初中及以上受教育者占比则显著低于全国水平（图 2-4）。

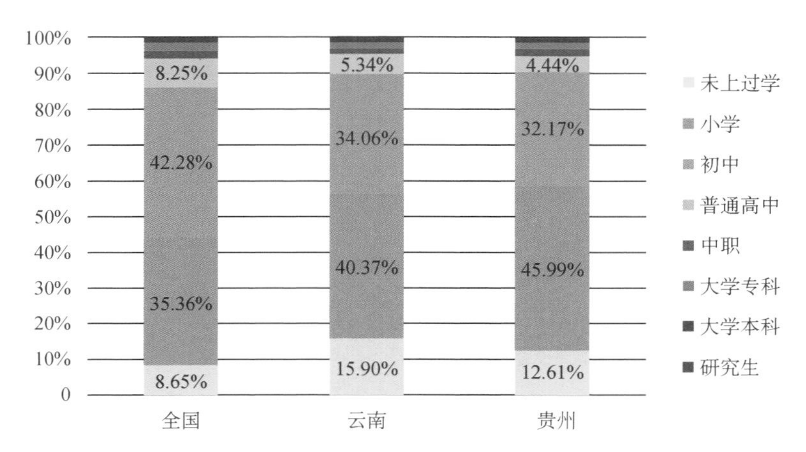


图 2-4　乡村人口受教育程度与全国对比
资料来源：2015 年全国 1%人口抽样调查资料。

## 2.2.2 空间分布

根据住建部村镇建设监测数据，截至 2019 年年末云南省行政村数量 1.34 万个，自然村数量 13.2 万个；贵州省行政村 1.4 万个，自然村 5.4 万个。云南省每百平方千米有 3.4 个行政村、33.5 个自然村，贵州省每百平方千米有 7.9 个行政村、30.7 个自然村。

云贵地区村庄空间分布呈现东大西小、东密西疏的总体格局。贵州行政村数量更多、分布密度更高，北部村庄集聚分布，西南部村庄较为分散；云南行政村分布相对均匀，密度较低。地形对云贵地区行政村分布有较大影响，贵州地形东北低，西南高，西南山地密集，可建设的土地较少，因此村庄分布分散，而东北部地形较为平坦，村庄分布密集。云南西北高海拔地区村庄数量少、密度低（图 2-5、图 2-6）。

图 2-5　地级市行政村数量分布
资料来源：《住建部村镇建设监测数据 2020》。

从村庄规模上看，云贵地区的行政村以 1 000 人以上的大型村为主，占比分别达到 85%和 77%。虽然行政村规模较大，但多山的地形决定了云贵地区村庄

图 2-6　地级市行政村分布密度
资料来源：《住建部村镇建设监测数据 2020》。

布局的分散性，村庄多建于山区，森林资源丰富，但耕地较为分散，少部分村庄建于山区盆地。根据住建部村镇建设监测数据，截至 2019 年年末，云南省山区村占 80.93%，丘陵村占 11.25%，平原村占 7.82%；贵州省山区村占 87.45%，丘陵村占 11.2%，平原村仅占 1.35%。在行政村人口规模区间大致相当的背景下，云南平均一个行政村辖 9.8 个自然村，远高于贵州省平均一个行政村辖 5.4 个自然村的水平，反映出云南省自然村的村庄分布规模更小、更分散（图 2-7～图 2-10）。

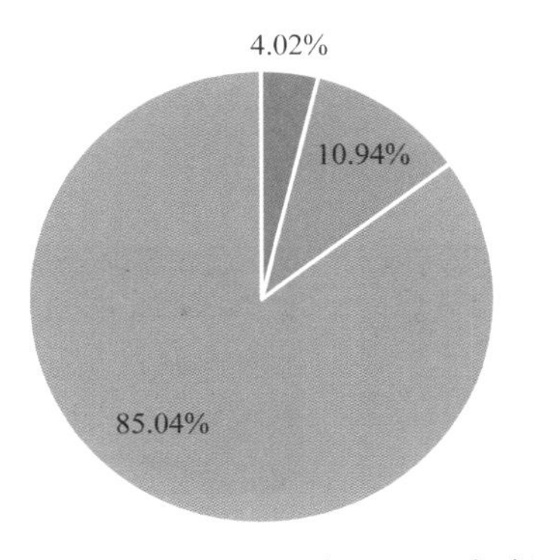


图 2-7　云南省村庄规模比例图

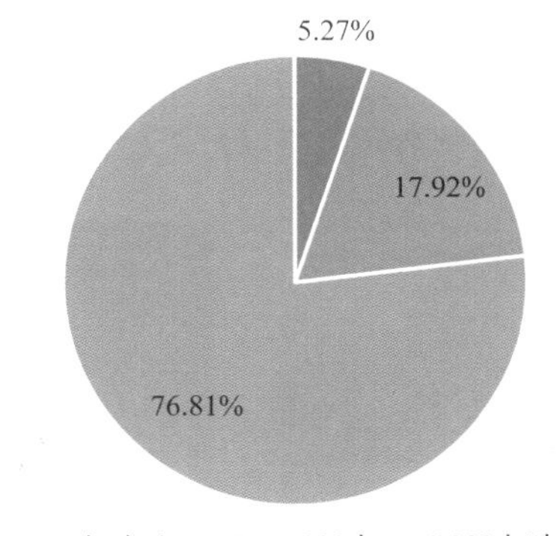


图 2-8　贵州省村庄规模比例图

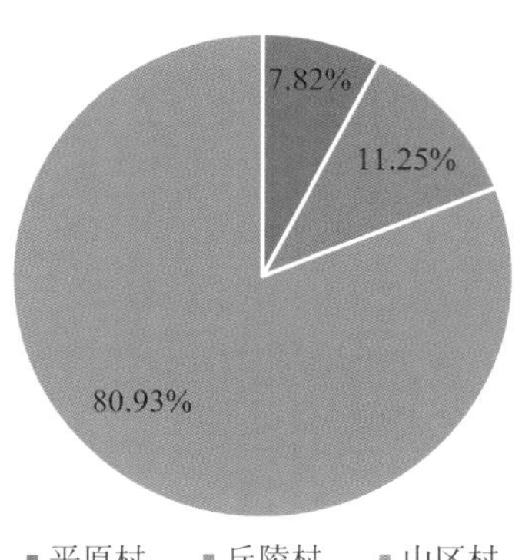


图 2-9 云南省村庄地形比例图

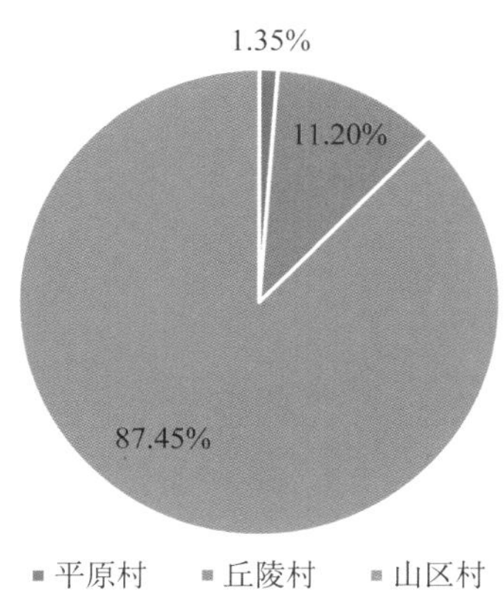


图 2-10 贵州省村庄地形比例图

资料来源:《住建部村镇统计报表 2019》。

## 2.2.3 居住环境

西南地区气候多样、地形复杂、森林资源丰富、多民族聚居,形成了充分适应高原山区地形和气候而因地制宜、就地取材(土、木、石)且具有多民族文化智慧汇聚等多样性特征的传统民居建筑形制。

在气候炎热、多雨且水热、森林资源丰富的地区,村民修建房屋时需考虑通风散热、就地取材的问题;云贵高原多喀斯特地貌,地表崎岖,排水及克服地形限制亦为需要重点考虑的方面;同时还要防猛兽、蛇虫等的侵扰。这些地区传统民居建筑形制总体以木结构的干栏式为主,即在木(竹)柱底架上建筑的高出地面的房屋,一般为2～3层,下层饲养牲畜、储存杂物、通风防潮防虫兽,上层住人。在实际发展过程中,各地居民结合地区气候和取材实际,创造了不同形式的干栏式建筑形制。如傣族的竹楼、黔东南及黔西南苗寨半干栏式的吊脚楼、贵州侗族的鼓楼,等等(图 2-11)。

(a) 云南思茅区老鲁寨村

(b) 贵州黔东南州大利村

(c) 云南竜山村住在吊脚楼一层的牲畜

图 2-11 乡村干栏式建筑

在无通风散热、防潮等特殊需求的地区就地取材形成了一些特殊建筑形式。如云贵两省充分利用山地石头多的条件，利用石材建设村宅，形成了一批石头村、石头寨[图 2-12(a)]；而云南省高寒地区普遍使用木楞房，如傈僳、纳西、彝、藏、独龙、怒、苗、普米、摩梭等民族的居民，用天然圆木削砍成方形、矩形断面，两端制作成咬合缺口，层层“井”字形垒叠以构成房屋主体，再覆以“人”字形屋顶，特点是房矮、槛高、楣低，普遍为一层平房[图 2-12(b)]。

(a) 贵州省安顺市石头寨村

(b) 云南省大理州银桥村

图 2-12　建于不同时期的石头房

作为少数民族与汉族融合发展的地区，云贵两省各民族文化相交汇，也创造了形制丰富的民居建筑。如云南省白、彝、纳西等少数民族文化与汉族文化相融合，形成了“一正两耳”“三房一照壁”“四合五天井”“一颗印”等特殊的建筑布局，一般多为合院形式的土木混合结构建筑(图 2-13、图 2-14)。

对于大部分汉族聚居区和多民族混居地区，乡村住宅建筑主要为砖石混凝土结构，外形缺乏建筑形制设计，这种住宅建筑的建设手法正在快速往民族和传统村落地区蔓延。截至调研结束之时，除了偏远贫穷难以改善自身居住条件的乡村住户，大多数乡村地区的居民已经结合现代砖石材料对原有住宅进行修缮，有的保留传统坡屋顶形制，有的则干脆建成与全国各地几无差别的砖石混凝土别墅建筑形式(图 2-15)。

(a) 白族、汉族相结合的民居院落

(b) 民居照壁一

(c) 民居照壁二

图 2-13　大理州下关镇洱滨村(白族、汉族村落)

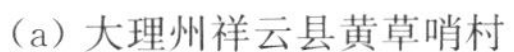
(a) 大理州祥云县黄草哨村　(b) 大理州祥云县波罗村　(c) 昆明市晋宁区打黑村

图 2-14　云南中部地区典型民居“一颗印”[①]建筑

(a) 昆明市晋宁区海界村　(b) 大理州祥云县黄草哨村　(c) 昆明市晋宁区打黑村

图 2-15　云南省普通村落新建建筑风貌

从居住空间来看，云南省乡村住宅建筑更加分散、建筑面积更大，乡村居民人均住宅建筑面积高于全国平均水平，而贵州省则相对集约。随着生活条件的改善，两省人均居住面积在不断增加，2016—2019 年，云南省乡村人均居住面积

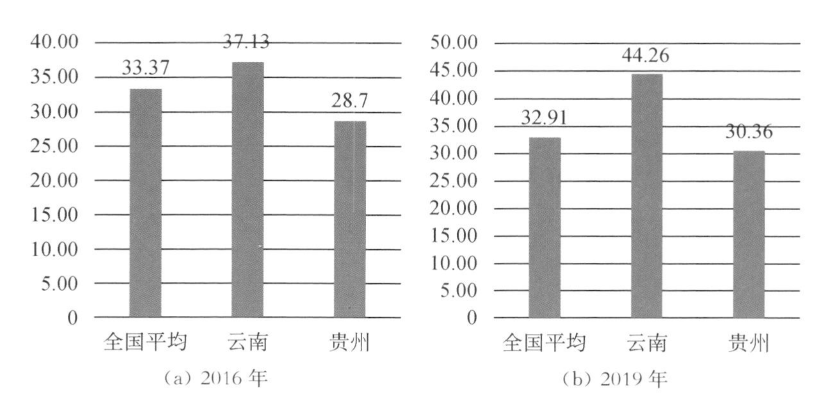


图 2-16　2016 及 2019 年乡村人均住宅面积变化及与全国平均水平对比(单位:平方米)
资料来源:《住建部村镇建设监测数据 2017》《住建部村镇建设监测数据 2019》。

① “一颗印”建筑多见于云南中部地区，一般为四合院形式，最常见的是三间四耳宅制，即三间正房，左右各有两间耳房(厢房)，前面临街一面为倒座，中间是住宅大门。房屋都是两层，正房一般较高，天井围在中央，采用高墙而很少开窗，因此整个外观方方整整，如同一颗印章，俗称“一颗印”。

从 37 平方米上升至 44 平方米，急速扩大，贵州省的上升幅度则不足 2 平方米（图 2-16）。从两省的内部差异来看，云南乡村人均住宅面积整体较高，但内部差异较大，其中，中北部人均住宅面积集中在 30 平方米以下，中部则在 40 平方米以上，旅游业较为发达的丽江和西双版纳人均住宅面积明显偏高。贵州省则呈现东高西低的差异，但内部差异小于云南省（图 2-17）。

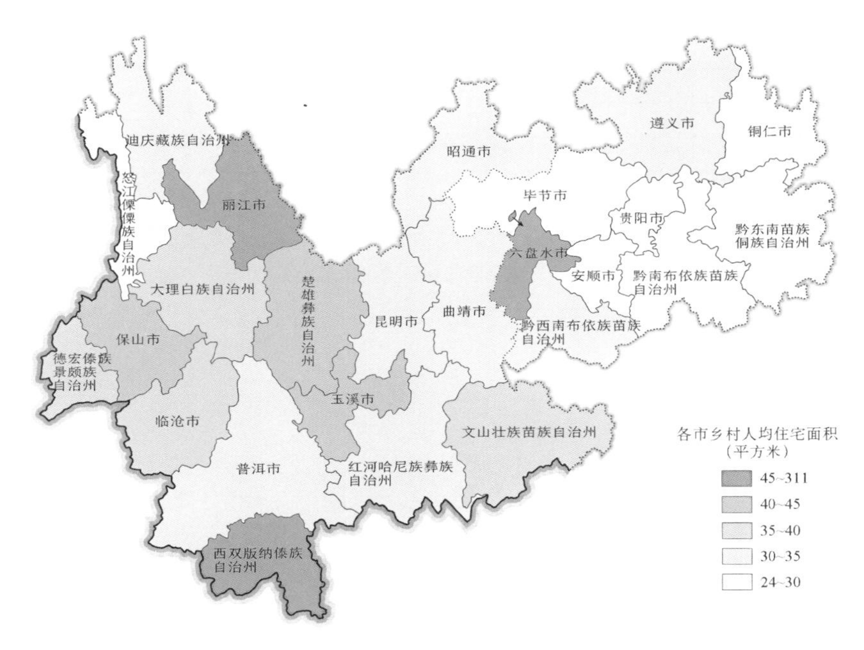


图 2-17　各市乡村人均住宅面积情况
资料来源：《住建部村镇建设监测数据 2020》。

同时，在快速城镇化过程中，城市化的建设方式和用材选择快速向乡村地区扩散，云贵传统的木质结构、土质结构和石材结构房屋受到了钢筋混凝土等“现代化”的建筑材料的冲击，正面临着不断被蚕食、消解的威胁。在乡村木石结构建筑广泛分布的云贵地区，砖混及以上（如钢筋混凝土框架结构等）建筑比例一直明显低于全国平均水平，但近年来快速上涨。云南省砖混及以上结构的建筑比例从 2016 年的 33.41%上升至 2019 年的 64.3%，增长超过 30 个百分点；贵州省则从 2016 年的 53.49%上升至 2019 年的 72.45%，涨幅也接近 20 个百分点（图 2-18～图 2-20）。这虽然改善了乡村居住条件，但也在一定程度上对传统的乡村风貌造成了破坏。

从两省内部差异看,云南省东部地区、北部的丽江及贵州省除黔东南州之外的地区,都有较高比例的砖混及以上的建筑。云南省的迪庆州、楚雄州、西双版纳州、红河州及贵州省的黔西南州等几个民族自治州仍保留了较高比例的木石结构建筑。

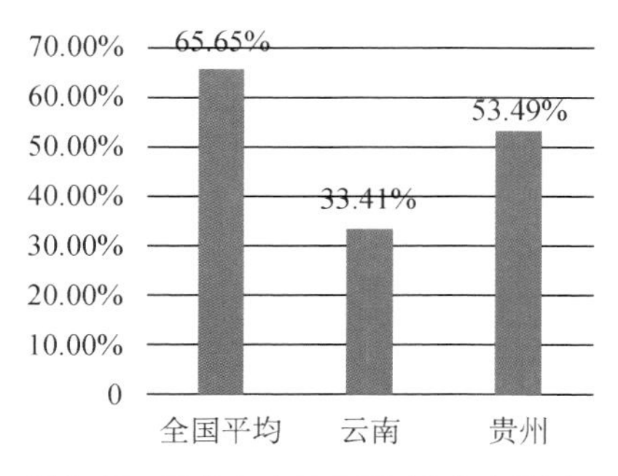


图 2-18　2016 年乡村砖混以上住宅比例

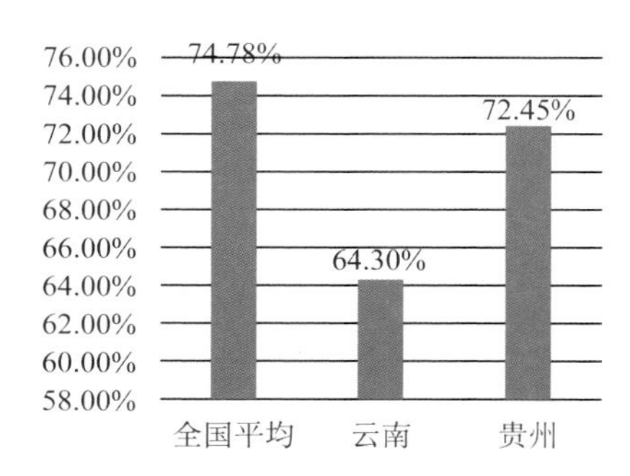


图 2-19　2019 年乡村砖混以上住宅比例

资料来源:《住建部村镇建设监测数据 2017》《住建部村镇建设监测数据 2019》。

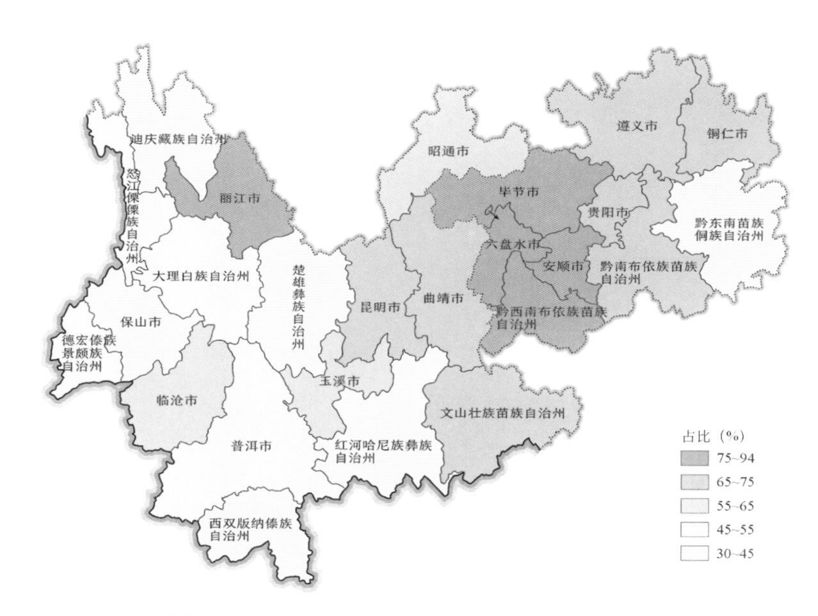


图 2-20　乡村地区混合结构以上建筑占比

资料来源:《住建部村镇建设监测数据 2020》。

## 2.2.4　乡村产业

云贵两省处于我国西部地区,经济发展相对落后,与全国三次产业构成

(7.1∶39.8∶58.9)相比，云贵两省分别为 13.1∶34.3∶52.6 和 13.6∶36.1∶50.3，第一产业占比仍然较高，尚未进入到农业现代化发展阶段。云贵两省乡村产业状况相似，乡村基本上为农业村，农业以种植业为主，兼有农区、林区和牧区的畜牧业特色。

云贵地区形成了较为明确的农业生产区域划分，粮食、油料产量在全国范围内不具备规模优势，但水果、茶叶、烤烟等特色经济作物具备较强的竞争优势(图 2-21)。两省发展侧重亦有不同，云南省种植业以水稻、玉米、小麦、豆类及薯类等粮食为主。经济作物主要有甘蔗、烤烟和茶叶等。烟草产业是云南最大的支柱产业，糖产业和茶产业是云南除烟以外的传统骨干产业，橡胶种植业是云南重要的传统产业，花卉产业是云南新兴产业。云南省是全国重点产糖、茶叶、橡胶省份之一，为亚洲最大的鲜切花出口基地。贵州农作物以水稻、玉米居多，冬小麦、甘薯、马铃薯次之。水稻、玉米占粮食种植面积的 1/3 以上。经济作物以油菜和烤烟最为重要，烤烟产地遍布全省，是中国四大烤烟产区之一。此外，还生产温带、热带水果，以及生漆、杜仲、五倍子等多种林产品、中药材等。

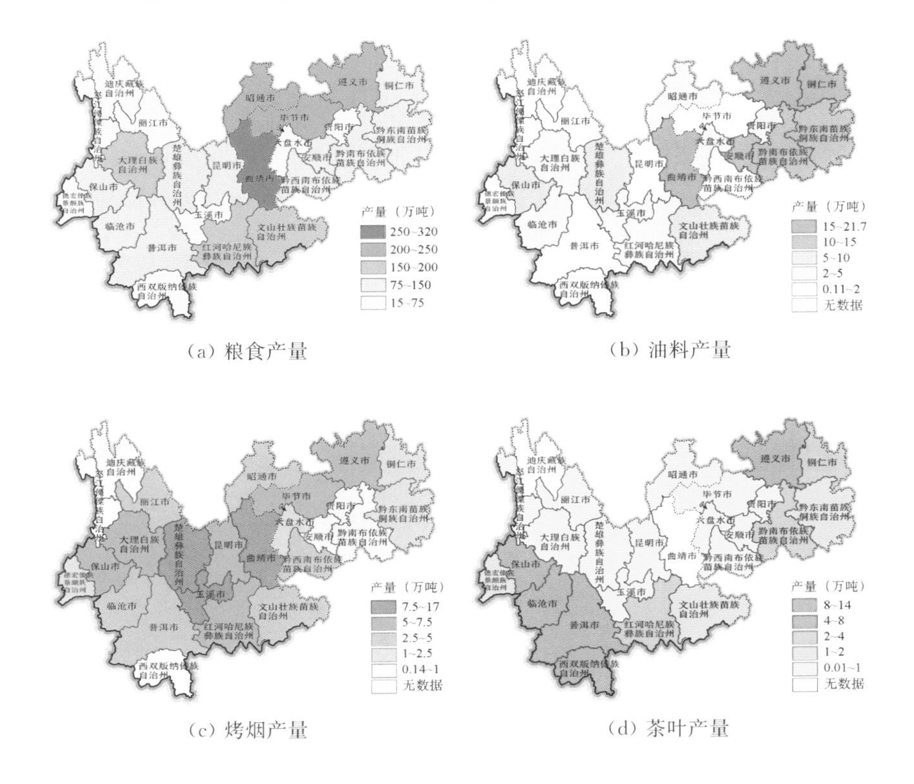

(a) 粮食产量　　(b) 油料产量

(c) 烤烟产量　　(d) 茶叶产量

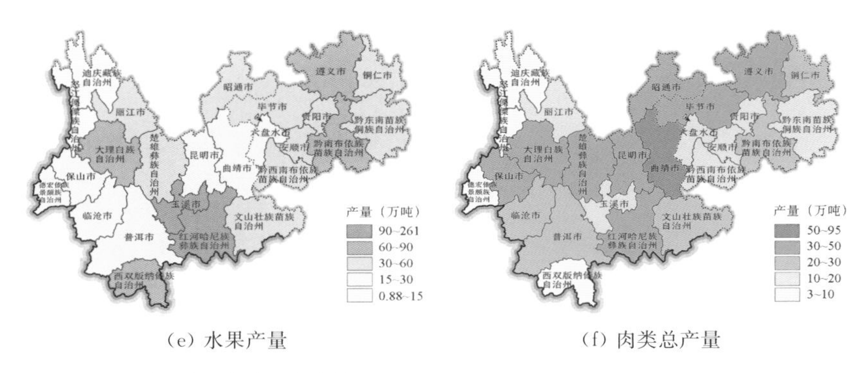


（e）水果产量　　（f）肉类总产量

图 2-21　云贵两省各地农产品产量

云贵地区山地较多，耕地分散，难以实行规模化生产，加之基础设施较为薄弱，农业生产效率较低，收益也相对较低。虽然凭借气候优势，种植烤烟、茶叶、水果等经济作物可以获得一定收入，但烤烟种植是在任务分配和统一销售的政策控制下进行的，收益受到控制；而茶叶蔬果受到季节限制，收益也较为有限。缺乏对农业产品的初级加工能力是云贵乡村产业发展的一大短板，虽然能够生产烤烟、茶叶和蔬果等经济作物，但没有初级加工提升产品价值，农民获得的收益非常有限。

除了种植业之外，民族村庄还存在较多的手工业，如民族服饰、图画、编织品、木雕等工艺品（图 2-22）。一般对手工业的需求不高，只能作为农户的副业。除此之外，云贵地区乡村发展非农产业，如工业、商贸和专业服务的很少，但凭借生态、景观或人文资源优势，旅游村庄已经达到一定比例，休闲旅游产业为村民带来较高的收益。

（a）云南农户采摘茶叶

（b）贵州农户制作民族工艺品

图 2-22　村庄特色产业情况

## 2.2.5　生态环境

近年来，云贵两省皆大力推进农村人居环境整治三年行动，取得了明显成效，极大地改善了乡村地区人居环境和生态环境，但仍存在明显的短板。与全国平均水平相比，云贵两省乡村的环境基础设施建设总体较为落后。从云贵乡村对污水的处理情况来看，污水处理水平参差不齐，并且仅有三个地级市内对污水进行处理的行政村达到 40%以上，大多数地级市内该比例不足 20%，乡村污水的处理水平亟待提升(图 2-23)。

云贵两省乡村垃圾处理率同样不高，仅云南省五个市/自治州的乡村达到 80%以上，四个边缘城市乡村垃圾处理率不足 50%，大部分城市的乡村垃圾无害化处理率在 20%以下。受制于多山的地理环境，垃圾的运输较为困难，如果行政村没有对垃圾进行集中处理的能力，较容易出现垃圾随意堆放的现象，严重破坏农村的环境卫生和景观。同时，云贵地区在建设卫生厕所方面也存在劣势，仅三个地级市下属的行政村卫生厕所普及率达到 40%以上。从云贵两省乡村的燃气普及率分布情况可以看出，乡村的燃气普及水平很低，绝大部分城市行政村燃气普及率在 20%以下，同样是受山区地形限制，燃气管道难以布置，村民多使用木柴、煤炭甚至牲畜粪便作为主要燃料，过度依赖木柴作为燃料对农村的空气环境造成了一定的破坏，并且过度的砍伐进一步加剧了云贵地区的水土流失，为滑坡、泥石流等灾害埋下隐患。

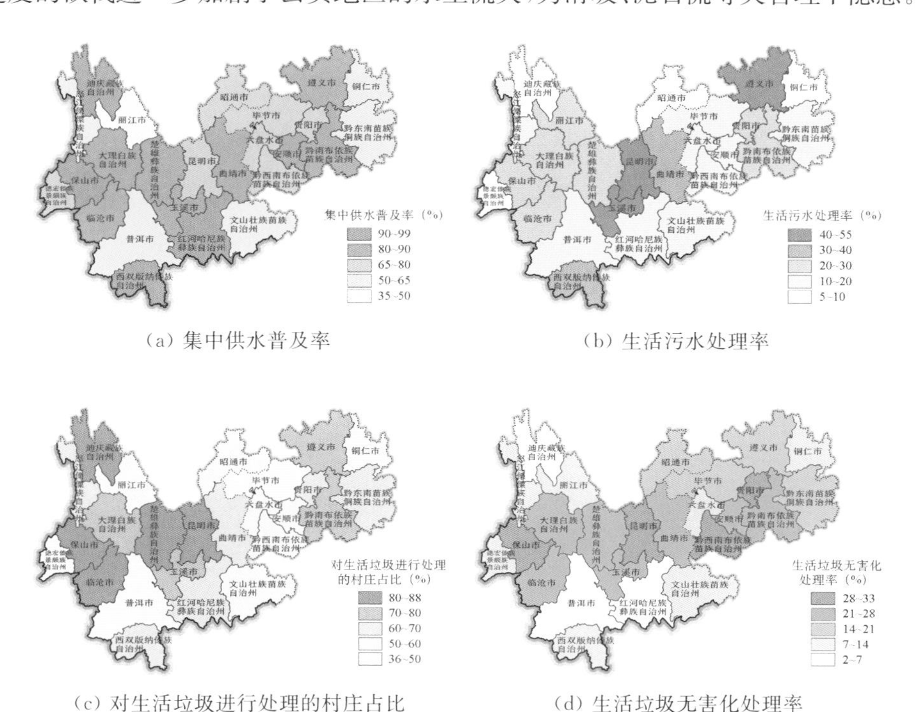

(a) 集中供水普及率

(b) 生活污水处理率

(c) 对生活垃圾进行处理的村庄占比

(d) 生活垃圾无害化处理率

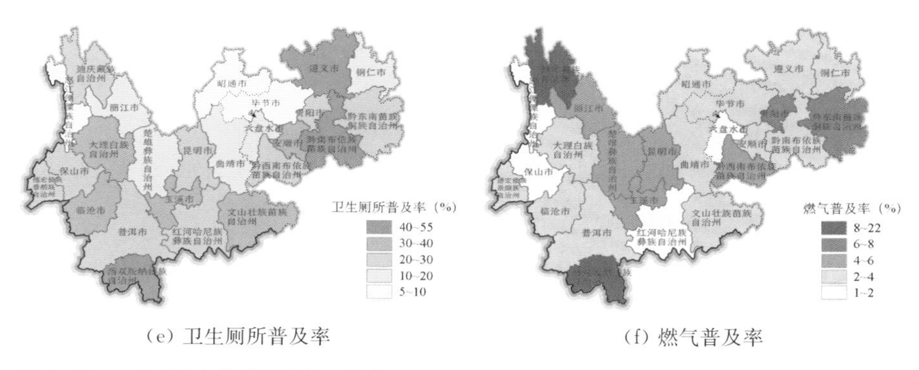


（e）卫生厕所普及率　　（f）燃气普及率

图 2-23　云贵两省各地基础设施覆盖率

同时，云贵乡村多处于山区，地势变化万千，并且处于气候多元地带，动植物种类繁多，自然资源丰富。山区的自然环境非常优美，大多呈台地层叠分列，群山环绕，在天际形成多条优美的曲线。从村中的制高点向下望去，台地、远山、山路和中心的广场形成了精致的构图，景色壮丽，浑然天成，形成了优美的自然景观资源。

## 2.2.6　文化传统

西南地区是多民族聚居地区，民族文化多元，很多村落还保留了民族的特色建筑、文化传统和语言文字。自然条件的多样性、民族文化的多样性共同作用形成并积累了云、贵乡村宝贵的传统文化和历史遗产财富。而民族村落多以村寨的形式存在，处于偏远的深山，与外界互动很少，形成了自己独特的自然、社会、文化与政治形态，并且得以较好地保存下来。

由于云贵乡村工业化进程较为落后，村庄的物质空间没有在现代化发展中变得面目全非，很多乡村历史遗产被较好地保护了下来，如千亩梯田、千里苗寨等壮丽的人文地理景观，以及传统民居、街巷、广场、水渠等丰富的生活景观，形成了深厚的历史遗产景观资源。一些民族的歌唱和绘画、工艺艺术等人文文化及保存较好的传统建筑还存在较强的活力，在文化传承和乡村旅游等方面扮演了重要的角色。如贵州省布依族的传统蜡染一直传承至今，成为当地旅游的一个重要吸引点，村内老人一直延续了传统工艺，并传授给村中的年轻人。在发展乡村旅游时，传统文化遗产发挥了重要作用，如贵州石头寨村基于蜡染工艺修建的蜡染一条街，成为了乡村旅游的核心（图 2-24、图 2-25）。

图 2-24　贵州蜡染工艺

图 2-25　贵州石头寨村蜡染一条街

历史建筑的延续同样是历史文化的传承。各民族传统的吊脚木楼、连廊木楼、回廊木楼、四合楼院等，依山傍水，鳞次栉比，高低错落，构筑了与众不同的自然与人文融合的景观，许多省、市级历史建筑类的非物质文化遗产传承情况良好，至今仍以活态延续（图 2-26～图 2-30）。

图 2-26　云南拉祜族传统民宅

图 2-27　云南彝族传统民宅

图 2-28　贵州苗族传统民宅

图 2-29　贵州侗族传统民宅

## 2.2.7　组织管理

步入现代社会以前，云贵地区不同乡村的治理方式差异很大。由于地形以

图 2-30　乡村人文景观风貌

山区为主，民族众多，云贵地区形成了与外界隔离的自治方式。在传统的村庄管理中，“长老”“寨老”及“土司”等土著村民是村庄的管理者，而自明朝开始，中央权力向基层逐步延伸，到新中国成立后原有的多样化村庄治理方式基本瓦解，形成了统一的基层群众自治。

现在云贵地区乡村实行的是基层群众自治制度，村委会是村一级的管理和自治组织。村委会是乡村治理的权威，主要负责管理本村的公共事务和公益事业，调解村民纠纷，协助维护社会治安，向人民政府反映村民意见和建议。

村党支部是村庄的权力核心，主要负责处理村庄党务工作，领导村委会，组织讨论村庄经济、社会发展的重要问题，管理村庄内各种经济组织和民众组织，推进村民选举和决策等。目前村党支部干部实行多渠道选配制度，通过公选公推村党组织书记、机关干部挂职、先进村干部异地兼任、镇干部联系兼任等方式，显著提高了村级党支部干部的素质水平，增强了基层党组织的领导能力。

除了村党支部和村委会外，包村干部是云贵地区乡村管理的重要组成部分。各镇除了指导村主任或村支书制定发展任务、管理村干部外，还会选派包村干部协助村庄管理。包村干部一般负责村庄内难度较大的工作，如农业发展、计生工作、精准扶贫等，具体职责因村而异。除了负责直接任务以外，包村干部还负责与村委会协商村庄的社会管理事务。

## 2.3　西南乡村建设政策

### 2.3.1　国家乡村政策演进的历史背景

#### 1）计划经济体制时期(1949—1978 年)

中华人民共和国成立初期，为推动国民经济迅速增长，促进工业化发展，必须暂时牺牲农业，集中力量推动工业化发展。1949 年至 1952 年期间，逐步完成了土地改革，实现“耕者有其田”，而紧接着 1953 年的“三大决策”改革(加快工业化发展，实行高度集中的计划经济体制，实行政社合一的农村人民公社制度)使农民的地位发生改变，农民的生产资料变为集体所有，农民的生产和生活通过人民公社组织的形式得以实现。此后，粮食产需和供求矛盾日益尖锐，压低粮食和农产品的价格造成城乡差距被进一步拉大，农民大量进入城市。如 1953 年到 1958 年，云南省城镇人口从 82.3 万人增加到 349.7 万人，贵州省城镇人口从 107.7 万人增长到 344.4 万人。这段时间农业经济经历了明显的衰退，全国第一产业增加值从 1955 年的 421.0 亿元下降到 1958 年的 340.7 亿元，而云贵两省这一时期农业衰退不明显，两省第一产业增加值总和从 1955 年的 17.72 亿元下降到 17.43 亿元。

#### 2）转型经济体制时期(1978 年—21 世纪初)

1978 年改革开放以后，我国开始从计划经济体制向市场经济体制转变，并以农村为突破口开展改革。党的十一届三中全会以后，中央出台了一系列农村经济体制改革的政策措施，如废除人民公社、实行家庭联产承包责任制、突破计划经济模式等，这一时期围绕农村经济体制的一系列改革政策极大程度地解放和调动了农村的生产力，大大推动了农村经济的发展。

1978 年，贵州省关岭县顶云公社率先实现“定产到组、超产奖励”的生产责任制，在全国引起了较大反响，一时形成了“北有小岗，南有顶云”之说，也因此推动了全省农村家庭联产承包责任制的改革。云南农村经济体制改革同样始于1978年，首先在山区和边疆民族地区取得突破。党的十一届三中全会前后，云南农村有的地方已经出现了一些新的生产责任制形式；1979年年初，云南省委在《关于当前农村几项政策问题的补充规定》中提出，生产队要建立切实可行的生产责任制，允许社员有一定数量的家庭副业。

1979年9月，党的十一届四中全会通过《中共中央关于加快农业发展若干问题的决定》，进一步放宽了农村政策，提出逐步实行和完善农业生产责任制。1980年4月，全国编制长期规划会议召开期间提出，在乡村地广人稀、经济落后、生活穷困的地区，像贵州、云南等地区，政策上要更宽一些，索性实行包产到户之类的办法。这一指示，对云贵地区建立农业生产责任制起了极大的推动作用。从1979年至1983年，云南省用将近5年时间在全省普遍推行了家庭联产承包责任制，粮食产量达到了当时历史最高水平。1983年，为响应全国人民公社体制改革的号召，在全省开展改革工作，从试点到全省全面铺开，至1984年实行政策合一的体制改革。与此同时，1983年贵州省委下发了《中共贵州省委关于当前农村工作若干问题的通知》，指出"在进一步稳定完善家庭联产承包责任制，充分挖掘千家万户生产潜力的同时，继续解放思想，坚决而有秩序地进行农业经济结构改革、体制改革和技术改革"，在这一文件的部署下，全省各市陆续开展了经济发展规划、供销社体制改革、农业科技体制改革、农村教育改革、政社分设等综合改革的试点。实行家庭联产承包为主的责任制和统分结合的双层经营体制、废除人民公社这两项改革举措，重新构造了云贵地区乡村的经济基础与上层建筑，给云贵乡村带来了深刻的变化。

### 3）新农村发展时期（21世纪初至今）

随着国家宏观发展新理念的提出和新战略的实施，解决"三农"问题的政策要求日趋综合。进入21世纪后，我国的涉农政策已经从早期主要为解除各类体制性束缚，发展为逐渐投入更多财力、物力等资源促进解决"三农"问题，协调城乡关系。2002年，党的十六大提出"城乡统筹发展"的措施，诸如土地流转等政策，以推动农村发展，缩小城乡差距。2005年10月，党的十六届五中全会通过《十一五规划纲要建议》，首次明确提出"新农村建设"。同年12月，十届全国人大常委会第十九次会议通过决定，自2006年起废止《农业税条例》。2008年，党的十七届三中全会通过了《中共中央关于推进农村改革发展若干重大问题的决定》，“三农”问题被提升到前所未有的高度。

2012年以来，全国的乡村发展政策转向了主动谋划和推进城乡发展一体化。党的十八大报告强调要“加快完善城乡发展一体化体制机制，着力在城乡规划、基础设施、公共服务等方面推进一体化，促进城乡要素平等交换和公共资源均衡配置”。2017年党的十九大提出了“实施乡村振兴战略”，并提出了“建立健全城乡融合发展体制机制和政策体系”。至此，我国的城乡治理方略逐步明确，即走向城乡融合发展。在这一发展过程中，云贵两省同时面临着脱贫攻坚与稳定边疆民族发展的复杂任务。将脱贫攻坚和乡村振兴相衔接，以发展产业、壮大村级集体经济为根本策略，支撑乡村振兴战略的实施，是这一时期乡村发展的总体目标。

## 2.3.2 西南地区乡村建设的重要政策

### 1）云南省美丽宜居乡村建设行动

2007年，云南省制定了《云南省社会主义新农村建设规划纲要（2006—2010年）》，并以此作为全省全面推进社会主义新农村建设的具体部署，提出“从全省30户以上的13万多个自然村中，重点选择5万个不同类型的村，分为典型示范村、重点建设村、扶贫攻坚村整村推进，其他8万多个村也要通过新农村建设使其面貌明显改变”，针对村容村貌的整治实施以“五改、三治”为主要内容的村庄整治工程，要求每年编制1 500个村庄的建设与整治规划，共完成5 000个中心村和重点自然村的整治，着力在基础设施和村庄公共环境上进行整治。

为更好地起到建设示范作用，云南省于2009年开始实施以自然村为实施单元的“社会主义新农村省级重点建设村”工作。重点村的主要建设方向为：大力发展农村特色优势产业，每个村要着力打造1～2个带动面广、增收效果突出的主导产业；要以改善民生为目的，加强农业基础设施和农村公共服务体系建设；围绕产业发展抓好山水林田路综合治理；推进义务教育适度集中办学，合理布局卫生站所，建立村级社会综合服务站点，为农民生产生活提供更加便利的服务。根据《云南省社会主义新农村省级重点建设村省级补助资金建设项目考核验收办法》，每村获得15万元省级建设资金补助，2013年补助提升为30万元，2014年补助提升至60万元。2009—2011年，全省"新农村省级重点建设村项目"平均每年启动1 500个村庄，年均省级补助资金为2.25亿元，整合各级各部门投入、社会资源和群众投入超过15亿元。

紧接着，云南省重点开展了"万村示范"工作，一是自2015年起，连续5年，每年实施500个省级规划建设示范村（截至2017年已经实施1 000个），通过省级规划建设示范村的实施，给予每个村庄200万元贷款建设资金补助；二是自2016年起，连续3年，每年实施1 000个以上省级易地扶贫搬迁集中安置新村；三是结合云南省沿边3年行动计划工作要求，2016年至2018年实施3 800余个沿边村寨规划。通过示范带动作用，全面推动云南省村庄提升改造工作，逐步引导消化"空壳村"。

除了新农村建设的系列工程外，云南省早在2005年就启动了村庄规划的编制试点工作。2010年，省政府召开全省村庄规划工作会议，出台了《云南省人民政府关于加快推进村庄规划工作的实施意见》，省住建厅下达了《云南省住房和城乡建设厅关于下达2010—2012年村庄规划编制工作计划的通知》，《通知》要求用3年时间全面完成村庄规划编制任务，力争使村庄规划覆盖率达到100%。"十二五"期间，在村庄规划全域覆盖的基础上，云南省政府制定了《云南省美丽宜居农村建设行动计划（2016—2020年）》（以下简称《建设行动计划》），提出了未来"十三五"期间的综合建设目标：从2016年开始，用5年时间以县级为主体整合各级各类新农村试点示范项目和相关涉农资金，通过点、线、片、面整体推进，每年推进4 000个以上美丽宜居农村建设（其中1 000个美丽宜居农村典型示范村），到2020年全省建成2万个以上美丽宜居农村（其中5 000个美丽宜居农村典型示范村）。与此前出台的政策文件相比，《建设行动计划》针对村庄人居环境的整治所提出的要求更为综合，包括强调规划统领作用、全面改善乡村住房条件、保护传统村寨民居，突出民族和田园特色，对生态环境和美丽宜居提出了新的要求。为提高村庄规划及集中危改的质量，《中共云南省委云南省人民政府关于加快推进全省农村危房改造和抗震安居工程建设的意见（2015年）》明确提出，由省住房和城乡建设厅牵头会同相关部门编制2015年至2019年全省农村危房改造和抗震安居工程建设规划，指导全省工作科学有序开展。尤其要做好村庄风貌管控和特色民居设计，注重在建筑形式、细部构造、室内外装饰等方面延续传统民居风格,体现民风民俗和生产生活方式的传承;避免形成夹道建房、一味追求横平竖直,统一贴瓷砖、统一装卷帘门的村庄单一“军营”式建房模式。

除以上专项或专类乡村建设项目外,还有整合以上多类型项目、结合地方特色和实际需求制定其他项目的综合型乡村建设实践。云南各市县也基于自身发展水平、急需解决的问题与地方资源条件制定了各有侧重的乡村综合建设项目。比如,2012年7月,昆明市政府于禄劝县翠华镇兴隆村启动了全市的“幸福农村建设工程”,包括全市范围25个第一批宜居农房、411个省市重点贫困村、28个新农村示范村、10个都市农庄建设项目等4个层次的幸福农村建设工程全面开展实施。另外,2008年农村综合改革以来,云南省财政厅通过农村综合改革资金,积极提升贫困地区乡村人居环境基层组织建设,重点培育贫困村的产业发展和自身“造血”功能,从根本上消除“空壳村”。例如,2016年云南省财政厅安排中央财政资金1亿元,在中缅边境集中打造了46个富有云南特色的“宜居、宜业、宜游”美丽示范村,破解边境地区乡村经济社会发展滞后难题。

随着国家“乡村振兴战略”的提出,2019年云南省出台《云南省乡村振兴战略规划(2018—2022年)》,针对乡村人居环境改善提出“做美村庄”的发展目标,加强村庄规划管控和人居环境整治,提升村容村貌,实现“一村一品”,打造“产业生态化、居住城镇化、风貌特色化、特征民族化、环境卫生化”的美丽宜居村庄,并针对山区、坝区、边境地区的村庄提出差异化的村庄布局和建设要求。这一规划文件成为当前指导全省乡村规划、建设与发展的重要纲领性文件。

#### 2) 贵州省美丽乡村建设行动

为响应国家新农村建设行动,2006年,贵州省发布了《关于推进社会主义新农村建设的实施意见》,着重强调要因地制宜,根据贫困地区、基本温饱地区、人民生活总体上达到或接近小康水平的地区等具体情况分类推进新农村建设。在此基础上,省委农村工作领导小组提出《贵州省社会主义新农村建设“百村试点”实施意见》,要求“十一五”期间全省建设100个社会主义新农村试点村,重点围绕“三建”“三改”“五提高”①的内容进行建设。同年,省住建厅发布了《贵州省社

① “三建”即建基本农田、建优势产业、建公共设施,“三改”即改建乡村道路、改善人畜饮水、改善人居环境,“五提高”即提高农民收入、提高农民素质、提高社会保障能力、提高民主管理水平、提高乡风文明程度。

会主义新农村村庄整治试点工作指导意见》，提出贵州省村庄整治的五项基本内容，即优化村庄布局，完善村庄规划；抓好村庄整治工作；提高农房建设水平和质量；加快基础设施和社会服务设施建设；建立村庄整治培训制度等。在新农村建设开展的同时，同步推动的政策包括"村村通"工程、乡村危房改造等。

2013 年，在国家中央一号文件提出的"建设美丽乡村"的奋斗目标下，作为国家重点关注的贫困人口最多，同时也是率先启动美丽乡村创建的省份，贵州省提出"四在农家①·美丽乡村"作为指导全省美丽乡村建设的重要战略性要求。该项政策从遵义市余庆县的试点工作开始，在当地通过采取"七个一"和"五通三改三建"②行动落实乡村人居环境改善。随着中央"美丽乡村"战略的提出和各部委创建活动的试点政策推动，贵州省结合前期工作经验，于 2013 年发布了《深入推进"四在农家·美丽乡村"创建活动的实施意见》，将该项活动由遵义市带头在全省进行全面推动。该文件进一步明确，在前期已有 16 000 个创建点、覆盖 9 000 多个村、占行政村总数 50%的基础上，力争到 2015 年创建点覆盖 70%以上的行政村，到 2017 年覆盖 90%以上的行政村，到 2018 年实现全覆盖。在示范推动方面，又进一步明确要求，"结合以县为单位同步开展小康创建活动，整合扶贫开发、新农村建设、生态移民工程、通村油路建设、危房改造、村庄整治、农村清洁工程、农村文化建设、一事一议公益性事业建设等项目，集中做好省、市、县三级示范点建设"。

随后，贵州省配套出台《关于实施"四在农家·美丽乡村"基础设施建设六项行动计划的意见》，在结合"以县为单位开展同步小康创建活动"方面做出了更为明确的部署，关系到扶贫发展和美丽乡村创建最为基础性的工作，整合纳入"小康路、小康水、小康房、小康电、小康讯、小康寨"六项行动计划（表 2-3）。根据文件要求，总体目标为力争用 5～8 年时间，建成生活宜居、环境优美、设施完善的美丽乡村，以 2015 年、2017 年与 2020 年三个时间节点安排建设时序和资金，六

---

① "四在农家"指的是四个方面的乡村建设要求，分别是以"富在农家"推动经济发展、以"学在农家"培育新型农民、以"乐在农家"实现文化惠民、以"美在农家"建设美丽乡村。

② "七个一"行动，即帮助农民找到一条致富增收的路子、家家户户有一幢宽敞整洁的住房、有一套家具和家用电器、安装一部家用电话、掌握一门以上农业实用技术、有一间卫生厨房和厕所、有一种以上健康有益的文体爱好；"五通三改三建"即通电、通水、通路、通电话、通电视广播，改居住环境、改厕、改灶，建文化广播室、对外宣传栏、体育娱乐场所。

项行动计划针对每一分项在各个阶段提出了相关牵头和协助部门所需完成的具体目标任务。

表 2-3　“四在农家・美丽乡村”基础设施建设六项行动计划政策目标简况

| 基础建设类型 | 小康路 | 小康水 | 小康电 | 小康讯 | 小康房 | 小康寨 |
| --- | --- | --- | --- | --- | --- | --- |
| 分项目标 | 结构合理<br>功能完善<br>畅通美化<br>安全便捷 | 安全有效<br>保障有力 | 安全可靠<br>智能绿色 | 宽带融合<br>普遍服务 | 安全适用<br>经济美观 | 功能齐全<br>设施完善<br>环境优美 |
| 牵头部门 | 省交通运输厅<br>省财政厅(省农村综合改革领导小组办公室) | 省水利厅 | 省发改委<br>贵州电网公司 | 省通信管理局<br>省邮政管理局 | 省住建厅 | 省财政厅(省农村综合改革领导小组办公室) |
| 目标任务 | 通村沥青(水泥)路、县乡道改造、新建已硬化通村公路桥梁、人行步道、乡镇客运站、建制村招呼站等 | 农村饮水安全、农村耕地灌溉 | 新建/扩建 110 千伏和 35 千伏变电站、线路、新增配变及容量等 | 新增自然村通电话、新增行政村通宽带、乡镇邮政所补建等 | 农村危房改造、小康房建设 | 庭院硬化工程、村公共厕所、文体活动场所、农家书屋、照明设施等 |
| 资金规模 | 1 068.62 亿元 | 429.0 亿元 | 165.6 亿元 | 28.75 亿元 | 205.71 亿元 | 100.5 亿元 |
| 组织管理 | 省府统筹协调、州市组织实施、县乡镇具体实施 | | | | | |

资料来源:栾峰,奚慧,杨犇.美丽乡村・贵州省相关政策及其实施调查,2016。

至 2018 年,全省农村经济提升和村容村貌改善成效显著。据统计,全省第一产业增加值、农村常住居民人均可支配收入分别增长 6%和 10%左右;92%的村民组通硬化路,农村自来水普及率 78%以上,改造农村危房 20.6 万户;16 个贫困县摘帽,2 500 个贫困村退出,减少乡村贫困人口达 120 万人。在此背景下,结合国家“乡村振兴”战略,贵州省出台《中共贵州省委　贵州省人民政府关于乡村振兴战略的实施意见》,提出推动乡村基础设施提档升级,启动实施“四在农家・美丽乡村”小康行动升级版,推动乡村基础设施加快改善、城乡基础设施互联互通,提出新时期针对六项基础设施建设的新要求。文件同时提出,大力改善农村人居环境,强化规划引领,以行政村和 30 户以上自然村为单元,加快实现全省村庄规划全覆盖。围绕“道路硬化、卫生净化、村庄亮化、环境美化、生活乐化”

这一目标，建成一批美丽宜居新村；继续推进“小康房”建设，遵循功能完善、安全适用、经济美观的原则，突出自然生态、历史文化资源特点，体现地域特色，彰显乡村风貌。

此后，贵州省 2019 年发布《贵州省乡村振兴战略规划》，进一步提出重点打造 10 个示范县、100 个示范乡镇、1 000 个示范村的要求。同年 10 月，贵州省政府办公厅印发了《贵州省“十百千”乡村振兴示范工程实施方案(2019—2021 年)》，对全省实施乡村振兴战略做出重要部署，总体目标是围绕高速公路沿线带、特色产业聚集区和 500 亩以上坝区，以集聚提升类村庄作为“十百千”乡村振兴示范工程的重点，以农业产业发展为主线，探索构建“一业为主、多业融合、共生发展”的现代乡村样板，深入推进农村产业革命、大力推进农村人居环境整治、发展农村社会事业、建设高素质农村人才队伍、发展优秀乡村文化、加强农村基层基础工作、扎实推进农村改革。到 2021 年年底，初步构建起贵州乡村振兴的政策体系和制度框架，为乡村振兴贵州样板提供可复制、可推广的典型经验。

# 第 3 章　乡村人居环境基本特征

本章对样本分布较为均衡的云南省展开定量分析，以现场调研样本村庄、样本村民作为研究对象，从生活质量、生产效率、生态环境和社会文化四个价值维度对人居环境建设水平进行评价，并分析了村民满意度（图 3-1）。与此同时，结合云贵两省的具体调研案例，通过举例、归纳等方式对云贵地区乡村人居环境进行更加直接、生动的展示，进而形成对西南地区乡村人居环境的初步认知。需要特别说明的是，基于数据完整性和均匀性，对云南省 43 个村庄样本进行检查和筛选，去除村民样本数低于 15 个或有较多问题和答案填写较为含糊的 3 个村庄样本后，确定 40 个村庄为研究对象，以村为单位进行指标细化和交叉分析比较。

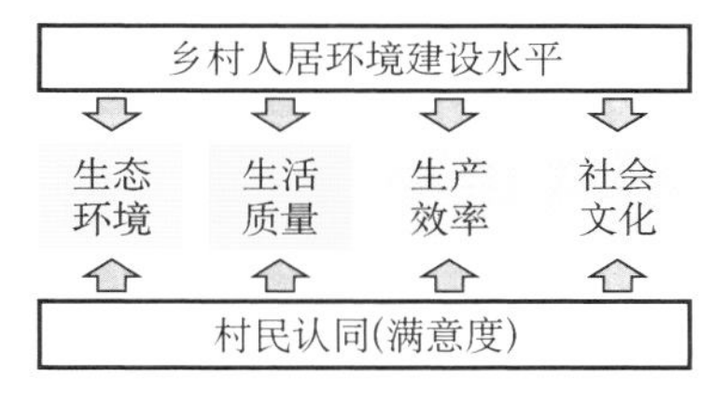

图 3-1　乡村人居环境综合评价的理论框架

## 3.1　乡村人居环境建设特征

### 3.1.1　生活质量

#### 1) 住房条件

（1）住房面积：村宅居住面积偏小，新建房模式粗放

云南省乡村一般传统民居多为一字排开、两层为主的土木结构建筑，房屋体量整体偏小、层高较低、空间紧凑甚至狭小（图 3-2），截至调研时各地仍然广泛分布。本次云南省调研户均住房面积为 160 平方米（图 3-3），户均宅基地面积为 162 平方米。通过与本次全国乡村调查数据的比较，云南省乡村与我国经济较发达地区的户均居住面积 205 平方米相比，户均居住面积偏小。其中，住房面积严重不足的乡村住户比例较高。调查显示，46％的住户住房面积为 100～200 平方米，31％的住户住房面积为 51～100 平方米，4％的住户住房面积在 50 平方米及以下。

(a) 澜沧县下水井村

(b) 曲靖市师宗县拖落村

(c) 墨江县南北村

图 3-2 偏远地区村落的传统民居体量

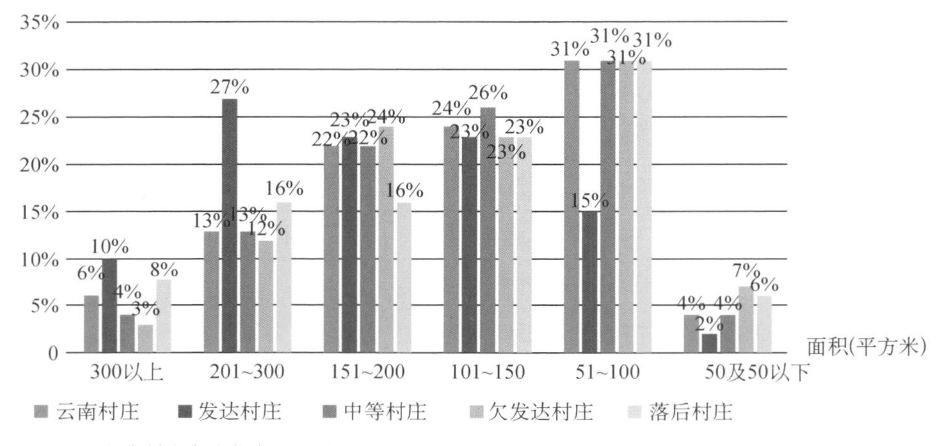


图 3-3 各类村庄户均住房面积对比

近年来，随着地区城镇化进程的加速发展，乡村与外界的联系更加紧密，外出务工村民的收入水平也不断提高，其剩余收入也被用在改建农房上。加之国家和地方政府层面推动的危旧房改造补贴等外部力量刺激，村民对住房条件改善的主观意愿也越来越强烈。调研发现，村民新建房正如火如荼地开展。根据图 3-4，农房建设在 20 世纪末达到一个峰值，2000 年以后，云南省建房户数比例为 49.7%，稍高于全国调研平均数据的 45%。其中，47.6%的乡村居民在 2010 年前完成房屋修缮，52.4%

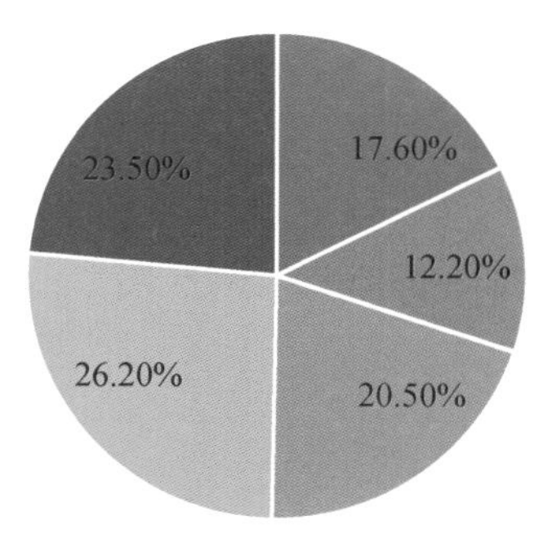


图 3-4 村民住房建设年份

在 2010 年之后完成修缮。但修建年代较早、质量较差的老宅比例也较高，1980 年以前的老宅数量为 17.6%，高于全国平均的 12%，反映出云南省内存在局部住房建设滞后的情况。

乡村住房多为村民筹资自建，建设成本相对较低。村民作为农房的使用者，其决策往往出于微观利益的考量，加之住房在社会观念中的地位身份象征和财产继承功能，过度建设行为较普遍，导致新建房普遍存在建设模式粗放、建设面积超过实际需求等问题。如本次调研的晋宁区龙王塘村，政府给每家每户 6 万元的盖房补贴，使得村民盖房积极性很高，基本上家家户户都在盖房或修房，而新建房屋基本以 3～4 层为主，房屋建筑体量较大，与原来村庄风貌形成鲜明对比（图 3-5）。其他地区的乡村新建房亦存在类似问题（图 3-6）。

(a) 新旧住宅体量对比

(b) 正在新建住宅

(c) 已建成住宅

图 3-5　龙王塘村正在新建的住宅

(a) 大理州洱滨村新建住宅的体量

(b) 大理州洱滨村

(c) 昆明市晋宁区打黑村

图 3-6　村民新建住宅普遍超过实际需求

乡村危旧房改造政策对云贵地区农民居住条件的改善产生了很大的推动作用，但政策仍有进一步细化、完善的空间。由于经济水平的差异，不同地域间住房质量和改善能力存在较大差距，部分村庄因当地政府住房补贴较少，村民自身经济水平较低，导致建设新房的动力不足，所以局部偏远乡村的 20 世纪 80 年代建造住房依然较集中。同时，乡村建房缺乏统一引导和管理，空置老屋、新宅等闲置资产也尚未得到充分利用，土地利用效率较低。即便长期空置，农民也极少愿意将房屋出租或盘活，调研农户的房屋出租率为 2.16%，仅约占全国调查平均水平(4.4%)的一半。

(2) 房屋质量：危旧房改造任务艰巨，传统民居保护压力大

云贵两省历来是灾害频发的贫困省份，乡村住房既充满民族文化的传统特色，也面临危旧房改造的艰巨任务和现代化建设的冲击。截至 2015 年调研时，云南省仍有 95 个贫困县(市、区)，位居全国首位；全省乡村危房仍然有 500 万户左右，其中整体性(D 级)危房 250 万户左右，局部性(C 级)危房 250 万户左右，改造任务非常艰巨。因此，2015 年云南省委确定的乡村危房改造和抗震安居总体目标是确保云南省在 2015 年至 2019 年完成 250 万户左右整体性(D 级)危房改造①。而 2015 年国家下达给云南省的乡村危房改造任务指标是 46 万户，同样位列全国第一 。

云南省全省调查样本显示，81%的农房外观为砌砖和粉刷，略低于全国平均水平的 85.04%；19%的住房外观裸露，大部分家庭几乎没有内部装修，住宅高度平均为 1.75 层，甚至略低于全国贫困地区的平均水平。结合村民访谈可以发现，尽管部分村民得到了来自政府的住房补贴，但住房补贴覆盖的范围较小，难以有效地推动乡村住宅建设。调研走访的诸多贫困农户居住条件仍然较为恶劣，房屋结构年久失修、村民居住安全受到威胁、住房空间狭小、采光极差等问题突出(图 3-7、图 3-8)。

在部分没有受到快速现代化冲击且村民具备一定房屋改善能力的地区，村民会结合现代生活需求对房屋质量进行改善，这种改善以保留原来房屋结构、墙面加固、窗户扩大、庭院硬化和美化为主，房屋外观上依然保留了传统住宅的形制，也未对村庄整体风貌形成强烈冲击[图 3-9(a)、(b)]。但限于技术条件和村民经济水平，居住质量改善仍以满足现代化基础需求为主，距离“精致宜居”尚存较大改善空间。部分经济条件较好的居民也更加热衷于保留传统老屋的结构和风格，因而进行了较好的改造[图 3-9(c)]，但总体而言，这样的农户数量非常少。

① 2015 年 7 月，云南省委书记在乡村危房改造和抗震安居工程推进会上向住建部主要领导和云南省众多厅局、州市主要官员立下“军令状”，并向全省 16 个州市和各相关部门明确任务。

（a）年久失修的木结构建筑

（b）多户共居一个宅院

图 3-7　祥云县波罗自然村贫困农户的居住条件

（a）完全没有采光的住房

（b）几乎仅有一人高的住房

图 3-8　墨江县南北村贫困农户的居住条件

（a）祥云县黄草哨村民居内部风貌

（b）黄草哨村房屋外观

（c）晋宁区龙王塘村修缮后的房屋

图 3-9　传统老屋结构与现代化改善相结合的乡村房屋

绝大部分乡村地区居民的新建房行动给传统居住形式和面貌带来了较大的冲击。对东部地区住房审美的借鉴、瓷砖的运用、混凝土盒子式建筑的建造（图 3-10）都给原来云贵地区优美、古老的传统民居形制带来破坏和冲击，也一定程度阻碍了其传承、提升与发展。就调研总体感受而言，个别村庄对于建筑形制有所创新、突破，希望新旧结合（图 3-11），但总体来说收效甚微。非理性的加建、扩建甚至突破原来宅基地等行为占大多数。且政府主导下的统一建设行为往往带来色彩单一化、形式一致化等问题，抑制了乡村居住形式的多样性发展。

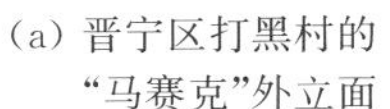

(a) 晋宁区打黑村的“马赛克”外立面

(b) 晋宁区大宁村新建房屋

(c) 富宁县洞波村混凝土盒子房屋

图 3-10　云南省乡村地区新建房屋装修与形式

(a) 黔东南州石桥村

(b) 黔西南州兴义市楼纳村

图 3-11　贵州省乡村缺乏设计的房屋和具备一定设计的房屋对比

在一些具备较好的旅游开发资源的地区，因本地缺乏预见性的管控政策设计，外来资本、本地经济利益的双重驱使，给村庄肌理和风貌的延续带来快速的、不可逆的破坏。以云南省大理州双廊村为例（图 3-12），原本是洱海旁古朴、宁静的一个小渔村，近年来洱海旅游的火爆发展，引来全国各地来此投资的人士租赁民居、建设民宿。本地居民亦争相效仿，拆除老屋，并改建成面积获得率高的三四层楼房式的方盒子建筑，以期获得商业收益，对原来渔村的风貌造成了不可逆的破坏。调研之时，当地住建部门已经就本地大量新建、加建等违规活动进行了规划管控，但阻力极大，推进工作困难重重。

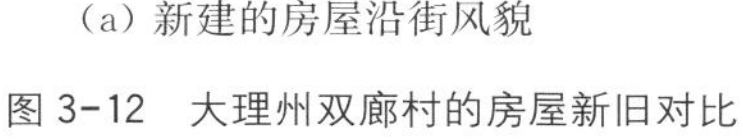

(a) 新建的房屋沿街风貌

(b) 传统民居风貌

图 3-12　大理州双廊村的房屋新旧对比

一些具有整片留存和保护价值的传统村落则面临整体性保护难度大、资金缺乏、技术支撑不足等难题。云南省曲靖市海界村的村干部，特地带领调研组成员到他管辖的一个自然村进行考察。这个村作为传统村落，尚保留着较为集中的形制和风貌完整、规模较大的“一颗印”式传统建筑院落，但因为缺乏整体的保护支撑和技术帮助，一直不能有效修复和利用。随意修复加固容易对原来的面貌和形式造成破坏；而不修缮的话，则只能任由建筑衰败，十分可惜（图 3-13）。

（a）修整过的院落一

（b）修整过的院落二

（c）衰败的院落一

（d）衰败的院落二

图 3-13　海界村传统民居留存较多的自然村

（3）配套设施：房屋内装水平总体偏低，配套功能不足

云贵地区住房配套设施与全国平均水平仍有较大差距。对比全国调查数据，云南乡村住宅仅厕所、厨房、洗浴等基础设施能达到全国中等水平，空调和网络等现代化设施普及率却远远不及全国其他落后地区，仅 1.2%的家庭有空调，11.7%的家庭有网络（图 3-14）。有的样本村庄电视机普及率不足一半。住房配套设施受农户家庭财力水平直接影响。调研走访的农户家庭中，有配套设施和质量明显较好的，与东部地区条件较好的家庭居住面貌相差无异（图 3-15），也有大量农户仅主要以配套装饰、房屋内整洁为主（图 3-16），还有部分贫困农户室内配套功能缺乏，基本的餐桌、橱柜都不具备，吃饭时直接将食物置于地上，厨房以

烧柴为主，家庭生活整体处于原始落后状态（图 3-17）。未来云南乡村的家居配套设施仍存较大改善空间，宜着重提高现代化设施的普及率。

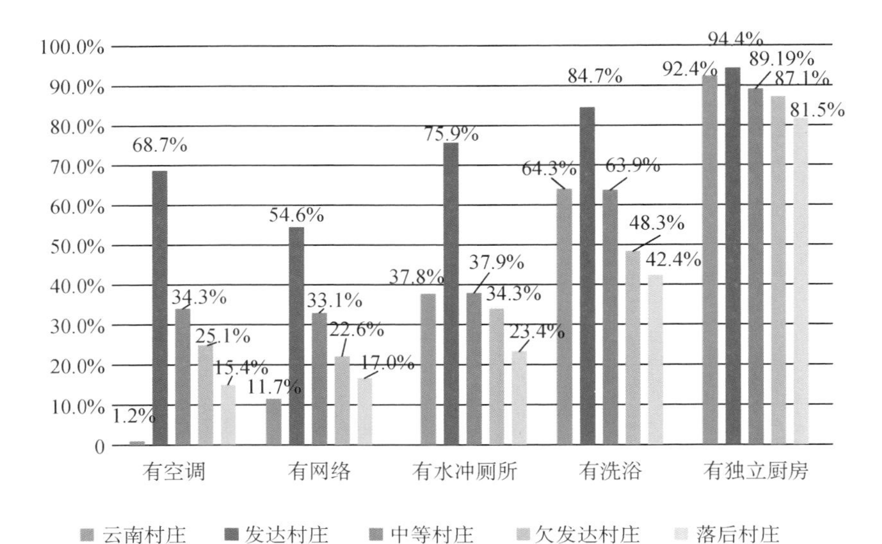


图 3-14 各类村庄住房配套设施普及率对比

（a）晋宁区打黑村住户客厅一

（b）晋宁区打黑村住户客厅二

图 3-15 住房配套较好的农户住宅室内场景

（a）大理州祥云县黄草哨村

（b）晋宁区海界村

图 3-16 住房配套相对一般的农户住宅室内场景

（a）大理州栗子园村

（b）祥云县波罗村

（c）澜沧县下水井村村民厨房灶台

（d）澜沧县下水井村村民厨房烧水空间

图 3-17　住房配套较差农户住宅室内场景

### 2）基础设施

（1）乡村道路建设水平总体不高，偏远山区交通可达性差

云南省乡村的道路建设水平亟须提高，交通可达性差，影响了全省乡村的经济发展和居民生活水平的提高。调查数据显示，通村路已硬化的自然村占比为 42.4%，村内道路硬化的自然村占比为 60.2%。对于村庄道路建设水平的现状，39.37%的受访居民认为，道路交通是急需加强的基础市政设施，相比全国平均水平的 20.37%要高出近一倍。此外，云南省村庄小学生就学平均单程距离为 1.99 千米，耗时 24.32 分钟，学生就学耗时较长，且以步行为主。

从实地调研来看，村庄主要道路硬化完成情况较好（图 3-18），局部仍有提升改造的空间，一些巷道、边缘地区仍为泥路，一到下雨天就会影响村民出行（图 3-19）。对于多山的云贵地区而言，不通车的巷道需考虑防滑、排涝等因素，一些样本村庄就地取材，用石块、石板铺设巷道（图 3-20），这样既避免了混凝土路面的生硬感，又可以结合本土特色，不失为一种很好的本地探索。

(a) 师宗县拖落村

(b) 师宗县黑尔村

(c) 晋宁区海界村

图 3-18 道路已完成硬化的村庄

(a) 师宗县拖落村

(b) 澜沧县下水井村

(c) 晋宁区海界村

图 3-19 待提升的道路空间

(a) 大理州银桥村原来巷道

(b) 银桥村新建巷道

(c) 祥云县波罗村新建巷道

图 3-20 不同地区巷道的铺设

云贵乡村分布分散，山路蜿蜒崎岖，偏远山区的村庄交通非常不便。同时部分地区道路硬化率低，雨季降水集中，受滑坡、泥石流等灾害威胁严重，遇到降雨天气出行十分困难(图 3-21)。课题组调研过程中，有一次从镇上到山里村庄用了 2 个小时的车程，途中历经抛锚、滑坡、山路陡峭等难题，切实体会了山区村民进出交通的困难。因此，云贵地区尤其是山区乡村居民对交通条件的改善需求十分迫切。

(2) 乡村水、电普及率提升较快，但通信、有线电视普及率低

通过对比云南省和全国村庄供水供电等基础设施的建设情况发现，云南省的供水、供电、供气等生活基本需求设施供应，均略高于全国平均水平。调研时

了解到，随着供水的普及，“太阳能入户工程”在本地较受欢迎，偏远地区农户也可以安装太阳能、洗上淋浴澡（图 3-22），提升了居民的居住条件。

（a）墨江县南北村道路

（b）澜沧县竜山村进村道路

（c）澜沧县竜山村村庄道路

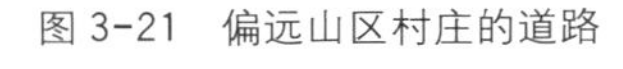

图 3-21　偏远山区村庄的道路

（a）思茅区麻栗坪村

（b）墨江县南北村

图 3-22　偏远地区农户家里安装的太阳能热水器

然而，云南省通信和有线电视的普及率则低于全国平均水平，尤其是有线电视的普及率极低，对群众的日常娱乐和信息获取造成了较大障碍（图 3-23）。在高度信息化的今天，网络可达性与道路可达性同等重要，信息资源是乡村生产力提高的重要助力。然而，云南省乡村地区的网络覆盖情况并不理想。调查数据显示，通宽带的自然村占比仅 21.9%，结合较低的宽带网络到户率（11.67%），可以看出云南全省乡村地区的信息网络建设水平依然比较落后，这也成为制约云南村庄发展竞争力和村民个人发展的一个重要原因。

### 3）公共服务

（1）基层卫生服务普及，但医疗服务水平尚待提升

在各项公共服务设施中，2015 年云贵两省行政村村级卫生室覆盖率达到 100%，高于全国平均水平；平均每千乡村人口对应的村卫生室人员数为 1.04 和 1.12，略低于全国平均水平的 1.49。配建率增高的同时，卫生室的实际使用依然存在较多问题。从本次调研情况可以看出，乡村卫生室是云贵地区农民看病的

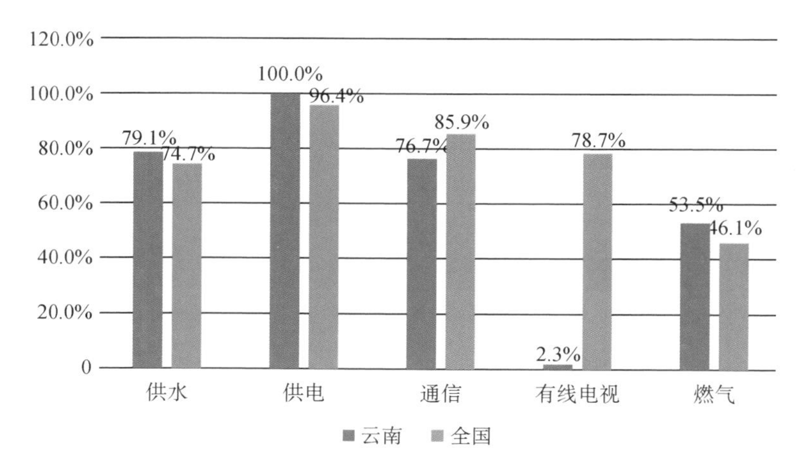


图 3-23　村民家庭的供水、供电、通信、有线电视、燃气覆盖率

主要场所，一般设置于村委附近，有诊疗室和输液室（图 3-24）。但云、贵乡村卫生室的药材较为有限，医生多为卫校毕业，只能解决最普通的感冒发烧等常见疾病。当发生较为严重或特殊的疾病时，村民通常会去镇上或县城看病。总体来说，村民大多是小病去村卫生室，村卫生室无法就诊才会选择去乡镇或更高等级的卫生室。

（a）云南祥云县自羌朗村卫生室

（b）云南思茅区老鲁寨村卫生室

（c）云南乡村卫生室

（d）贵州乡村卫生室

图 3-24　乡村卫生院

（2）教育设施撤并力度大，山区儿童上学不便

随着我国城镇化的快速推进，乡村人口大量流出，适龄儿童数量不断减少，乡村地区出现了大量“麻雀班级”。而分散化的配置模式难以实现资源集聚，相反还存在教学人员不足、资金不够、设施质量普遍低下等问题。在此背景下，过去十年左右的时间，全国掀起一股乡村基础教育设施（幼儿园、小学、初中等）撤并的热潮，乡村学校不断撤并，向城镇地区集聚。然而大规模的撤并也引发了一系列乡村儿童上学难等问题，尤其是山地地形复杂的云南省，校点本身分布就不均匀，学校的撤并严重影响村民及其子女的生活。

从调研结果看，近四分之一的村庄没有配建小学或幼儿园等教育设施，村庄离学校的平均距离为2千米，少部分村庄离学校距离达到10千米以上，还有的调研村庄距离小学达30～40千米。从子女就学情况上看，由于村小撤并的原因，46.93%的村民子女在镇区的中心小学就读，其次为本村（29.11%）；在就学模式上，“住校，每周回家一次”的比例最高为43.31%，其次是“每日自己往返”（20.53%）。乡村地区小学配套设施普遍较差、教学水平低。外出务工的年轻人若经济能力允许会将孩子接到城市读书，但有大量留守儿童和祖父、祖母生活在一起，接受的是隔代教育。黑尔村村支书表示，民族村里老人说普通话的很少，对上学的重要性认识也不足，加上村里的学校教师水平也不高，孩子在这种情况下很难获得较好的教育，许多孩子可能读完初中就不读了。

实际上，云南省面广量大、居住分散的村落布局也给小学、幼儿园等基础教育设施布局带来难题。如普洱市班中村的小学，全校大约有100个学生，富宁县洞波村小学仅有一名老教师，学生数量很少（图3-25）。到距离居住地较远的地方读小学，学校大多不提供校车，有些地方也没有通公交车，交通成本、通勤安全问题都很突出。总体而言，乡村教育问题亟须破题。

（a）大庄小学

（b）银桥镇完全小学

(c) 普洱市班中村小学教学楼

(d) 班中小学正在上课的小学生

图 3-25 云南省三座典型的乡村小学

(3) 文体设施需求量大,但整体建设较为滞后

云南省乡村的公共服务设施建设仍然处于相对落后的水平,娱乐设施、体育设施和卫生室是云贵地区乡村最主要的公共服务设施。对比云南省和全国村庄公共服务设施建设情况(图 3-26),可以看出:云南省乡村公共服务设施的建设比全国平均水平低,除了公共交通之外,娱乐活动设施和公共活动空间尤为缺乏,这是将来乡村公共服务设施建设的重中之重。

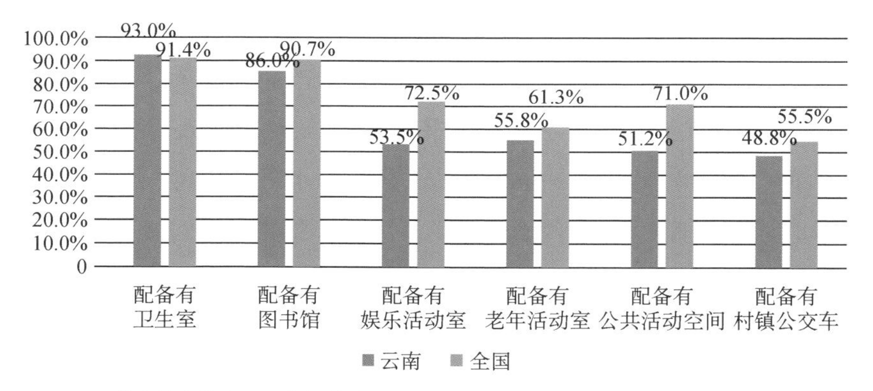


图 3-26 样本村庄的公共服务设施建设与全国建设情况对比

截至调研时,村庄内娱乐设施主要是活动室、棋牌室和图书室等(图 3-27),但由于大多数村民外出务工,或忙于农活和家务,并且不重视自身的学习,他们较少使用图书室。同时,村民更习惯于互相走动聊天的娱乐方式,使用活动室和棋牌室的村民也不多。

从公共活动场地来看,一般为村委会前建设的篮球场或健身广场,部分乡村修建了小游园。有的结合旅游或者新村建设而新建的广场,整体经过设计,品质较高,但这类村庄极少(图 3-28)。诸多村庄健身锻炼场所与村民的生活方式尚未融为一体，相比静态的体育活动场地，中老年村民更偏好将务农或田间、游园散步作为锻炼的方式，因此这些健身设施多为闲置（图 3-29），而农户门前的空地、小卖部反而成为聚会的替代空间（图 3-30）。儿童因天性好动且需要奔跑、追逐，明显更喜欢开阔的活动空间，因此常见村中广场和体育设施成为儿童玩耍的场地。而诸多贫困村落缺少活动场地和设施，儿童只能在街上奔跑追逐，有一定危险性（图 3-31）。

（a）云南某乡村图书室

（b）贵州某乡村图书室

图 3-27　样本村庄的图书室

（a）云南省祥云县自羌朗村在建舞台和广场

（b）贵州省石寨村健身广场

图 3-28　建设较好的乡村公共活动广场

（a）村民正在使用的小游园

（b）闲置的体育活动场地

图 3-29　晋宁县龙王塘村的小游园和体育健身场地

(a) 大理州洱滨村

(b) 祥云县黄草哨村

图 3-30　村民聚集在农户门前空地休闲

(a) 大理州洱滨村

(b) 师宗县拖落村

(c) 黑尔村坐在街边玩耍的女童

(d) 黑尔村在街上滑滑板的男童

图 3-31　在健身场地和空地上玩耍的儿童

### 4) 生活水平

(1) 农民生活水平总体不高,但贫富差距逐渐拉大

云南乡村的消费结构呈现出生存型特征,恩格尔系数较高,即吃穿等满足基本需求的消费比重大(图 3-32)。其中 62%开销用于吃饭穿衣,21%开销于看病就医,其他支出明显较少。从乡村地区商业设施建设情况也可以看出乡村的生活水平。样本村庄的商业设施主要是农户私人经营的小卖部,兼具一定的网络服务功能。售卖商品数量、种类有限,品质更无从保证(图 3-33)。

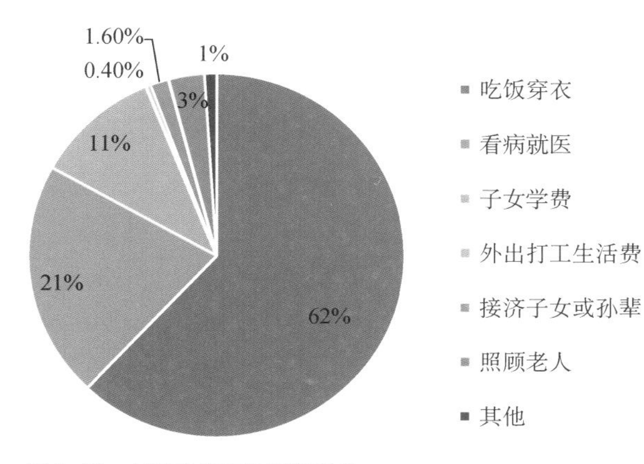


图 3-32　村民家庭年均开销结构

(a) 晋宁区大营村商店

(b) 打黑村商店及网络服务站

图 3-33　村庄商业设施

根据本次调查结果，村庄的户均收入为 3.18 万元/年，年存款为 0.81 万元，在全国处于较低水平。村民的收入结构中，非农务工的收入比例最大(55.23%)，其次为农、林、牧、渔业等农业收入(40.78%)，其余各项所占比例均为 1%左右。可以看出，近年来村民的主要收入结构已经从单一的农业收入为主的模式转变为目前多元化的模式，这也从一定程度上表明，单一农业生产不足以作为村民较为稳定、充足的收入来源。在实地调研中，当问及“为什么要出去打工”时，大部分受访者表示农业收入太低，不足以支撑家庭的生活支出。

样本村民中家庭成员年收入超 5 万元者占比仅 5%，而年收入低于 5 516 元的贫困群体占比高达 35%。通过对村民收入与其职业类型的交叉分析发现，整体趋势上，随着收入水平的提升，务农人数所占比例越来越小，个体户、半工半农者所占比例越来越大。年收入 5 万元以上者主要是个体户、公务员或事业单位从业人员及很少量的务农村民，但高收入者数量总体很少（图 3-34）。另值得注意的是，农民收入出现“两头高，中间低”的情况，也就是年收入小于 5 516 元的贫困人群以及年收入大于 11 374 元的比较富裕人群比例，相较于中水平收入区间的村民比例要大（图 3-35），这反映出乡村内部的贫富差距现象十分明显。

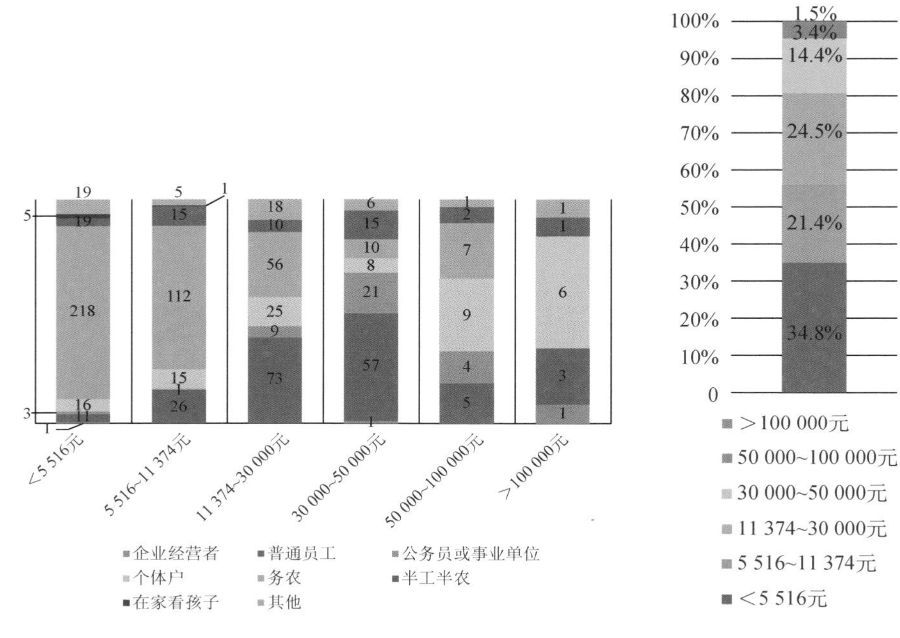


图 3-34　村民家庭成员务工收入与工作类型交叉分析

图 3-35　村民收入分布

（2）受教育水平对村民收入影响大，偏远贫困村农民增收困难

与全国绝大部分乡村地区一致，受教育水平的改善可以显著提高村民的收入水平。通过对村民收入与学历水平的交叉分析发现：样本村年收入 5 万元以下的村民中，收入越高，小学以下低学历者比例越低，而初中及以上学历者比例越高；但年收入 5 万元以上的群体并未表现出明显的高学历特征（图 3-36）。

收入水平不同的地区，村民生活面貌差距显著（图 3-37、图 3-38）。在城镇就业机会多、村民收入较高的地区，村民受教育水平更高、思想更为开放、生活面貌也更加积极乐观；而偏远落后地区的村民由于长期生活在闭塞的环境中，思想意识较为封闭，难以真正表达自己内心诉求，而较低的教育水平也进一步阻碍了其通过参加城镇就业增收或者创造新财富的渠道，因此村民的精神面貌也呈现出被贫困所拖累的无奈与疲惫。整体而言，云南省乡村地区村民增收仍面临较大困难。

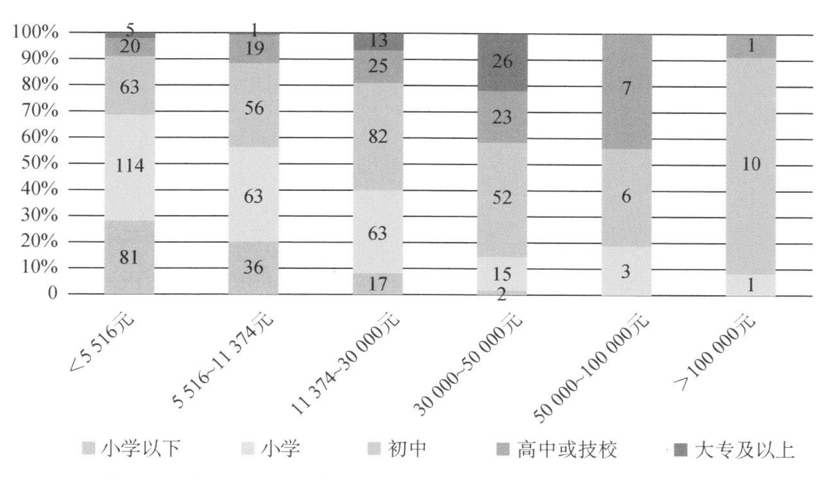


图 3-36　村民务工收入与文化程度交叉分析

(a) 村民一

(b) 村民二

图 3-37　大理州洱滨村村民的生活日常

(a) 村民一

(b) 村民二

图 3-38　思茅区老鲁寨村村民的生活日常

## 3.1.2　生产效率

### 1) 作为基础产业的传统农业，生产效率总体不高

云南省的乡村产业目前依然以传统农业为主(图 3-39)，大部分村庄仍以种

植水稻、玉米、小麦、高粱等经济作物为主,适种农作物品种较多,但抗风险能力较弱,丰富的农业资源未能得到充分利用。由于交通、通信网络等基础设施的建设滞后,农产品的市场化程度较低,大多数地区农产品依然是以自给自足为主,对村民收入的改善有限。调查显示,村庄户均耕地面积为4.93亩,林地面积15.2亩,耕地每亩年收入为1 854元,每户农、林、牧、渔业总收入为10 076元/年,其中种植业占了主要部分。而且,复杂的地形条件导致农业机械化程度低,农业生产效率较低,这也体现在农民的低农业收入水平上。

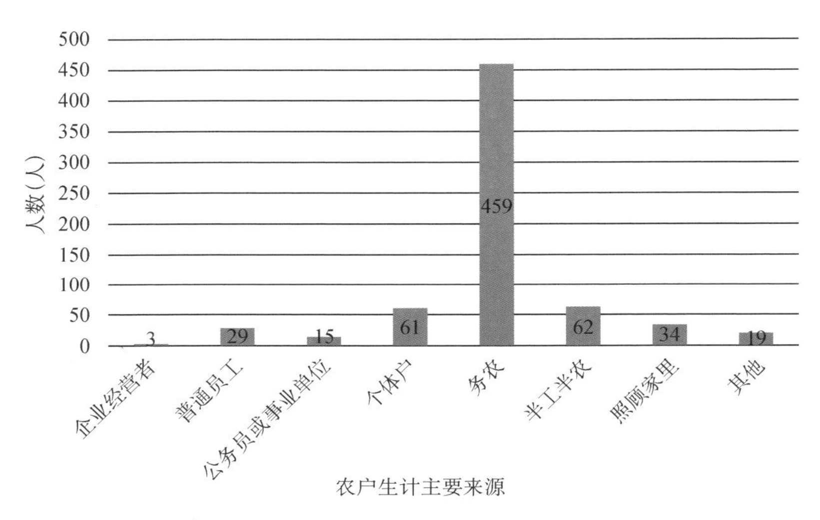


图3-39　农户生计主要来源分布

## 2) 农旅逐渐成为乡村发展的新动力

云贵地区有着丰富的生态、文化等资源,农旅融合成为热点。调查显示,已开展服务业和休闲农业的村庄比例为44.44%,比全国平均水平40.29%略高。农旅产业的发展在一定程度上吸引了外来就业。尤其2015年中央发布《关于加大改革创新力度加快农业现代化建设的若干意见》,较多地区越来越关注村庄特色和资源的挖掘,并将其作为旅游休闲产业和文化传承的载体(图3-40)。部分村庄在发展农旅产业的同时,注重本土的原真性和完整性。如云南洱海周边的部分村庄,其农户住宅已经成为本土艺术创作和特色文化产业的重要空间。

(a) 贵州省遵义市龙潭村农家乐

(b) 云南省普洱市曼噶村烤烟产业

(c) 贵州省安顺市石头寨村农家乐

(d) 贵州省安顺市石头寨水上农家乐

图3-40　乡村产业场景

充分利用生态本底资源,推动本地乡村的多元产业发展,是提升云南乡村对本地年轻人吸引力的关键。调查显示,虽然云南省73.52%的村庄存在年轻人外出务工现象,村均每年有110人左右外出务工,但常住/户籍人口比例为96.22%,人口内外流动较均衡。访谈发现,随着返乡创业受到地方政府多方面优惠政策的支持,87.5%的村支书或村主任认为今后会有更多的青壮年劳动力回流,对乡村产业发展充满信心。另外,从"乡村留住人的主要原因"的调查结果来看,"土地不能荒废""生活环境好"的选项占比达到17%和15%,显著高于全国水平,这在某种程度上反映了云南省村庄的农业资源和生态环境保留较好,村民也依然有信心进行维持和经营(图3-41)。

### 3) 村中能人是整合村中资源、提升效率的重要推动力

乡村能人是乡村社区的核心,其带动作用往往在乡村发展中至关重要。"(有能力的)村支书或村主任、族长"等构成的能人群体是乡土社会的典型权威代表,其言行举止在当下仍然能深刻影响居民的思想价值和行为决策。实际走访发现,村支书或村主任等能人对家家户户的情况都较为了解,他们在向社会招

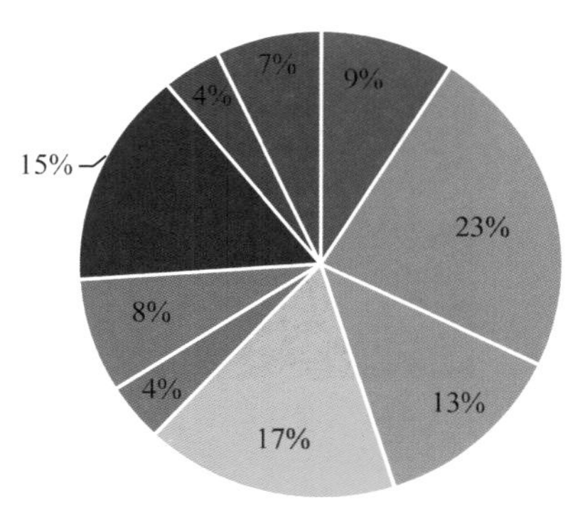


图 3-41 乡村“留住人”的原因

商引资、政府与村民之间的沟通协调、维护和建设乡村人居环境、传播思想观念等方面发挥重要作用，村民也比较信任村内能人。从调研情况来看，40 个村庄样本中 27 个村庄明显有能人带动，并且其中 22 个村庄的能人发挥了较为明显的实际带头作用。从云南省整体比较落后的乡村发展状况来看，能人的培养和引入任重道远，需要政府和社会的齐力推动。能人回到村中一般会推选为村主任、村支书等，带领村民一起发展经济、建设乡村。

**案例村庄：贵州省卡拉村能人带动下发展起来的鸟笼产业**

苗族人自古以来便有养鸟的爱好，因此擅长编织鸟笼。卡拉村原是当地最为贫穷的村庄，改革开放后有几位能人发现了鸟笼的巨大市场，于是带领全村发展鸟笼产业致富。村两委于 1995 年成立“丹寨县民族工艺鸟笼厂”和“卡拉村鸟笼协会”。2007 年卡拉村被贵州省文化厅命名为“鸟笼编制艺术之乡”。2009 年，卡拉村的“鸟笼制作技艺”被列为贵州省第三批非物质文化遗产。卡拉村鸟笼协会的运营模式为“公司 + 农户”，公司由卡拉村村两委创办，公司提供原料，农户制作，按件计费，一天一般能做 10 个鸟笼，户均收入为 200 元/天。

在鸟笼产业发展后，外出务工者不断减少，10 年前全村约有两成人口外出务工，5 年前下降到 60 人，现还有部分村民正在返乡开设农家乐，进一步带动了卡拉村乡村旅游业的发展，村庄建设条件和村民生活条件不断好转。

（a）鸟笼协会

（b）制作好的鸟笼

（c）农家乐挂牌

（d）村庄内的礼品商店

图 3-42　贵州省丹寨县卡拉村的鸟笼产业和农家乐

## 3.1.3　生态环境

### 1）生态环境本底基础良好，但乡村环卫问题突出

云南乡村地区拥有非常优良的自然资源本底条件，但“三废”处置设施的缺乏、运作维护情况不佳和村民环境保护意识的不足，导致生活废物、废水对生态环境造成了不同程度的破坏（图 3-43）。调研发现，村民认为环境卫生质量一般的占据大多数，也有一定数量的村民认为水环境质量一般（图 3-44）。

（a）云南省文山州富宁县那哈村排水渠卫生状况

（b）云南省普洱市墨江县埔佐村

图 3-43　闲置的垃圾屋和房前屋后随弃的垃圾

在调研的村庄中，云南省乡村污水设施普及率低于全国落后村庄总体水平，

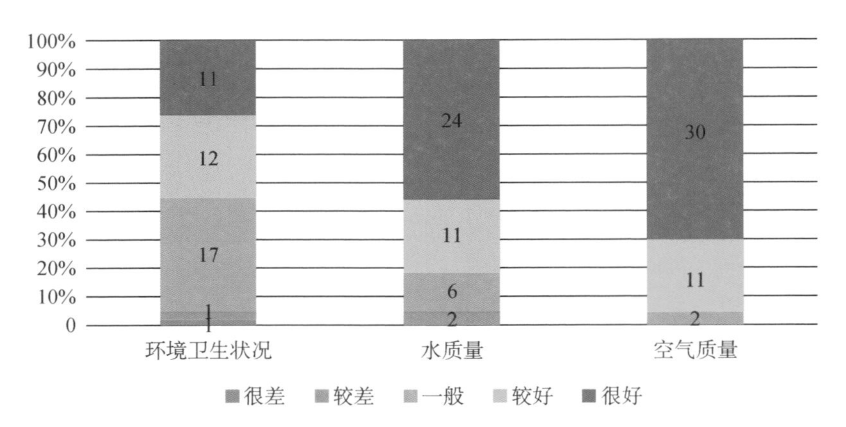


图 3-44 村民对乡村整体环境质量的评价

仅 21%的村庄有污水处理设施(图 3-45),其中集中处理的仅占 14%(图 3-46)。在垃圾实际的处理方式上,垃圾露天堆放和没有垃圾处理设施的村庄占比超过 60%(图 3-47),其中,近半数村庄(46.3%)对垃圾的处理方式为"无集中收集,各家各户自行解决"。仅有 22%的村庄会采用小型焚烧炉或者转运至城镇进行处理。同时,从实地走访来看,该类设施运维情况和村民的自觉使用意识不甚理想。根据受访村庄村支书或村主任的反映,大部分村庄即使建成了垃圾收集设施,村民也还是习惯于随手丢弃生活垃圾。另外,将近 50%的已建污水处理设施并未正常运作(主要是污水收集量不足,以及电力运行成本的支出受限),说明在污水处理这方面缺乏有效的管理和运营,污水处理设施成为村内摆设。

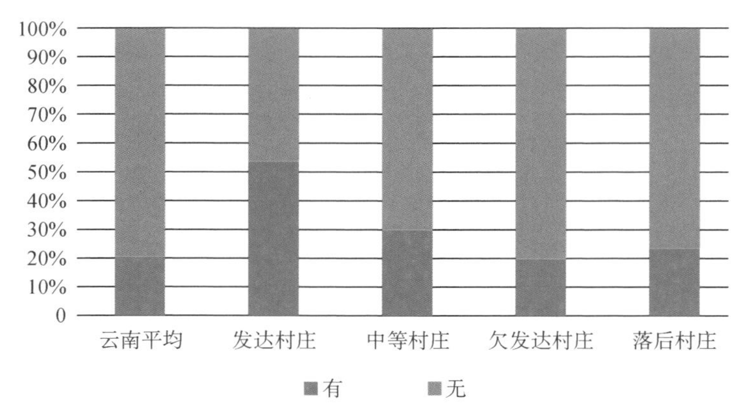


图 3-45 乡村污水处理设施配建比例

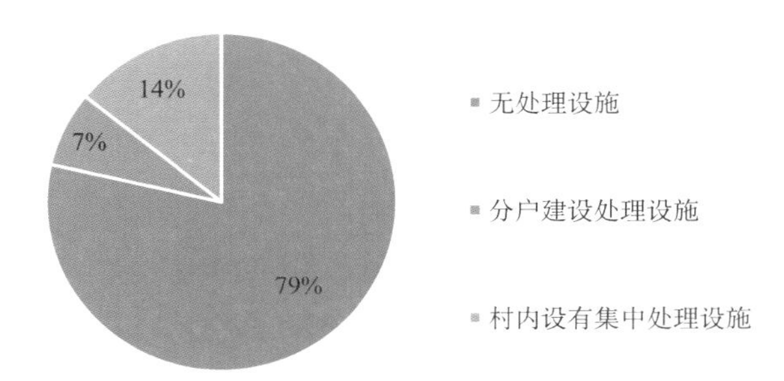


图 3-46　云南乡村污水处理设施建设情况

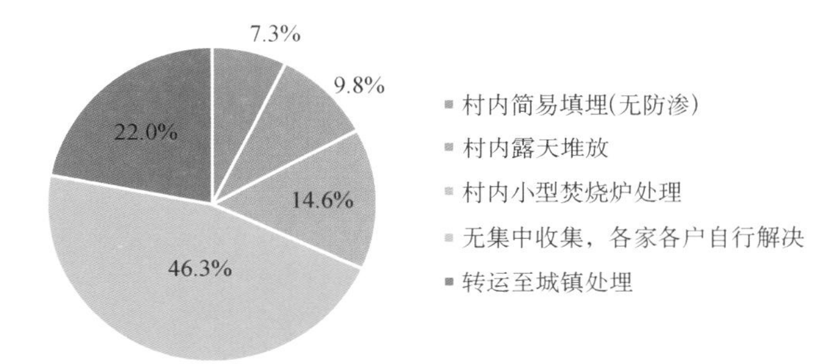


图 3-47　云南省乡村垃圾处理方式

当然也有设施建设到位、运营维护良好的村庄，对维护村庄整体生态环境起到了良好的示范作用。如龙王塘村在建设美丽乡村时，修建了生态污水处理池、公共卫生厕所和垃圾收集箱等环卫设施，生态污水处理池正运转良好地对乡村污水进行处理，极大地改善了村庄内的生态环境和卫生环境(图 3-48)。但是，上述村庄极为少见，多数村庄的环卫景观仍是大问题。环卫处理设施仍需加大建设覆盖，并着重改善设施运营不佳的情况，同时需要持续提升村民的环境保护意识。

(a) 生态污水处理设施

(b) 公共厕所

(c) 垃圾桶

图 3-48　云南省昆明市晋宁区龙王塘村的环卫设施

### 2）工业、养殖业、旅游业对乡村生态环境构成一定威胁

随着村镇工业、养殖业的发展及农民自身生活生产方式的改变，诸如空气、水体、垃圾等污染形式在乡村普遍存在。局部乡村地区存在一定的企业污染，9.3%村庄附近有污染性企业。我们抽取了附近存在污染型企业的4个村庄样本，发现其中存在环境污染问题的比率要远高出总体样本。因此，除了加强污水、垃圾处理设施建设之外，对乡村地区的污染性企业建设生产的审核、监控以及迁移也必须加强。

除了工业之外，云南省乡村仍然存在猪、牛、羊等牲畜类养殖业给乡村地区生态环境带来的较大污染（图3-49）。如思茅区黄草坝村到处可见富营养化水体、黑臭水体等，气味熏天，不仅影响居民健康生活，也影响了村庄整体生态环境。祥云县黄草哨村是地形陡峭的山村，村庄道路是台阶式，牛羊粪便直接排于路面，几乎每条道路都难以行走，对村庄生态环境的污染极大。

（a）云南省普洱市思茅区黄草坝村富营养化水体

（b）云南省红河州黄草坝村黑臭水体

（c）云南省大理州祥云县黄草哨村路面上的牛粪

（d）村庄道路卫生情况

图3-49 乡村地区因牲畜养殖带来的环境污染

## 3.1.4 社会文化

### 1）邻里关系普遍比较融洽，民风淳朴、好客

调查显示，云南乡村的邻里关系普遍比较融洽。村民与村里亲友、邻里往来

关系平均密切度达到90%以上，其中有15个村庄的密切度达到100%，89%的村支书或村主任认为村内人际关系很好或比较好。调研时可以感受到，村民在生产、生活方面互帮互助的传统习俗依然在延续。如晋宁县打黑村到了烤烟收获季节，村民一起互相帮忙捆束、称卖，师宗县拖落村至今保留集体杀猪、用大锅煮而分食的传统(图3-50)。

(a) 云南省昆明市晋宁区绿溪村邻里互助收储烤烟

(b) 云南省曲靖市师宗县拖落村在一起互助杀猪的村民们

图3-50　村民互助及共同活动的场景

## 2) 村民受教育水平总体不高，制约了乡村的良性发展

受教育水平在一定程度上反映了乡村对文化教育的重视程度，也体现了乡村的文化潜力和软环境竞争力。从调研的整体情况来看，云南乡村的受教育水平相对偏低(图3-51)，中学以上的村民比例(49.9%)大幅落后于全国的样本(58.52%)。较低的受教育程度也影响了村民的就业结构，包括农民的兼业化水平。云南省样本村民有近50%从事务农工作，半工半农的兼业村民占比为7.6%(图3-52)，而全国样本村中务农的村民为37%，半工半农的村民占比为11%。

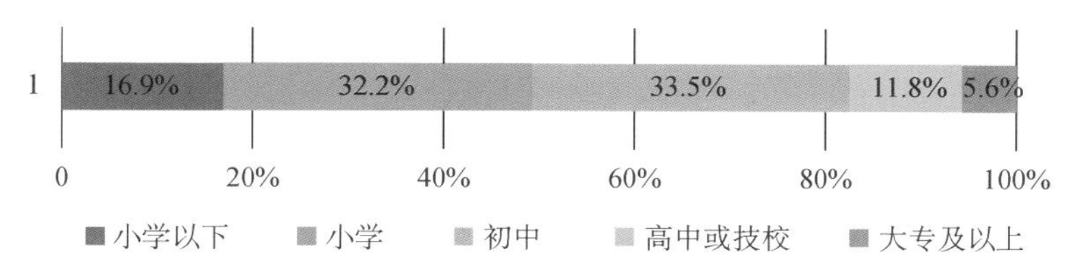


图3-51　村民家庭成员学历构成

调研团队从澜沧县镇上驱车两小时到达竜山村，接触了在村内活动的青年文盲(或近似文盲)，这类村民其自身温饱的解决尚且是问题，在对子女教育等的关注和投入方面近乎放任自流。这部分群体的子女受教育机会，是最需要关注

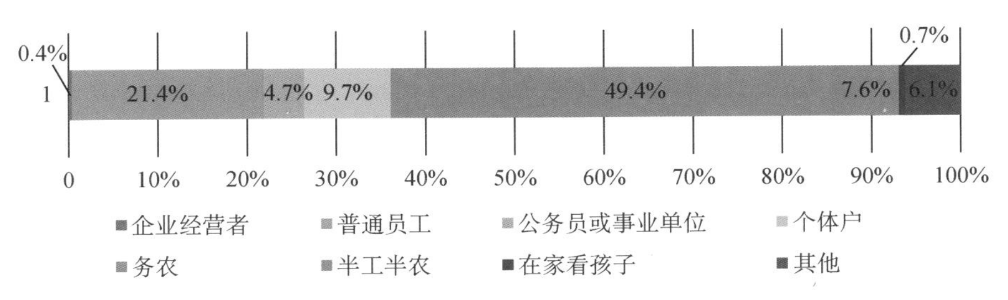

图 3-52 村民家庭成员职业构成

的，父母基本没有能力完成日常的接送，而且道路交通条件也基本不允许他们这样做，家中也无法安排单独的闲置劳动力接送子女上学。因此，子女辍学等也就常常发生在这些偏远山区。

图 3-53 云南山区的文盲青年及破旧的住房（摄于云南省澜沧县糯扎渡镇竜山村）

### 3）乡村文化资源开发日益受到重视，但保留传承意识不足

矿产资源、自然旅游资源、生态农业资源、古建筑资源和非物质文化资源等，都已成为当下乡村多元化特色发展的各类载体。从调研来看，38％的村干部表示村内“没啥资源可开发”，62％认为“村庄有一定的资源可供开发”。可开发的资源里，矿产资源、古建筑、古树、古井、传统文化和生态农业资源、自然风光旅游

资源占据主要地位(图 3－54)。绝大多数村民支持乡村开展旅游业发展(图 3-55),且愿意开办民宿、农家乐(图 3-56)。当被问及哪些资源可以保留传承时,42.6%的村民认为需要保留传承的是传统文化工艺,11%的村民认为传统民居应该保留,但仍有高达 39.9%的村民认为"没啥有价值的东西"(图 3-57),说明在保护传承方面,村民并没有足够重视。

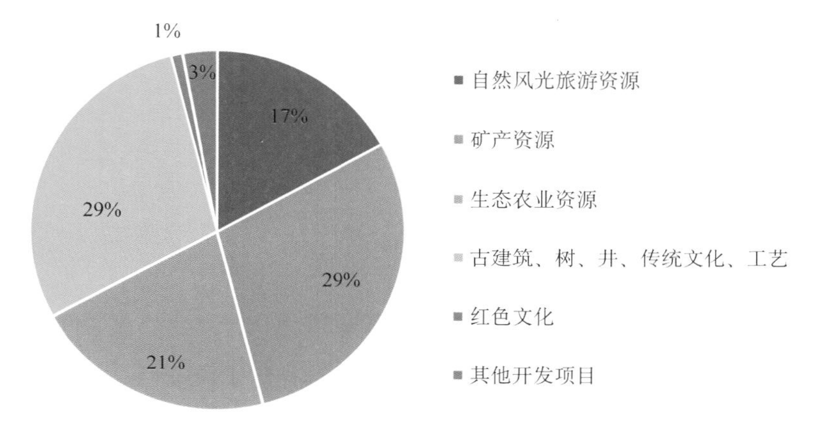


图 3-54　村干部对"村子有哪些资源可以开发"的回应

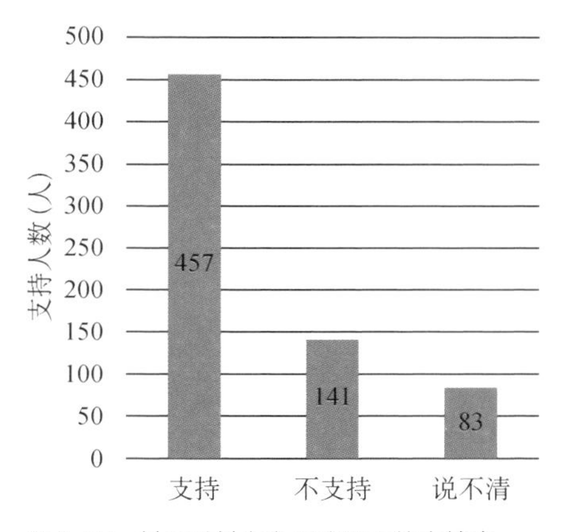


图 3-55　村民对村庄发展旅游业的支持度

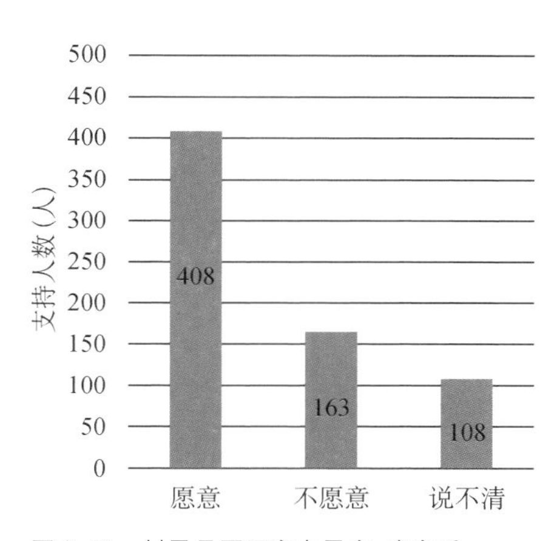


图 3-56　村民是否愿意办民宿、农家乐

## 3.2　村民认同

村民的地方认同是对所在乡村人居环境建设的最直接反映。认同即代表村民对人居环境建设表现一定满意度,可以是整体人居环境层面的,也可以是不同

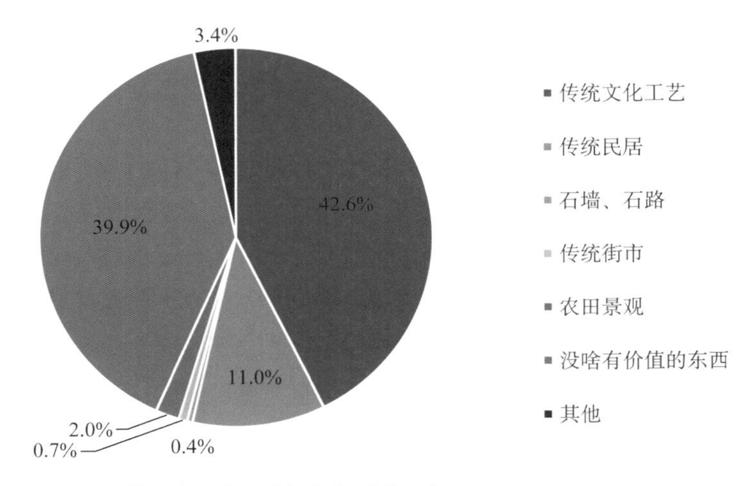


图 3-57　村民对“哪些需要保留传承”的回应

维度的评价。在 2015 年全国乡村人居环境调研数据中，主要的相关问题有：

“如果政府给予一定支持，您愿意参与到美丽乡村建设中吗？”

“您对您目前的生活状态满意吗？”

“您对近几年的乡村建设是否满意？”

“您对现有住房条件是否满意？”

“您对村落景观（风貌，街景等）是否关心？”

“您对镇里或村里的老年活动中心及相关组织满意吗？”

“您对村里的娱乐活动等设施满意吗？”

“您对村卫生室的服务满意吗？”

“您对生活在村里的经济条件满意吗？”

……

基于以上认同问题，我们对村民的地方认同情况进行了综合指标化分析，为“地方认同指数”的建构提供基础数据。

### 3.2.1　生活质量认同

根据对云南省样本村庄村民的调研统计，与生活质量相关的住房条件、公共服务设施、公共交通及生活水平的具体满意度调查情况如图 3-58 所示。

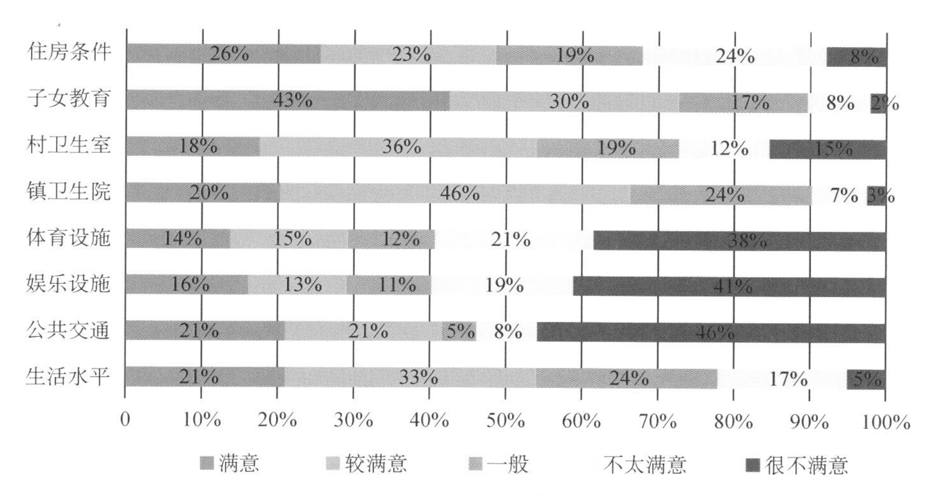


图 3-58 村民对公交、村庄环境、住房、公共服务设施等满意度

### 1）住房环境：住房整体满意度低，但仍认为村里房子住着舒服

从住房满意度来看，云南省有过半数的村民认为住房条件一般、较不满意或者不满意(51%)，远高于全国调研中选择同类选项的平均水平(15.99%)。这与云南住宅建设更新质量较低、老旧建筑(多为土木结构)比例较高、当地乡村经济相对落后有很大关系，住房环境亟须改善。在村宅和城市楼房二者之间，虽然27.7%的村民认为楼房住着更舒服，但大部分村民还是选择前者，认为“村里房子住着舒服”。

### 2）公共服务：体育、文娱设施满意度低，设施质量均有待提升

云南省各项公共服务设施满意度均落后于全国平均水平，从公共服务设施的满意度来看，教育设施的满意度最高，其次是各级医疗设施，满意度均超过50%。娱乐、体育设施和公交建设仍有待提高，其中公交设施满意度为42.1%，只有不到1/3村民对娱乐设施、体育设施表示满意(图3-59)。未来云南乡村在稳步建设教育、医疗设施的同时，有必要加强公共文化及对外交通体系的建设，更全面地提升人居环境质量。

从子女的就学情况来看，73.5%村民表示满意，与全国调研平均满意度水平(77%)基本持平。但我们认为，这与当地村民本身习惯于较为落后的设施水平

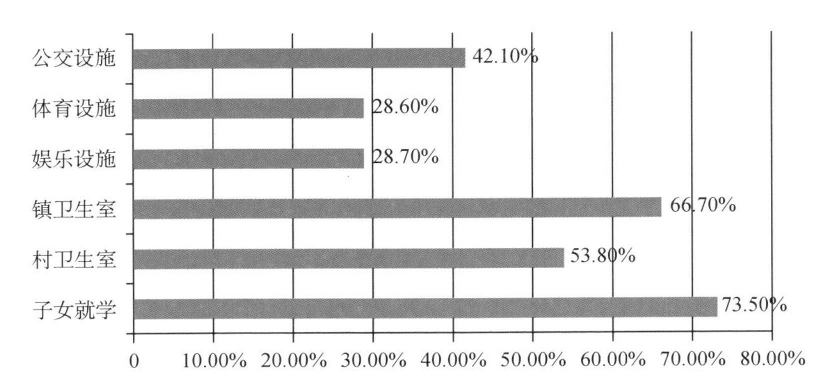


图 3-59 村民对公共服务设施建设的满意度

和相关认知不足有关。从村民对学校的改善愿景来看，认为学校最急需改变“增加学校数量，缩短与家的距离”的村民比例最高，达到 38.86%，反映出学校数量的匮乏及村民子女上学路程过长的问题。另外，“更新教育设施”(21.46%)和“提高师资质量”(26.21%)的诉求也反映了当地教育设施水平较低和教师教学水平落后的状况(图 3-60)。子女教育作为村民最为关心的问题之一，学校等教育设施的建设水平很大程度上影响了村民的生活，进而影响人居环境的建设及村民对村庄环境的满意度。从调研反馈的种种问题及问卷统计结果来看，乡村基础教育设施质量的提升仍然有其内在的必然需求。

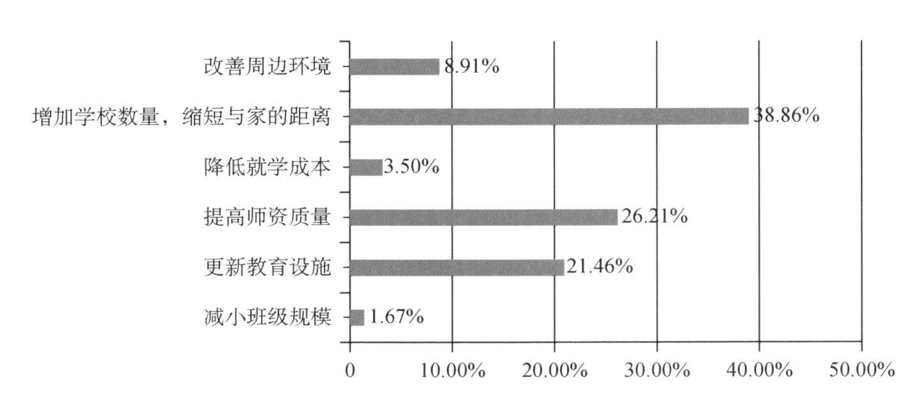


图 3-60 村民认为学校急需改善的方面

在医疗设施方面，村民对村卫生室、镇卫生院表示满意及较满意的比例分别为 53.9%和 66.4%，而全国调研平均水平中，村民对村、镇卫生室的满意度均超过 60%，云南省乡村卫生室建设满意度稍低于全国平均水平。与全国整体情况较为相似，村民对镇卫生院和村卫生室急需改善的最大诉求均为更新医疗设备，村民对提高医师水平、改善镇卫生院交通可达性也有较大的诉求。

从村民的改善愿望来看，村卫生室最需改变的方面是"更新医疗设施"(39.72%)，其次是提升医师水平(28.84%)和增加布点(13.24%)(图 3-61)。这也与实际调研情况相互印证：大量村庄的唯一医护人员往往为"赤脚医生"，他们甚至没有开具处方等行医资格，药品及设备等医疗资源更是十分有限。乡镇卫生院最需改变的方面是更新医疗设备(31.62%)和改善交通可达性(24.59%)。可见，乡镇卫生院虽然相对村卫生室更完善，但依然存在较多类似问题以致不能满足村民看病需求，而落后的交通条件和布点数量不足也成为村民就医难的主要因素。

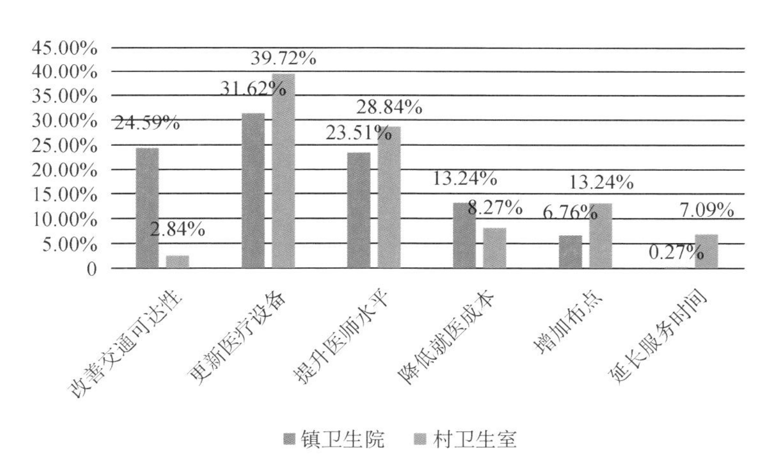

图 3-61　村民认为村卫生室、镇卫生院需要改善的方面

云南省各项公共服务设施满意度均落后于全国平均水平，但乡村娱乐、体育、公交设施满意度相较于教育和医疗设施的落后更为明显。调查村民对公共服务设施的需求意愿发现，云南村民对文体娱乐设施的需求远高于全国平均水平，反映出云南乡村地区对娱乐、体育设施建设的需求更加迫切(图 3-62)。这与云南省诸多乡村没有配备文体设施的情况相吻合。

### 3) 基础设施：整体较为满意，道路、环卫、污水设施仍需改进

在村民看来，最需要加强建设的基础设施主要是环卫、道路和污水设施；另外，村民对给水、雨水处理设施等的改进也有一定的需求(图 3-63)。对比全国调

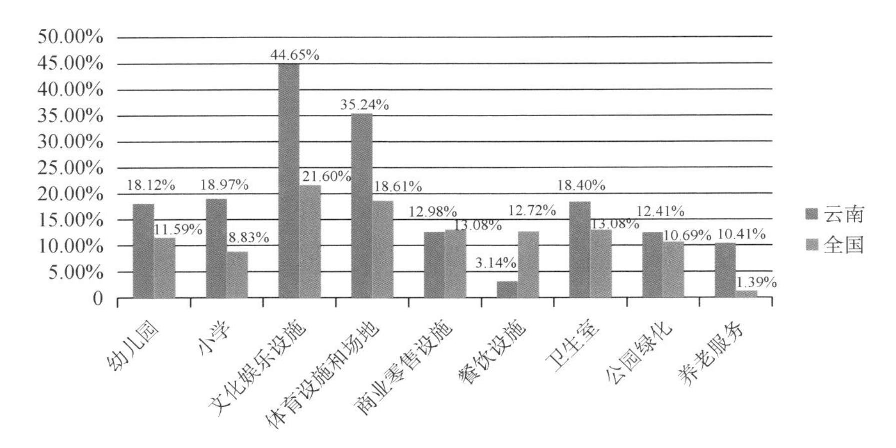


图 3-62 村民对公共服务设施的需求

研情况，其他地区的村庄建设也普遍存在类似问题，但是云南省乡村对环卫、道路、污水和给水设施上改善的需求程度远高于全国平均水平。

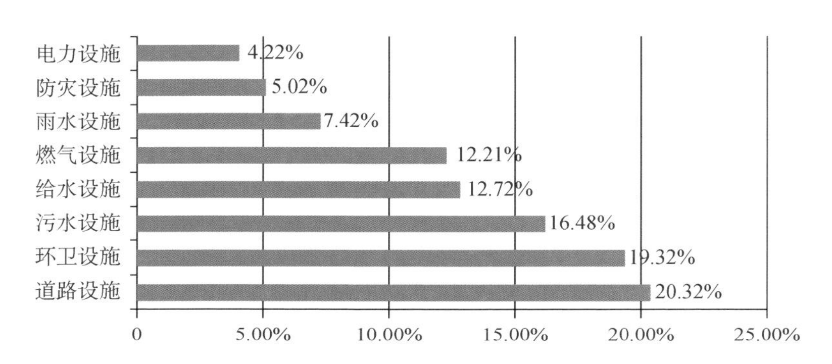


图 3-63 村民认为需要加强的基础服务设施

#### 4）生活水平：生活满意度总体不高，养老保障水平低

过半的受访村民表示对目前的生活很满意或基本满意，但依然有 24%村民觉得目前生活一般，22%的村民表示不太满意或很不满意目前生活。与住房满意度比例较为相似，接近一半村民很满意或基本满意目前住房。但反向来看，即约有近一半的村民对目前的住房不满意或很不满意。

村民的生活满意度不高，是当地人居环境的多方面掣肘所致。从前文分析来看，云南省乡村房屋出租率低，房屋基本为户主家庭居住，所以村民普遍对房屋有较高的要求，但是受限于当地经济落后和自身收入水平，建设条件远不能满足自身需求。住房质量较差，空调、网络等现代化设施普及率低，是导致住房满意度低的直接原因。其次是居住的外部环境建设水平较低，如云南省村庄道路硬化的自然村仅占60%。因此，道路设施仍是村民认为急需加强建设的基础设施之一，村民十分关注道路条件的改善与提升。另外，环卫设施位列“急需加强的基础设施”的首位，这与村民多数关注本村自然环境并且愿意积极维护村容村貌有关。随着乡村生活水平的提高，精神需求也逐渐增加，村民在文体娱乐、户外活动方面的需求愈发旺盛，但村民可选择的娱乐方式少，普遍对村庄内文化娱乐设施不满意。

随着乡村老龄化的日益加剧，老年人的生活应格外予以重视。调研发现，云南省已建设养老机构的乡村不到一半，比例远远低于全国平均水平；养老金也大幅落后于全国平均水平。调查显示，云南乡村参保老年人的养老金平均为227元/月，只相当于全国调研村养老金平均值（440元/月）的一半，仅14.29%老人表示满意，另约23%老人觉得不够用，需要靠做农活赚钱，60%老人认为太少，需要靠子女或其他来源补贴。未来应通过各方努力，更大程度提高养老金和生活补贴，提升当地乡村老年人的生活水平。

在养老设施方面，仅43%的村庄设有老年活动中心或相关设施，远低于全国调研平均水平61.81%（图3-64）。但在已建设老年活动中心的村庄中，云南省村民对活动中心的满意度达到55%，高于全国调研平均的36.7%，也有约14%

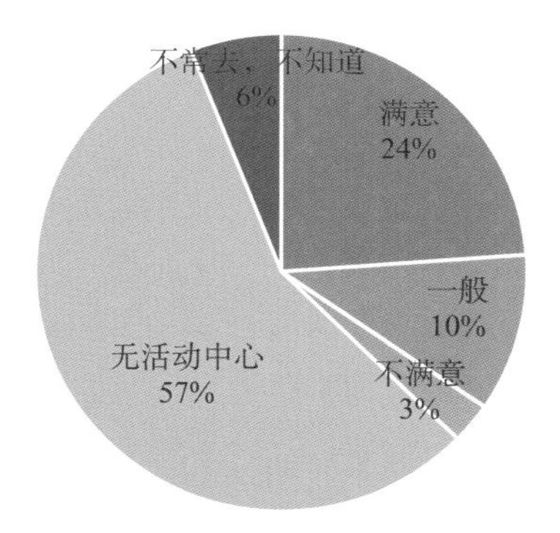


图3-64 村民对养老设施的满意度

村民不常去或不知道，觉得一般和不满意的分别为 24.5％和 6.12％。机构养老观念在云南乡村地区依然不普及，仅 4.5％的村民愿意选择养老机构养老（图 3-65）。机构养老不受欢迎的状况，与老人大多认为能够自我照顾且子女关怀情况较好有关，村镇里养老机构建设滞后和经济条件差也是主要因素。对比而言，发达地区村庄的老人愿意去养老机构的占比更高（图 3-66）。这也说明，随着经济收入水平的提升，村民的养老观念也会相应发生变化。

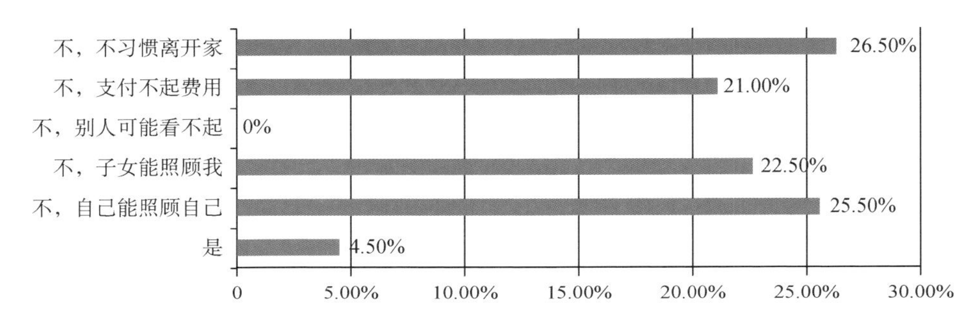


图 3-65　村民是否选择养老机构及原因

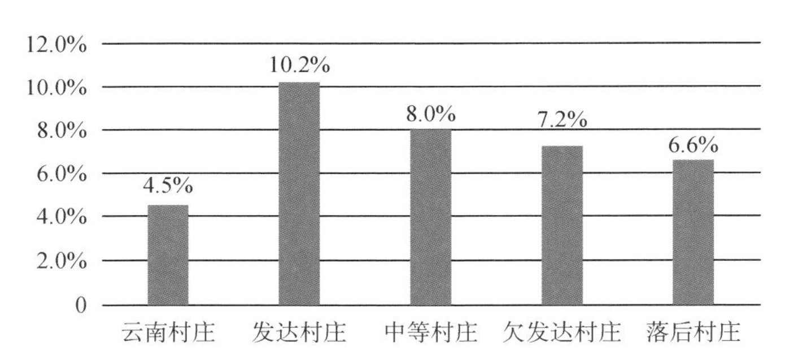


图 3-66　不同发达程度村庄中愿意去养老机构的村民占比

## 3.2.2　生产效率认同

随着村庄人居环境建设工作的推进，乡村物质生活环境有所改善。但在村民的经济满意度方面，26％的村民表示满意，41％的村民表示较满意，而剩下33％的村民表示目前乡村经济条件一般、不满意或很不满意（图 3-67）。这意味着当前云南省村民对乡村产业发展及生产效率仍然存在较多不满。在调研截止时的 2015 年，极少数旅游业发展较好的村庄得以依托服务业的发展，绝大部分调研走访的村庄仍然依靠传统农业，如种植苞谷（玉米）、烤烟、家庭养殖牛羊猪等为主，特色产业发展不足，也未能借助互联网迅速与外界市场链接。且山地地区机械化难以开展导致生产效率极低。

“产业兴旺”是解决乡村一切问题的前提。只有把乡村经济搞上去，乡村人居环境的建设才能形成持续性投入和良性发展。目前，云南乡村的产业基础依然十分薄弱，村民创收方式还不够多元，收入水平也比较低，生产效率满意度的提高还得依靠当地产业的实质性发展来实现。

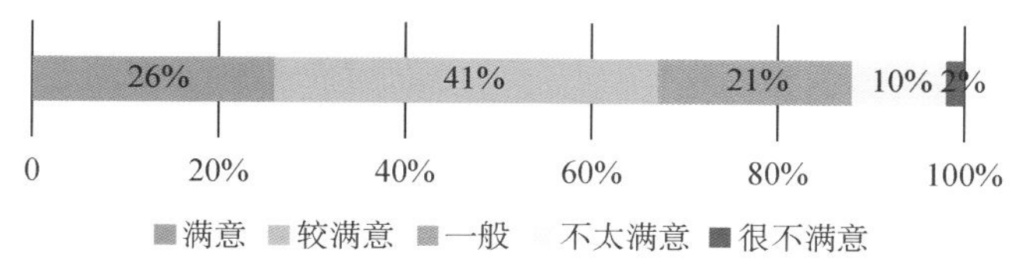

图 3-67　村民对经济水平的满意度

## 3.2.3　生态环境认同

西南乡村的生态环境总体较好，近些年的乡村建设力度加大，美丽乡村成果初步显现。2015 年全国乡村调查对乡村的空气、水和卫生环境进行了打分统计。由于云贵乡村产业较为单一，工业较少，空气和水环境均未受到较大污染，因此平均得分均达到 4.0 以上。环境卫生方面略显不足，平均得分在 3.5～4.0 之间。村民对环境和村容村貌满意度分别达到 67%和 60%（图 3-68），达到了较高的满意水平。在问及对近几年村镇建设是否满意时，73.64%受调查村民对村建设表示满意，接近 80%村民对所在镇建设表示满意，这说明污水、垃圾等基础设施处理水平更高的村镇更能获得居民认可。

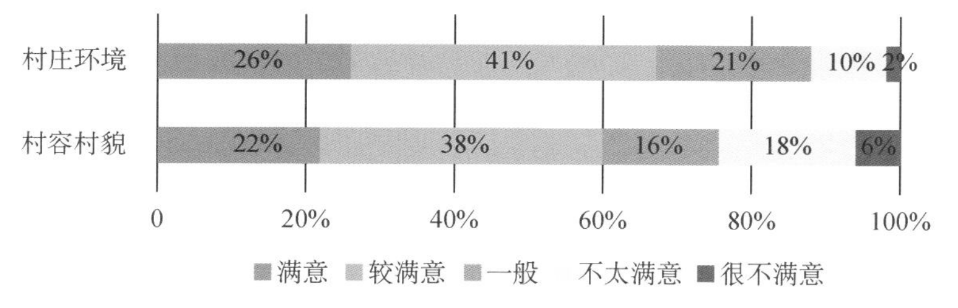

图 3-68　村民对村庄环境、村容村貌的满意度

尽管云南省大部分村庄环卫设施建设不足，调研中也发现部分村庄存在环境污染问题，却有将近70%村民对居住环境表示满意或较满意，这反映了村民环境保护意识不强。全国调研中也发现类似问题，村民普遍喜欢村庄里的自然生态环境，但是依然缺乏环境保护意识。

### 3.2.4 社会文化认同

西南地区是多民族聚居区，也是多民族传统文化留存较好的地区。从村民问卷调查结果来看，云南省村民对传统文化、工艺的保护意识要远超全国平均水平，在被问及"乡村环境中最需要保护的方面"时，云南省42.6%的受访村民认为传统文化和工艺需要保护，高出全国平均水平(23%)近20个百分点；同时认为村庄"没啥有价值"的受访村民比例要低于全国平均水平(图3-69)。虽然云南省乡村人居环境建设水平、经济发展水平相对滞后，但这并未影响本地村民对传统社会文化的高度认可。但不可否认的是，村民对传统民居的认同度低于全国平均水平，这也在一定程度上反映出，尽管传统民居建筑也是地区社会文化的重要符号与载体，但已不能很好地适应村民现代化生活需求。

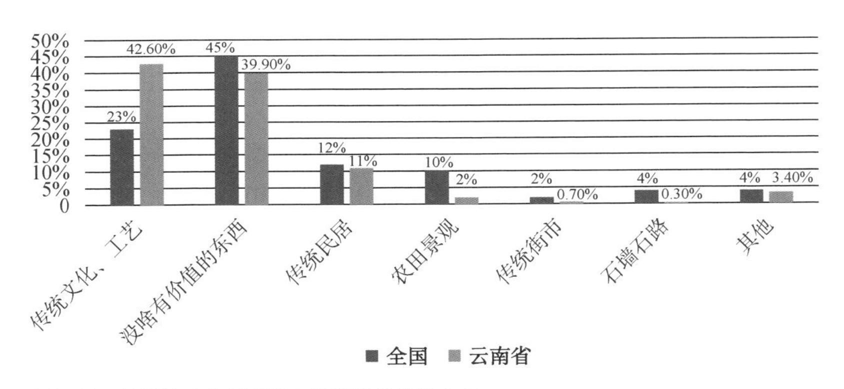


图3-69 村民认为乡村环境中最需要保护的方面

如曲靖市师宗县的黑尔壮族自治村，近年来随着山区公路修建的完成，年轻人、中年人外出务工队伍迅速壮大，与外面世界及信息的快速接轨给黑尔村的传统壮族文化传承和民居建筑带来了较大冲击。年轻人不再热衷于壮族传统文化活动，务工赚钱后回乡拆掉原来传统制式的石头民居，换成缺乏造型与设计的框架红砖建筑(图3-70)。为了避免传统文化的流失,黑尔村在村支书与村主任的呼吁下组建了自己的舞蹈队及壮歌队,逢年过节会联系在外地的父老乡亲一起唱壮歌。在2012年12月份,师宗县壮学会还组织编撰了《黑耳神韵》一书(图3-71),详细地记载了包括黑耳地貌、历史、民俗、节日、歌曲、民居等等在内的黑耳壮族民俗传统,以期能够在现代化浪潮中增强村民对壮族传统社会文化的认同感并不断延续下去。

(a) 传统民居

(b) 新建房屋

(c) 新建房屋与街景

图3-70　师宗县黑尔村的传统民居与新建房屋

(a) 传统服饰

(b) 民俗活动

图3-71　师宗县黑尔村民俗及特色
资料来源:拍摄于《黑耳神韵》。

## 3.3　小结

2000年至今,在国家、省及地方各级政府的共同努力下,云南省乡村人居环境面貌有了显著提升,各项建设都取得了明显进步,充分发挥了自身资源条件优势,村民生活水平得到了整体性提高。但在生活质量、生产效率、生态环境和社会文化方面,仍存在以下情况亟待关注与解决。

① 生活质量。虽然乡村新修住房和近期修缮比例较高,但内装修建质量与

住房内配套设施水平较低，且修建年代较早、质量较差的老宅比例也较高，同时传统房屋的加速衰败、新建住房的快速推进加剧了传统民居的保护压力。在公共服务设施及市政设施方面，云南省乡村地区在对外交通联系和网络覆盖建设还存在明显短板，极大制约了当地村民与外部的沟通交流，直接表现为中小学生的家校距离过长。同时，在文体活动、医疗设施等公共服务方面，也有很大的客观需求，这也直接反映在村民对以上设施较低的满意度上。值得一提的是，由于村民普遍缺乏社会养老的意识，养老设施的缺乏、不受欢迎与过低的养老金，共同造成了难以短期化解的养老困境。

② 生产效率。依托自身优良的自然资源条件，云南省乡村多以自给自足的农业生产为主，部分地区已经开展一定规模的高附加值作物种植和农旅产业建设，但村民收入普遍较低，恩格尔系数较高。尽管发展水平不高，但当地村民对村庄发展还是持比较乐观的态度，生产效率满意度接近全国平均水平。

③ 生态环境。云南乡村地区拥有非常优良的自然资源本底条件，居民的生态环境满意度较高。但“三废”处置设施的缺乏、运作维护情况不佳和村民环境保护意识的不足，导致生活废物、废水对生态环境造成了不同程度的破坏。垃圾处理设施的使用及维护情况不理想，垃圾处理方式未能有效解决垃圾的减害化处理，污水自排现象普遍，环境基础设施的短板明显。

④ 社会文化。尽管云南乡村的村民受教育水平不高，但邻里关系普遍比较融洽，能人对村庄的带动示范作用比较显著，过半数村民支持保护本地的传统文化工艺和民居。但村民整体受教育水平较低也在一定程度上制约了乡村的进一步发展。

# 第 4 章　乡村人居环境综合评价

本章将从人居环境建设水平和村民满意度两个系统对云南省乡村人居环境进行综合评价。首先，建立了“系统层—结构层—支持层—指标层”的评价体系，然后对云南省乡村的人居环境建设水平和村民满意度进行客观评价，并在综合水平与综合满意度的显著自相关基础上进行村庄类型划分，进而基于综合满意度进行乡村人居环境提升的指向判断，将综合满意度的相关人居指标归纳为“三个水平 + 一个软实力”。

## 4.1　综合评价体系建构

### 4.1.1　框架建构

基于既有乡村宜居性评价的研究方法和研究结论，根据本次云南省的调研经历，参考国内外研究成果和住建部全国乡村人居环境信息系统的基础数据情况，经专家讨论、意见征询后，拟建构包括乡村人居环境建设水平和村民满意度两个系统的人居环境建设评价体系，形成由“系统层—结构层—支持层—指标层”构成的梯度指标框架。系统层即“乡村人居环境建设水平”和“村民满意度”。

“乡村人居环境建设水平”系统的结构层包含生态环境(A)、生活质量(B)、生产效率(C)和社会文化(D)四个结构层，这四个结构层分别由各自的支持系统组成。其中，生态环境维度分为自然环境 A1 和人工环境 A2 两个支持系统，生活质量维度由基础设施 B1、居住条件 B2、公共服务 B3 和生活水平 B4 四个支持系统组成，生产效率维度分为农业基础 C1 和经济活力 C2 两个支持系统，社会文化维度则由社会关系 D1 和地方文化 D2 两个支持系统构成。

与“乡村人居环境建设水平”系统的结构层相对应，“村民满意度”系统的结构层也包含生态环境(A)、生活质量(B)、生产效率(C)和社会文化(D)4 个结构层。进一步分解，生态环境(A)的支持层包括自然环境 A1、人工环境 A2，生活质量(B)

的支持层包括住房条件 B1、公共设施 B2,生产效率(C)的支持层包括建设属性 C1、经济属性 C2,社会文化(D)的支持层包括社会文化 D1,共计 7 个支持层。

乡村人居环境建设水平评价指标体系、指标取值或计算方式及指标权重详见本书附表 3-1;村民满意度评价指标体系、指标取值或计算方式及指标权重详见本书附表 3-2。

### 4.1.2 指标生成

#### 1)"乡村人居环境建设水平"指标体系

"乡村人居环境建设水平"系统的 10 个支持层共由 36 个输入指标构成,指标分别来自全国乡村人居环境监测年度数据、乡镇年度数据报表(2013—2014 年)、云南省乡村调查中的村支书或村主任、村民问卷和村庄属性表,以及少量来自各县市政府网站的统计数据。具体分析前对指标进行了标准化处理,其中对负相关指标进行正向处理,具体包括"负面因素"中的"A23 5 千米内是否有污染型企业""B31 子女就学单程平均距离"和"B43 恩格尔系数"3 个指标。全部指标的数值越大,表示建设水平越好。

另外需要注意的是:①由于并非每个村的每个指标都完整,因此需要先整理各村的指标,然后抽取指标相对完整的村庄进行人居环境指标评价分析。②有些数据有多个来源,比如"农民人均纯收入",以村支书或村主任问卷为主,以村民问卷统计为辅。即村支书或村主任问卷如果没有填写,则以村民问卷统计平均值(全村被访住户有收入者加和,计算平均值)为主。

#### 2)"村民满意度"指标体系

"村民满意度"系统的 7 个支持层共由 11 个输入指标构成,指标来自云南乡村调研的村民问卷表。"村民满意度"是村民对所在乡村人居环境建设的最直接反映。满意度高低即代表村民对人居环境建设的认同程度。可以是整体的认同,也可以对人居环境的不同维度的认同。云南省乡村人居环境调查中主要的相关问题有:

"您对您目前的生活状态满意吗?""您对近几年的农村建设是否满意?""您

对现有住房条件是否满意?”“您对镇里或村里的老年活动中心及相关组织满意吗?”“您对村里的娱乐活动设施满意吗?”“您对村卫生室的服务满意吗?”“您对村中上学条件满意吗?”“您对生活在村里的经济条件满意吗?”“您对村内养老设施满意吗?”……

其中,由于某些方面的满意度问卷回答比例较低、数据质量不理想未被采纳。比如村民对养老设施和公共交通的满意度取决于访谈村庄是否拥有养老设施和公共交通,因此难以全面覆盖样本。另外,“您对您目前的生活状态满意吗”问题内涵较为综合广泛,难以划分为某一特定方面满意度,因此也未纳入满意度指标体系。

### 4.1.3　数据处理

#### 1) 数据标准化处理

为消除因指标量纲不同对结果的影响,采用公式(1)对指标的原始数据进行标准化处理。

$$X'_{ij}=0.5\pm\frac{X_{ij}-\overline{X}_i}{10S_i}\quad(i,j=1,2,3,\cdots,n)\tag{4-1}$$

式中,“+”“-”号分别用于正、负指标;$X_{ij}$ 为 $i$ 行 $j$ 列的指标原值;$\overline{X}_i$ 为 $i$ 行的指标均值;$S_i$ 为 $i$ 行的指标标准差;$X'_{ij}$ 为标准化后 $i$ 行 $j$ 列的数据。

#### 2) 层次分析—熵值定权法

本次评价采用多级指标综合评价法,即在多级指标评价时,每一层次的综合评价由下一层次的综合评价所得。支持层、系统层模糊综合评价计算公式分别为式(4-2)和式(4-3),最终的乡村人居环境建设评价为公式(4-4)。在式(4-2)～(4-4)中,$X_{ij}$ 为指标层的分值,$P_B$,$P_A$,$P$ 分别为支持层、系统层、目标层结果的综合得分;$W_{Ci}$,$W_{Bi}$,$W_{Ai}$ 分别对应指标层、支持层、系统层各项指标的权重值。

$$P_B=\sum_{i=1}^{n}W_{Ci}\times X_{ij}\quad(i,j=1,2,3,\cdots,n)\tag{4-2}$$

$$P_A=\sum_{i=1}^{n}W_{Bi}\times P_B\quad(i,j=1,2,3,\cdots,n)\tag{4-3}$$

$$P=\sum_{i=1}^{n}W_{Ai}\times P_{A}\quad (i,\ j=1,\ 2,\ 3,\ \cdots,\ n)\tag{4-4}$$

为了更客观而合理地确定各级指标的权重值，本次评价中采用 AHP 层次分析与熵值定权相结合的权重方法。首先，研究将对系统层和支持层的指标权重采用 AHP 层次分析法，即邀请若干名乡村领域专家对各层指标的相对重要性进行两两比较、判断，在汇总专家评价结果的基础上，得到判断矩阵，按层次分析法原理，求解可以得到各指标的权重。其次，对第四层次的指标层，由于指标众多，指标间的相互重要程度使用层次分析法和专家咨询方式时，难免产生主观判断误差不断放大的可能性，不利于指标的客观评价并可能丢失部分显著信息。为解决基础指标权重的客观性问题，采用熵技术对指标层进行权重判断。各指标在支持层的熵输出权重计算如下：

$$W_{j}=1+\frac{1}{(\ln m)}\sum_{i=1}^{m}P_{ij}\ln P_{ij}\quad (i,\ j=1,\ 2,\ 3,\ \cdots,\ n)\tag{4-5}$$

$$P_{ij}=x_{ij}/\sum_{i=1}^{m}x_{ij}\quad (i,\ j=1,\ 2,\ 3,\ \cdots,\ n)\tag{4-6}$$

式中，$n$ 为样本数；$m$ 为变量数；$P_{ij}$ 为第 $j$ 项指标下第 $i$ 个样本所占比重；$W_{j}$ 为指标权重。

## 4.2 计算方法与数据表征分析

### 4.2.1 乡村人居环境水平评价体系

“乡村人居环境建设”评价体系的指标层(36 项指标)采用熵权重计算方法，结构层(4 项指标)及支持层(10 项指标)采用层次分析法和专家打分法进行确定，具体结果见附表 3-1。

### 4.2.2 村民满意度的指标体系

对应人居环境水平评价指标体系的系统层四个维度——生态环境、生活质量、生产效率和社会文化，对村民的地方认同进行综合指标化：指标层（11项指标）采用熵权重计算方法，结构层（4项指标）及支持层（7项指标）采用层次分析法和专家打分法进行确定，得出综合权重。

## 4.3 总体评价

从综合评价结果来看，云南省40村的乡村人居环境建设水平指数平均值为0.500，最高值为0.558（大营村），最低值为0.433（南北村）。综合满意度指数平均值为0.500，最高值为0.647（龙王塘村），最低值为0.327（朝阳村的拖落自然村）。

从人居环境满意度的四个维度系统来看，全省生产效率和社会文化满意度均高于相应的系统建设水平指数，而生态环境和生活质量的满意度指数均低于相应的系统建设水平指数（表4-1）。这表明，云南省40个样本村的人居环境建设，生态环境与生活质量的发展水平相对滞后，当地村民对生态环境和生活质量满意度不足。这在一定程度上，与2001—2015年云南乡村人居环境建设水平动态演变趋势互相印证，即全省近15年来的生态环境质量总体呈现下降趋势（详见第7章）。生活环境建设水平虽然稳步提高，但当地起点较低，且生活环境下的四个支撑指标的增长态势并不同步，尤其公共服务水平的增幅最低，未来仍需提高生活环境的协同建设，进一步弥补生活环境建设这一短板。

表4-1 云南省40个村的人居环境水平及满意度评价结果

| 宜居类型 | 建设水平 | 满意度 |
|---|---|---|
| 人居环境综合评价 | 0.500 | 0.500 |
| 生态环境水平 | 0.098 | 0.095 |
| 生活质量水平 | 0.164 | 0.158 |
| 生产效率水平 | 0.109 | 0.112 |
| 社会文化水平 | 0.116 | 0.135 |

云南省40个村的乡村人居环境建设水平与综合满意度呈显著正相关，相

关系数为0.717(表4-2),即云南乡村人居环境建设水平越高,村民满意度也趋高,表明人居环境客观建设水平是村民满意度的物质基础。但是进一步观察人居环境建设水平、满意度和村民的本地居住意愿之间的关系,发现无显著相关性(图4-1)。

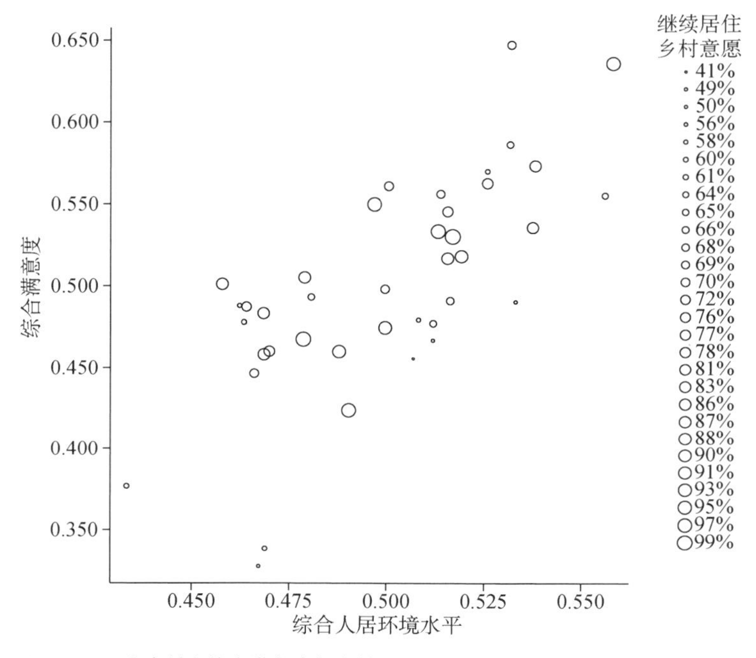


图4-1 云南省村庄综合满意度与乡村人居环境水平散点图(圆径为村民永居本村意愿)

由于乡村人居环境建设的系统指标的复杂性、地域差异性和特殊性,当地村民对其判断的满意度也存在较大不确定性。从已有研究结论来看,乡村人居环境建设水平的高低并不必然决定居民满意度的高低,受地域差异性和抽样范围与评判精度等因素影响,正相关性往往不具有普遍性。如刘学等(2008)在对镇江市10个典型村进行实地考察和社会调查,并获得人居环境建设情况和村民满意度的数据基础上,认为人居环境客观建设水平是村民满意度的物质基础,存在着显著的正相关性。而刘春艳等(2012)基于对吉林省9个村落的数据分析,认为人居环境满意程度与乡村环境不一定正相关,在某些经济发展水平低的区域,其村民文化程度和收入偏低,导致村民对人居环境的期望和要求低,幸福满意度往往超出客观实际的人居环境水平。

表 4-2　云南省调研 40 个村的人居环境建设水平与综合满意度相关性

| 相关指标 | | 乡村人居环境水平 | 综合满意度 | 继续居住农村意愿 | 希望子女继续居住农村意愿 |
| --- | --- | --- | --- | --- | --- |
| 乡村人居环境水平 | Pearson 相关性 | 1 | 0.717** | 0.050 | 0.123 |
| | 显著性(双侧) | — | 0.000 | 0.758 | 0.449 |
| 综合满意度 | Pearson 相关性 | — | 1 | 0.298 | 0.197 |
| | 显著性(双侧) | — | — | 0.062 | 0.222 |
| 继续居住农村意愿 | Pearson 相关性 | — | — | 1 | 0.111 |
| | 显著性(双侧) | — | — | — | 0.495 |
| 希望子女继续居住农村意愿 | Pearson 相关性 | — | — | — | 1 |
| | 显著性(双侧) | — | — | — | — |

注：** 表示在 0.01 水平(双侧)上显著相关。

从乡村人居环境建设四个结构层评价与相应满意度指数的相关性来看，各结构层指数的提高并不必然导致该系统满意度的提高，相关性存在较大差异。其中，生活质量水平、社会文化水平与其相应满意度呈显著正相关(图 4-2)。

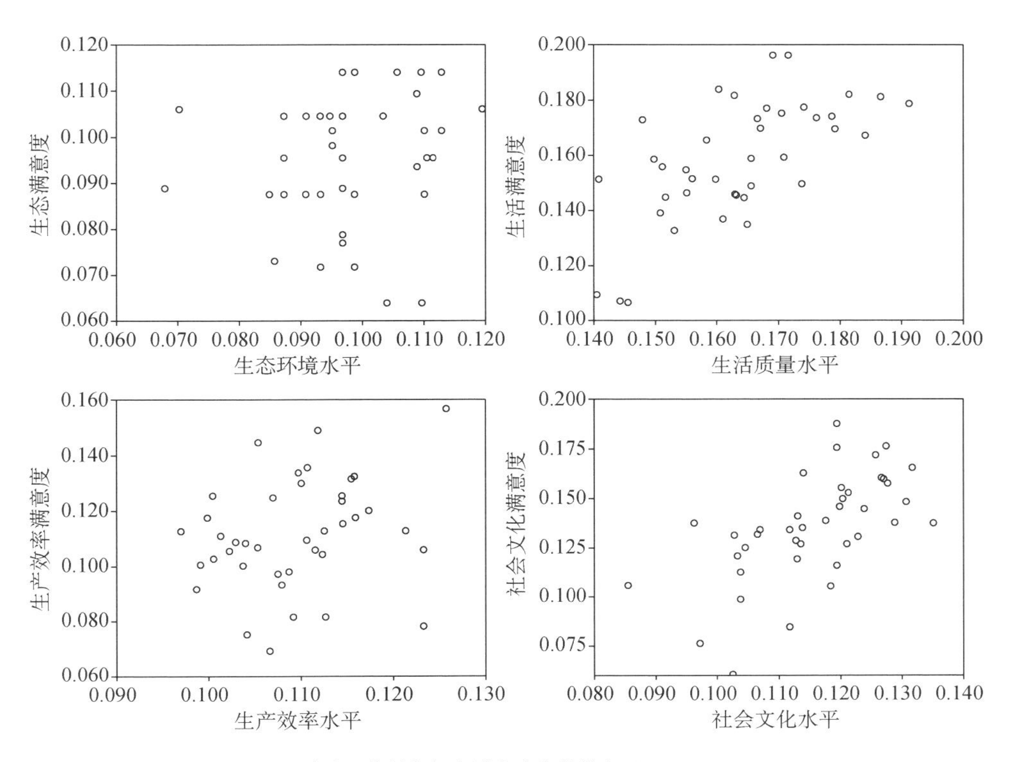


图 4-2　云南省调研村庄各系统水平指数与相应满意度指数散点图

表 4-3　云南省调研 40 村的人居环境系统水平与满意度相关性

| 相关指标 | | 生态环境质量 | 生态满意度 | 生活质量 | 生活满意度 | 生产效率 | 生产效率满意度 | 社会文化 | 社会文化满意度 |
|---|---|---|---|---|---|---|---|---|---|
| 生态环境质量 | Pearson 相关性 | 1 | 0.146 | 0.250 | 0.332* | 0.098 | 0.244 | 0.154 | 0.193 |
| | 显著性(双侧) | — | 0.367 | 0.120 | 0.036 | 0.546 | 0.130 | 0.342 | 0.232 |
| 生态满意度 | Pearson 相关性 | — | 1 | 0.171 | 0.128 | 0.177 | 0.031 | −0.097 | 0.242 |
| | 显著性(双侧) | — | — | 0.291 | 0.431 | 0.275 | 0.848 | 0.553 | 0.133 |
| 生活质量 | Pearson 相关性 | — | — | 1 | 0.651** | 0.163 | 0.573** | 0.692** | 0.586** |
| | 显著性(双侧) | — | — | — | 0.000 | 0.315 | 0.000 | 0.000 | 0.000 |
| 生活满意度 | Pearson 相关性 | — | — | — | 1 | 0.239 | 0.795** | 0.508** | 0.758** |
| | 显著性(双侧) | — | — | — | — | 0.138 | 0.000 | 0.001 | 0.000 |
| 生产效率 | Pearson 相关性 | — | — | — | — | 1 | 0.237 | 0.206 | 0.269 |
| | 显著性(双侧) | — | — | — | — | — | 0.142 | 0.202 | 0.094 |
| 生产效率满意度 | Pearson 相关性 | — | — | — | — | — | 1 | 0.616** | 0.688** |
| | 显著性(双侧) | — | — | — | — | — | — | 0.000 | 0.000 |
| 社会文化 | Pearson 相关性 | — | — | — | — | — | — | 1 | 0.618** |
| | 显著性(双侧) | — | — | — | — | — | — | — | 0.000 |
| 社会文化满意度 | Pearson 相关性 | — | — | — | — | — | — | — | 1 |
| | 显著性(双侧) | — | — | — | — | — | — | — | — |

注：* 表示在 0.05 水平(双侧)上显著相关，** 表示在 0.01 水平(双侧)上显著相关。

进一步观察不同结构层和不同满意度之间的相关关系，会发现互相之间存在不同程度的影响。按各系统相关性显著度由弱至强可以排列如下(表 4-3)。

① 生产效率水平与四个系统层满意度均不存在显著相关性，即云南乡村地区的生产效率水平的提升并不会带来居民对生态环境、生活质量、经济生产和社会文化满意度的显著提升。

② 生态环境质量的提高仅与生活满意度存在一定正相关性。一定程度上能够说明在云南省生态环境影响着村民的生活总体满意程度。

③ 生活质量水平的提升与居民对生活质量、社会文化和生态环境的满意度间存在正相关关系，相关系数分别是 0.651、0.586 和 0.332。这说明，提高生活质量可以明显提高村民的综合满意度。

④ 社会文化水平与当地居民对社会文化、生产效率和生活的满意度也存在显著相关关系，相关性系数分别达到 0.618、0.616 和 0.508。这说明，社会文化水平的提高可以明显提高村民的综合满意度。

从以上分析可以发现，对于云南省的村民而言，生活质量和社会文化水平与村民满意度之间的关系十分密切，而生产效率水平对当地居民满意度的影响程度最低。侧面证明乡村人居环境建设的逻辑起点应该是全面提升村民生活质量，同步提升其社会文化水平，而这两者通常是互相影响、螺旋上升的(图 4-3)。结合前述关于结构层发展水平与相应满意度的比较，亦可发现，在生活质量满意度相对滞后的村庄，关乎其生活质量的公共服务设施建设水平的提升，会显著提高村民满足感。

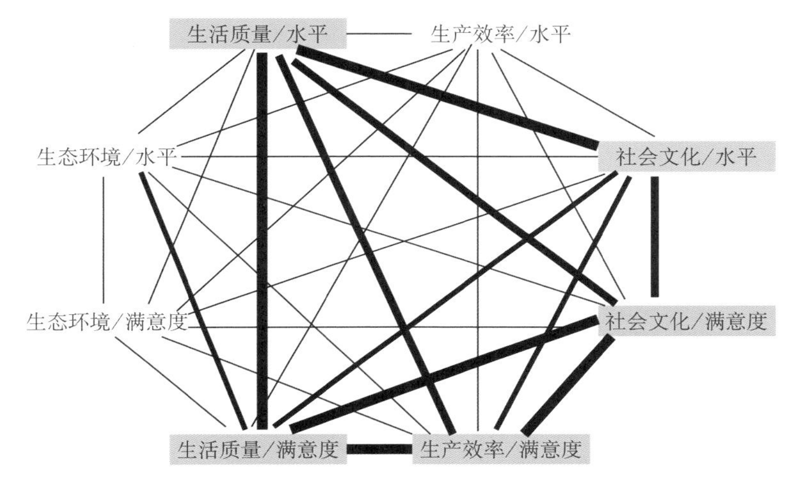


图 4-3　村庄各系统水平指数与满意度指数相关程度结构示意

## 4.4　乡村人居环境类型分阶

鉴于乡村人居环境建设水平与综合满意度的显著正相关性，可以基于乡村人居环境建设水平评价得分和综合满意度排序，通过界定不同分值区段来定义相应人居环境类型，并归纳其特征。一共分为三阶：

① 人居Ⅰ阶，共计 10 个村，乡村人居环境建设水平指数为 0.521，综合满意度指数 0.567，满意度指数明显高于人居环境建设水平指数；

② 人居Ⅱ阶，共计 20 个村，乡村人居环境建设水平指数为 0.501，综合满意度指数 0.497，满意度指数与人居环境水平指数基本持平；

③ 人居Ⅲ阶，共计 10 个村，乡村人居环境建设水平指数为 0.462，综合满意度指数 0.438，满意度指数低于人居环境水平指数。

但也需看到，在不同分阶下，满意度水平有一定的波动性(图 4-4，表 4-4)。

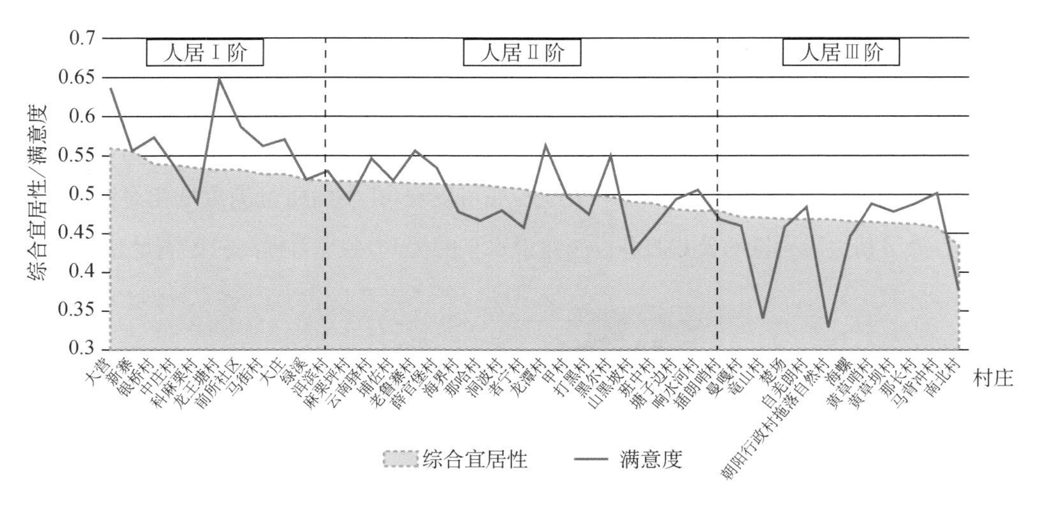


图 4-4 乡村人居环境水平指数分阶示意

表 4-4 样本村庄分阶详表

| 人居类型 | 人居Ⅰ阶 | | 人居Ⅱ阶 | | 人居Ⅲ阶 | | 总体 | |
|---|---|---|---|---|---|---|---|---|
| 村庄数量 | 10 | | 20 | | 10 | | 40 | |
| 村庄名称 | 大营、新寨、银桥村、中庄村、科麻栗村、龙王塘村、前所社区、马街村、大庄、绿溪村 | | 洱滨村、麻栗坪村、云南驿村、埔佐村、老鲁寨村、薛官堡村、海界村、那哈村、洞波村、者宁村、龙潭村、甲村、打黑村、黑尔村、山黑坡村、班中村、塘子边村、响水河村、插朗哨村、曼嘎村 | | 竜山村、楚场村、自羌朗村、朝阳行政村拖落自然村、海螺村、黄草哨村、黄草坝村、那长村、马背冲村、南北村 | | 全部村庄 | |
| 指数 | *a* | *b* | *a* | *b* | *a* | *b* | *a* | *b* |
| 综合评价 | 0.521 | 0.567 | 0.501 (−3.84%) | 0.497 (−12.35%) | 0.462 (−7.78%) | 0.438 (−11.87%) | 0.500 | 0.500 |
| 生态环境 | 0.106 | 0.102 | 0.097 (−8.49%) | 0.093 (−8.82%) | 0.0923 (−4.85%) | 0.0920 (−1.08%) | 0.098 | 0.095 |
| 生活质量 | 0.177 | 0.177 | 0.164 (−7.08%) | 0.159 (−10.22%) | 0.149 (−9.15%) | 0.138 (−13.21%) | 0.164 | 0.158 |
| 生产效率 | 0.113 | 0.131 | 0.1094 (−3.19%) | 0.1089 (−16.87%) | 0.105 (−4.02%) | 0.097 (−10.93%) | 0.109 | 0.112 |
| 社会文化 | 0.125 | 0.157 | 0.117 (−6.40%) | 0.137 (−12.74%) | 0.103 (−11.97%) | 0.110 (−19.71%) | 0.116 | 0.135 |

注：*a* = 乡村人居环境水平指数；*b* = 综合满意度指数；括号内为该阶指数较前一阶下降幅度。

不同乡村人居类型的建设水平与相应满意度存在显著差异。各阶人居类型有以下基本特征(图 4-5)：

① 从生态环境结构维度来看,三个乡村人居类型的满意度指数均低于生态环境水平指数,反映出当地村民对生态环境的满意度均不高。

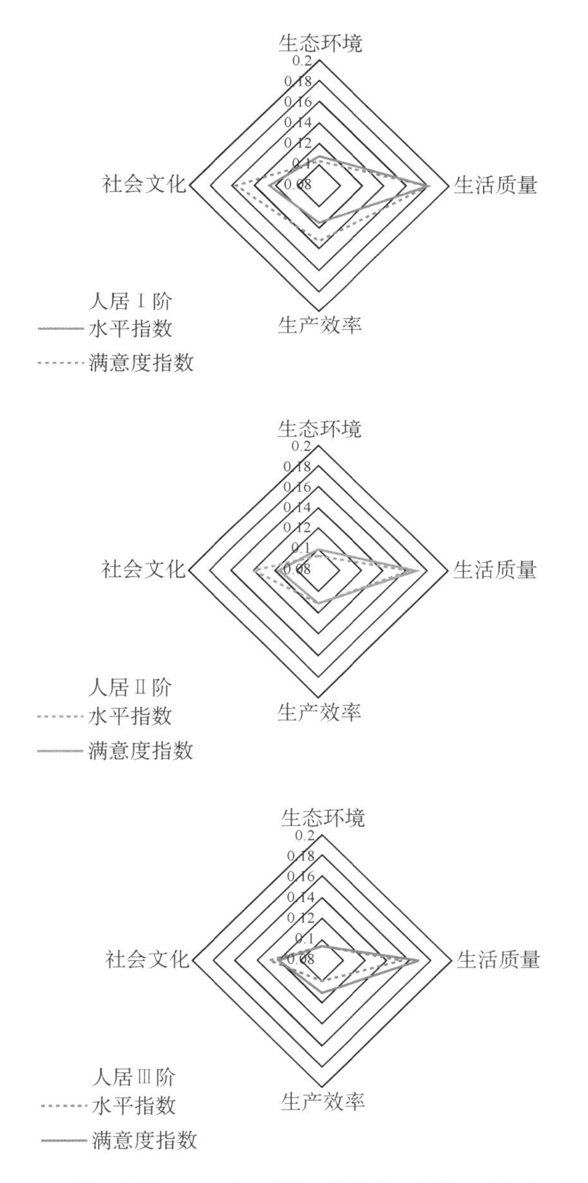


图 4-5　基于乡村人居环境三阶类型的结构层指数及满意度指数

② 生活质量和生产效率结构维度的类型差异性一致，仅Ⅰ阶类型村民对两系统的满意度较高，高于其建设水平指数，其他两类型的满意度下降明显，均低于相应的建设水平指数。

③ 社会文化结构维度则全面表现出比较高的满意度，各类型的村民满意度均超过各自社会文化建设水平指数。

通过比较三阶人居类型的结构层指数可以看出：处于人居Ⅰ阶的村庄，对生产效率和社会文化的满意度较高；处于人居Ⅱ阶的村庄，仅对社会文化的满意度较高；处于人居Ⅲ阶的村庄，对生产效率的满意度偏低。即处于不同阶段的村庄其实际建设需求不同，村民的关注点也不同。

### 4.4.1 乡村人居Ⅰ阶

该阶乡村人居类型仅生态满意度略显滞后，在生活质量、生产效率和社会文化维度的满意度指数均超过相应的建设水平指数，满意度相对较高。其中，在生产效率与社会文化方面满意度尤为明显。从生产效率与社会文化的具体指标来看，有以下主要特征：

① 就业收入方面，当地村民的非农就业比例较高，达到49.9%，明显超过40村的均值(36.9%)，非农就业大大提升了本类型村民收入，当地村民平均纯收入为8 144元，大幅高于40村的均值(5 963元)，每亩农产品收益2 883元，也大幅高出40村均值(1 689元)。

② 文化水平方面，当地村民的受教育程度比例较高，中学及以上学历人口占总人数的61.1%，大大超过40村的均值(41.7%)。

③ 当地政府财政投入力度较大，在2010—2015年间，该阶乡村平均获得各级政府累计拨款1 503万元，大大超过40村的均值(873万元)，2010—2015年间的新建住房总量也是40村的均值的两倍。

④ 生态环境方面，该类村有一定的生活垃圾、污水处理能力。其中该型村庄50%采用"集中收集后送县镇处理"，60%村庄具有污水处理设施，远优于40村的平均水平。

## 案例村庄：昆明市晋宁区六街镇大营村

该村紧邻乡镇主要交通轴线，共有 3 个村民小组，469 户人家，1 469 名村民，面积为 21 公顷。2014 年大营村入选成为晋宁市 31 个"美丽农村"示范点之一。目前，经过一年多的投入建设，村庄已成为省级生态文明村，所在的六街镇获国家级生态文明镇称号。

当地 67.6%的居民具有初中及以上学历。每户居民平均有 0.86 亩耕地，亩产 8 000 元。村内已形成"野生食用菌"特色产业，采摘与销售已形成一定规模，并已经具备固定的野生食用菌交易集市，主要输送至昆明。2014 年村民人均年收入达到 7 700 元。

2010—2015 年，村庄总共获得政府补助性拨款 2 024 万元。前期资金主要用于道路硬化、公厕建设、多功能活动室建设以及垃圾、污水处理等基础设施建设。全村的整体风貌较好，在村中主要交通干道旁设有多个小型公园，绿化宜人，居住环境舒适。有新的自建多层房屋，也有混居的 80 年代老式农村住房（外墙统一粉刷），村中无新农村建设的集体居民点。村内道路已基本硬化。村内有卫生室、老年活动中心、图书室、健身器材、篮球场，整体评价较好。村内还建有污水处理系统，能满足日常污水处理需求（图 4-6）。村内卫生状况较好，目前垃圾采取村清扫、镇运输、市处理的模式进行处理。村内没有小学，因此当地儿童需前往镇区上学，学生上学时间较长，村民问卷调查显示当地小学生平均上学单程时间达到 38 分钟，远大于 40 村平均的 22 分钟。

(a) 大营村卫生室

(b) 生态污水处理池

图 4-6　大营村的卫生设施与污水处理设施

### 4.4.2 乡村人居Ⅱ阶

该阶乡村人居类型中，除了社会满意度指数高于社会文化水平指数、生产效率满意度指数与生产效率水平指数基本持平外，生态与生活维度的满意度指数均略低于相应系统的水平指数。与乡村人居Ⅰ阶相比，各维度的水平指数均有一定下降，生态环境与生活质量指数下降相对较多（-8.49%，-7.08%），虽然生产效率水平指数降幅不大（-3.19%），但生产效率满意度指数下降幅度较大，达到-16.87%。

从生产效率与社会文化的具体指标来看，该阶村庄的人口特征及社会经济指标与40村总体平均水平接近，并普遍表现为传统农业生产型村庄的特征——当地村民的非农就业比例较低，仅为31.9%，低于40村平均的36.9%，户均耕地面积5.31亩，村均耕地总面积为4 501亩，高于总体平均水平（3 587亩）。

**案例村庄：云南省富宁县剥隘镇者宁村**

者宁村位于文山州富宁县剥隘镇西边，全村包含16个自然村组，面积6 800公顷，2014年户籍人口是4 241人，常住人口3 500人左右。原村落沿河分布，后来由于水库的建设于2006年前后搬迁到山上，村组散状分布，相互之间距离较远。者宁村距离剥隘镇区约11千米，交通方便程度一般。居民多为壮族，属于壮族村落，但已基本汉化。该村2014年经济总收入3 260万元，村民人均纯收入7 077元，村民收入以种植、养殖、务工等为主。

村内公共设施建设不足，村中没有小卖部等商业设施，村民日常用品均需要到镇区购买，没有专门的文化娱乐活动设施。者宁村有一个小学，没有幼儿园。由于村庄分散，学生上学距离较远，村民问卷调查显示当地小学生平均上学单程时间达到27.5分钟。

村内市政设施的建设和使用效果不甚理想。村中设有垃圾焚烧炉，但各自然村距离过远，集中处理成本高、难度大，使得垃圾处理效率非常低，随意丢弃的现象比较明显。村中没有污水收集和处理设施，生活污水基本由各户直接排放。村内没有公共厕所。进村道路为水泥路面，路面宽度为5～6米。部分自然村内部道路已经硬化，部分自然村没有硬化（图4-7）。

(a) 建筑风貌

(b) 道路风貌

图 4-7　者宁村村内环境风貌

### 4.4.3　乡村人居Ⅲ阶

该阶乡村人居类型中，人居环境建设的结构层指数均有不同程度的下降，尤其是社会文化与生活质量系统，较Ⅱ阶相应水平下降幅度较大（－11.97%，－9.15%）。满意度也出现相应的下降，社会文化、生活质量和生产效率方面满意度下降幅度最大，分别为－19.71%，－13.21%，－10.93%，村民的满意度较低。

① 就业收入方面，传统农业生产特征明显，非农就业比例相对较低，农业亩产收益较低，两个因素共同导致人均纯收入不高。

② 文化水平方面，当地村民的受教育程度不高，初中及以上学历人口仅占总人口的 27.1%，远低于 40 村平均的 41.7%。

③ 当地政府的财政投入力度有限，在 2010—2015 年间，该阶村庄平均获得各级政府累计拨款为 515 万元，仅及 40 村平均水平的 60%。这也导致当地公共服务设施建设投入的不足，如每千人专职村庄保洁员仅 0.1 人，仅为 40 村平均水平的 10%。

④ 生态环境方面的建设欠账较多，没有集中处理污水和垃圾收集设施，存在“垃圾靠风刮、污水靠蒸发”的环境问题。

**案例村庄：云南省普洱市思茅区龙潭乡黄草坝村**

该村距镇政府所在地 61.86 千米，到镇道路为土路，交通不便，距县 102 千米。东邻宁洱县梅子安，南邻翁安界，西邻凤山乡文会，北邻凤山南板。辖以寨、外寨、半坡等 9 个村民小组。土地面积 350 公顷，海拔 1 657 米，年平均气温 17.5℃。该村有农户 325 户，常住人口 1 800 人，户籍人口 1 965 人，以汉族为主（是汉族、彝族混居地）。

黄草坝村主要经济收入以种植为主，村民烤烟及种甘蔗，收入较低。村内主要劳动力为 30～40 岁左右的单身男性，由于黄草坝村地理位置较偏远，村里经济条件比较落后，女性成年后基本上都离开村子出去打工或者嫁到外村，所以村里单身男性很多（图 4-8）。

(a)

(b)

图 4-8 黄草坝村居民住宅

村内已实现通水、通电、通路（未硬化的土路）、通电视、通电话五通，无路灯。村道路交通极不方便，距离最近的车站 56.29 千米，距离集贸市场 61.43 千米。

村内仅有一些基本公共服务设施，村委会附近有一个小卖部和卫生室，活动室和篮球场在山坡处。村卫生状况较差，村内土路下雨之后非常泥泞，且村里养猪、养牛，导致路边动物的排泄物较多。村内有几个简易的垃圾收集设施，没有垃圾处理设施和污水处理设施（图 4-9）。

(a)

(b)

图 4-9 黄草坝村内小卖部及附近垃圾收集箱

综上，调查村庄分阶的结构层评价指标情况各不相同，可总结为表 4-5。

表 4-5　各乡村分阶的结构层评价指标比较

| 评价指标 | 人居Ⅰ阶 | 人居Ⅱ阶 | 人居Ⅲ阶 | 总体平均 |
|---|---|---|---|---|
| 初中及以上学历比例 | 61.1% | 41.3% | 27.1% | 41.7% |
| 非农就业比例 | 49.9% | 31.9% | 33.8% | 36.9% |
| 每亩田地年收益(元) | 2 883 | 1 437 | 1 000 | 1 689 |
| 人均纯收入(元) | 8 144 | 5 523 | 4 664 | 5 963 |
| 每千人专职村庄保洁员(人) | 2.17 | 0.78 | 0.1 | 0.96 |
| 2010—2015 年间政府累计拨款(万元) | 1 504 | 680 | 515 | 873 |
| 2010 年以来年新建住房总量(平方米) | 212 | 98 | 64 | 119 |
| 户均住房面积(平方米) | 188 | 167 | 131 | 164 |
| 建筑质量 | 42.2% | 51.9% | 31.5% | 44.4% |
| 镇区或县城有住房比例 | 13.6% | 4.6% | 0% | 5.7% |
| 小学就学单程时间(分钟) | 16.4 | 18.4 | 36.2 | 22.4 |
| 恩格尔系数 | 76.4% | 62.4% | 67.9% | 67.3% |
| 户均耕地面积(亩) | 4.14 | 5.31 | 4.95 | 4.93 |
| 污水集中处理比例 | 60% | 10% | 0% | 20% |

## 4.5　基于满意度的乡村人居环境提升指向

### 4.5.1　显著性检验

为更好地分析综合满意度的相关因素和可能成因，研究采用多元线性回归方法，分析乡村人居环境输入指标与综合满意度水平的相关性。通过数据处理，去除非显著性相关因素，最终得到关于综合满意度的多元线性回归模型，包含了 7 个自变量，如下所示：

$$Y = 0.369 + 0.077X_1 + 0.024X_2 + 0.053X_3 + 0.032X_4 + 0.060X_5 + 0.259X_6 - 0.025X_7 \quad (4-7)$$

式中，$Y$ 为综合满意度水平；$X_1$ 为中学及以上人口比例；$X_2$ 为是否配备老年活动中心；$X_3$ 为所在县/县级市人均 GDP；$X_4$ 为是否配备娱乐活动设施；$X_5$ 为房屋外立面粉刷比例；$X_6$ 为村民人均纯收入；$X_7$ 为小学就学单程时间。

从模型的汇总信息可以看出，调整后判定系数为 0.661（表 4-6），说明这 7 个自变量一起可以解释因变量 66.1%的变异，拟合优度较好，模型解释程度可以接受。根据模型的容差和膨胀因子（Variance Inflation Factor，VIF）的值来看，容差都大于 0.5 且接近于 1，膨胀因子的值都小于 2，说明模型中的 7 个指标因素之间几乎不存在共线性，此回归模型是有效的。另外，从模型方差分析来看，方程显著性检验概率为 0，小于显著性水平 0.05，表示回归线性模型成立（表 4-7）。从标准化残差 P-P 图可以看出，原始数据与正态分布的不存在显著的差异，残差满足线性模型的前提要求（图 4-10）。

表 4-6 综合满意度多元线性回归模型汇总

| $R$ | $R^2$ | 调整 $R^2$ | 标准估计的误差 |
| --- | --- | --- | --- |
| 0.845 | 0.715 | 0.661 | 0.0518 |

表 4-7 综合满意度多元线性回归模型参数

| 自变量 | 系数值 | 系数标准误差 | 标准系数 | $t$ | Sig. |
| --- | --- | --- | --- | --- | --- |
| （常量） | 0.369 | 0.024 | | 15.562 | 0.000 |
| $X_1$ | 0.058 | 0.016 | 0.459 | 4.923 | 0.000 |
| $X_2$ | 0.024 | 0.008 | 0.455 | 3.451 | 0.000 |
| $X_3$ | 0.053 | 0.018 | 0.394 | 3.394 | 0.001 |
| $X_4$ | 0.032 | 0.009 | 0.359 | 3.201 | 0.002 |
| $X_5$ | 0.060 | 0.018 | 0.261 | 2.891 | 0.002 |
| $X_6$ | 0.259 | 0.093 | 0.251 | 2.457 | 0.004 |
| $X_7$ | −0.025 | 0.096 | −0.209 | −2.112 | 0.007 |

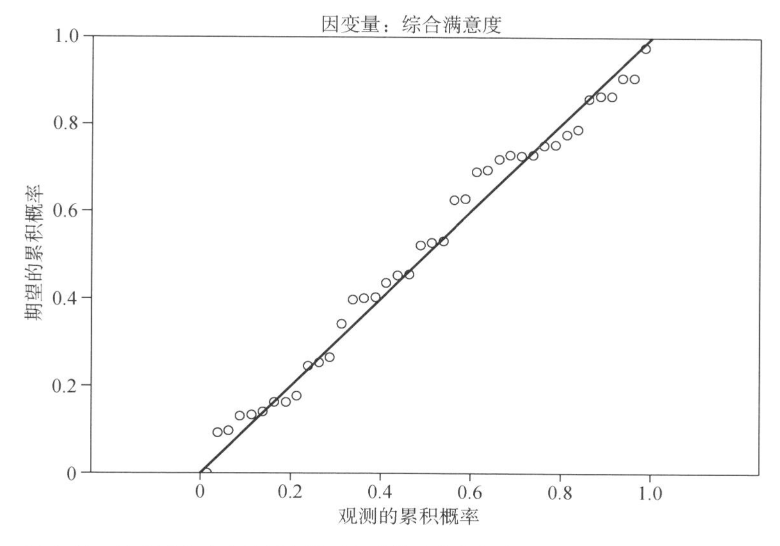


图 4-10　综合满意度多元回归模型标准化残差的标准 P-P 图

从前述相关分析结果来看，综合满意度与生活质量和社会文化两大体系的指标水平具有高显著相关性。结合多元回归的主要影响因子来看，具体包括生活质量结构层的 5 个指标——房屋外立面粉刷比例、小学就学单程时间、是否有娱乐活动设施、是否有老年活动中心和村民人均年纯收入；社会文化结构层的 1 个指标——中学及以上学历村民比例；生产效率结构层的 1 个指标——所在县/县级市人均 GDP。为更好地对影响因素进行分析，我们将综合满意度的相关指标归纳为“三个水平 + 一个软实力”，即家庭生活水平、公共设施水平、城镇发展潜力水平、文化教育软实力（图 4-11）。

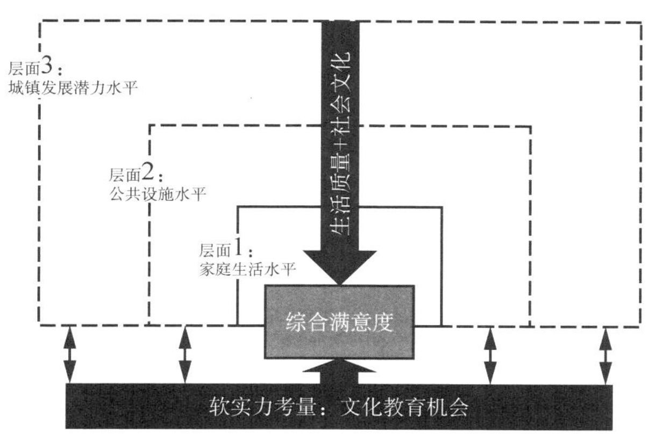


图 4-11　基于村民综合满意度的人居环境关联性框架

### 4.5.2 第1层面:家庭生活水平

家庭是村民生产生活的最核心物质诉求基础。反映家庭生活水平(包括家庭住房条件)的指标中,与村民综合满意度显著相关的是房屋外立面粉刷比和村民人均纯收入,其他未进入多元回归模型的相关因子包括村内是否通宽带、户均住房面积、网络安装比例、是否有水冲厕所、是否90%以上家庭通电话等。

从反映家庭生活水平的指标内容上看,普及型住房设施与满意度的相关性显著下降,而家庭物质条件的层次越高,如外立面粉刷、网络设施和水冲厕所等就越能带来满意度的提升。从云南省40个村的村民住房设施水平来看,独立厨房普及率最高,洗浴设施普及率和房屋粉刷比例超过半数,水冲厕所比例仅占三分之一,网络安装比例低至11.67%,远低于全国480村的平均水平(29.5%)(表4-8)。这一趋势也与实际观察的村庄发展水平差异相符,调研中很多落后地区的网络和水冲厕所的普及程度严重滞后,居住建筑外立面多为裸露砖墙。

表4-8 村民的家庭生活水平(按比例从低到高顺序排列)

| 有空调比例 | 有网络比例 | 有水冲厕所比例 | 房屋粉刷外立面比例 | 有洗浴设施比例 | 有独立厨房比例 |
|---|---|---|---|---|---|
| 1.15% | 11.67% | 37.83% | 50.02% | 64.31% | 92.43% |

当然,家庭物质环境的丰富和需求升级很大程度上还是取决于村民的收入水平,这也是家庭生活水平的核心体现。相关性分析也证明了收入水平的提高可以显著提升家庭物质环境,从而显著提升村民的综合满意度(图4-12)。村民收入的增加,带动乡村人居环境建设水平的提高,村民的满意度会相应提升,并体现在公共服务设施、村容村貌、经济水平等多个方面。

综上,家庭生活水平是乡村人居环境建设的物质基础和需求原点,“小家”是“大家”的社会基础,只有家庭生活水平提高了,村民才会产生较高满意度,追求更高的生活质量和发展目标。

### 4.5.3 第2层面:公共设施水平

村庄是人类在乡野地区的聚落空间,公共生活是乡村聚落的核心吸引所在,

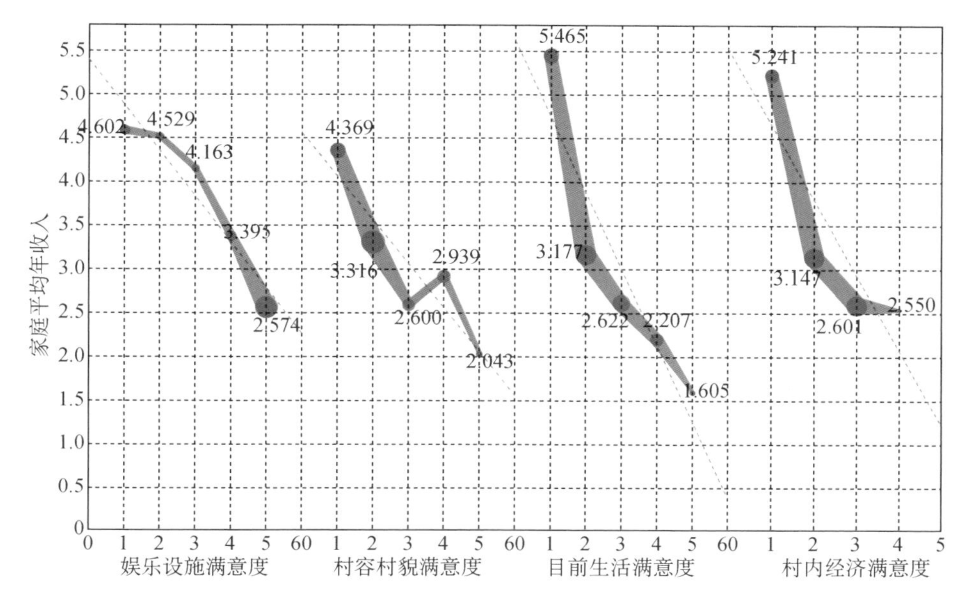


图 4-12 村民家庭平均年收入(万元)对满意度的影响趋势
(端点圆半径代表样本数量,下同;1—满意,2—较满意,3——一般,4—较不满意,5—不满意)

也是村民家庭生活的内容提升和空间外延,乡村的“熟人社会”特性决定了村内公共生活的必要性。公共生活发生的场所多样,主要体现在公共服务设施及其空间的供给上。根据《云南省村庄规划编制办法实施细则》,村庄公共服务设施包括村民委员会、教育、文体、科技、养老、医疗卫生、商业服务网点和公共空间,村庄内实际的具体载体形式从具有传统礼仪色彩的宗祠庙宇等到更具日常服务功能的小卖部、村民活动中心、村委会、医务室、小学等,都能体现出村庄公共生活的丰富程度和活动规律。

从综合满意度的多元回归结果来看,与之显著相关的是“是否具备娱乐活动设施和老年活动中心”,这两类设施都是村民业余时间的主要活动场所,其他未进入多元回归模型相关因子的还包括路灯建设情况。当村民的公共生活可以得到一定程度的满足后,村民对村庄的满意度会相应提升,同时也更关注村内的公共生活环境建设。比如在有老年活动中心的村庄中,87.4%的村民对村落景观(风貌、街景等)表示关心或很关心,这一比例远大于 40 村的平均水平(68.9%)。

不同于西方,中国的乡村家庭往往不是核心家庭,而是包括两代甚至两代以上亲属的主干式家庭,家庭内的子女或已成年或已婚,甚至还包括父母辈和一些远房的亲属。著名社会学家费孝通先生曾说过:“农村中的基本社会群体就是家,一个扩大的家庭。”云南省 40 村数据显示,当地平均户内人口为 4.58 人,常住家中人口为 4.05 人。家庭规模越大往往意味着其对村庄公共生活的诉求更多,要求也更高,对家庭生活水平的满意度亦存在差异。从家庭户籍人口/常住人口与娱乐设施/体育设施的满意度关系来看,总体呈现出家庭常住人口规模越大(即实际居住人口),对村庄公共服务设施的不满意度越高的状态,且不同人群、家庭的需求和满意度差异依然存在(图 4-13),造成满意度不高的原因具体如下:

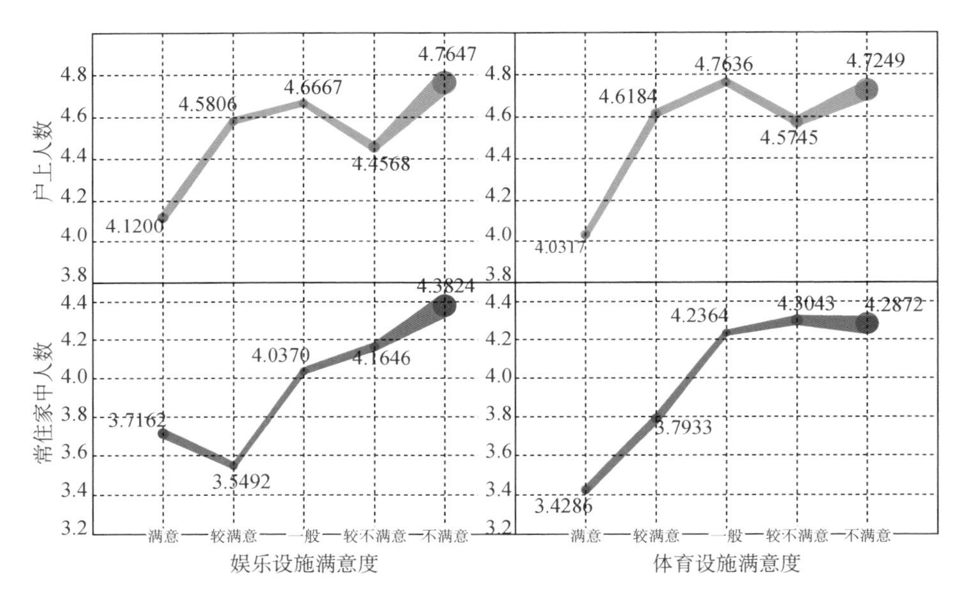


图 4-13 家庭人口规模与村庄公共服务设施满意度关系图

① 忽视公共活动场所需求的差异化。村庄等级(行政村—中心村—自然村)、人口区位(近郊村——般村—偏远村)和地区差异(南北气候差异、民族习惯差异等)决定了村民的活动习惯和活动需求,应差异化资源配置,采取不同配置标准,实现公共设施与空间的有效供给。但样本村庄大都以篮球场加健身设施的“标准配置”去建设公共活动场所,最后往往沦为晒谷场或者停车场。

② 对公共活动的年龄差异重视不足。调研结果表明,在已建设施的村庄中,村民对老年活动中心的满意度为 55%,但对娱乐休闲活动设施满意度不足 30%。实地走访来看,老年人更倾向于聚会闲聊空间和散步空间,而儿童更需要

能奔跑的开敞空间和游乐设施。村内年轻人很少,但却建设了很多适合青年群体活动的篮球场。

③ 只建公共服务设施而缺乏公共空间。在已建老年活动中心的村庄,部分村庄村民反映老年中心的使用率较低,设施外部无公园、广场等公共活动空间。但调研发现,乡村很多老人更爱在户外休闲放松,小卖部或村口路边往往成为老人的主要活动集聚地点。

综上,公共设施和公共空间提供的公共生活是村民家庭生活的外延,是村民更高社会生活需求的表现,也是村庄活力和吸引力的源泉。公共服务设施和空间供给可以显著提升村民的综合满意度,但样本村庄公共设施和公共空间的使用效果并不理想。未来的公共活动环境设置应注重村民的差异化需求和提升自身的建设水平。

### 4.5.4　第 3 层面:城镇发展潜力水平

从地理空间角度来看,城市,包括县城或县级市,是广大乡村地区的节点和功能枢纽,乡村地区则是城市节点的外围腹地,城乡关系是一个动态变化的复杂过程,受社会、经济和政策制度等的多重影响。基于城乡关系来理解乡村是中国乡村研究的重要范式,不能简单地将中国乡村问题视为乡村自身的问题,有必要跳出乡村,在城乡之间的经济、社会交往关系中理解乡村(张兆曙,王建,2017)。

从 1996—2015 年云南省的主要经济发展指标来看,随着全省城镇化率的稳步提升,村民收入水平与收入结构都得到了有效改善, 2005 年以后城乡居民收入比持续下降;此外,城镇化也给村民带来更多的非农就业岗位,工资性收入占总收入的比例也总体呈现阶段性上升趋势。云南乡村居民收入的灰色系统分析结果也表明:1998—2015 年间,城镇化因素始终是云南乡村居民收入提高的显著关联性因素之一,且 2006—2015 年间的关联性更加明显(图 4-14)。

在前述反映城镇发展潜力的指标中,与村民综合满意度显著正相关的是“所在县/县级市人均 GDP”和“村民人均纯收入”,其他未进入多元回归模型相关因子的还包括“每亩年收益”和“是否在镇区或县/县级市有房”。可以看出,当村庄“所在县/县级市的经济发展水平”相对较高时,会带动周边乡村的农业产品价值

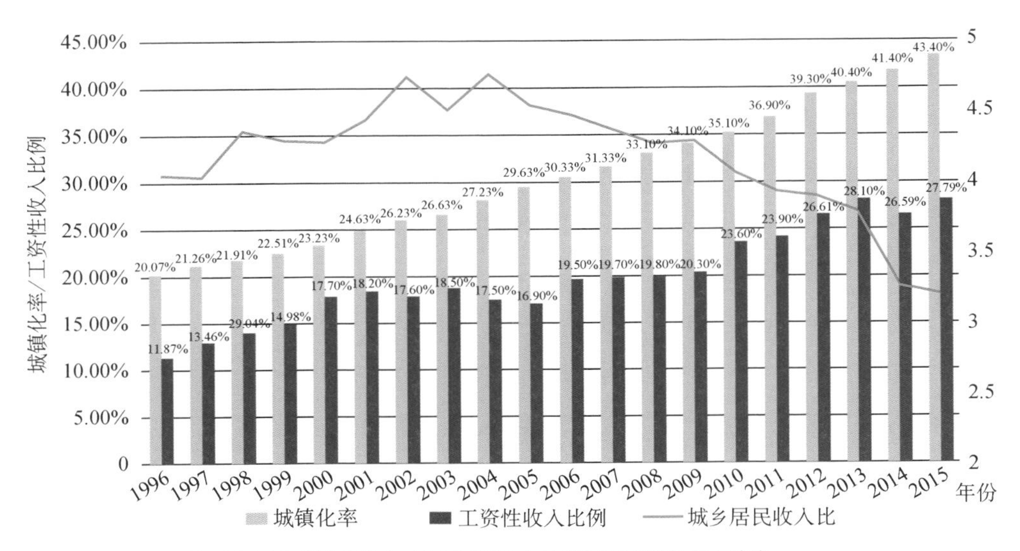


图 4-14　1996—2015 年云南省城镇化率、城乡居民收入比和村民工资性收入演变

转化，提升“每亩年收益”，并通过非农就业的增加提升村民人均收入，村民也会倾向在城镇买房，进而提升村民的综合满意度。

非农产业收益和基础农业生产效益是决定农民收入的关键，其中依托城镇化的非农产业收益带动作用尤为显著（图 4-15）。从村民问卷统计分析来看，村

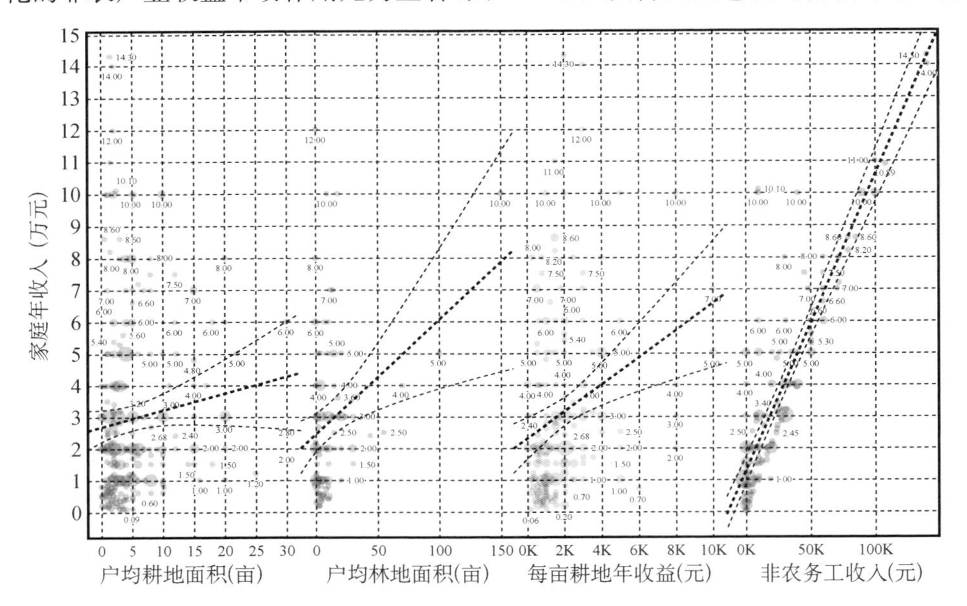


图 4-15　村民家庭年收入与主要生产指标的散点分布图及其线性趋势

民家庭年收入与户均耕地面积、林地面积不存在统计相关性($p$ 值均大于 0.05),而与每亩耕地收益和非农收入呈显著正相关性($p$ 值分别为 0.0005 和 0.0001),且后者的相关性明显高于前者。

综上,城镇作为乡村发展的外部驱动源,其经济发展水平将直接决定城镇对周边乡村地区的辐射带动作用,并进而带动农业及村民的非农经济活动,提升村民的收入水平和综合满意度。

### 4.5.5 软实力考量:文化教育条件

乡村教育的发展很大程度上受我国及地区整体教育水平的影响,乡村义务教育在整个国民教育体系中也相应地扮演着重要角色。研究表明,乡村教育的发展不仅能够在宏观层面上起到促进经济增长、改善收入分配、加快社会流动等作用,还能在微观层面上提高农业生产率、增加农民收入,进而改善整体乡村人居环境,特别是对于贫困乡村地区,教育发展更具有举足轻重的意义(刘泽云等,2012)。乡村教育事业的发展对村民的直接益处,具体表现在两个方面:①村民参与村庄建设的自觉性和主人翁意识的提高,对村内经济生产的主动性和积极性也会相应增强,进而提升村庄的整体建设水平和综合满意度;②村庄教育文化设施建设水平的提升,解决了大部分村民、尤其在外务工人员子女接受基础教育的后顾之忧。

调研显示,村民文化程度普遍较低,总体以初中、小学为主。以问卷对象的全家人口作为统计基数,小学以下人口比例为 20.35%,小学毕业人口占 35.93%,初中毕业人口比例为 28.35%,高中或中专比例为 9.49%,本科及大专占 5.88%。综合满意度的多元回归结果表明,初中及以上人口比例与乡村人居环境的综合满意度呈显著正相关,即村民受教育水平越高,村民对村庄建设满意度也越高,并具体反映在村容村貌、生活和经济等方面的满意度(图 4-16)。另外,受教育水平越高的村民,他们参与经营农家乐、民宿的意愿也更加强烈,对乡村建设和景观环境质量也更为关心,村庄公共事务的参与感更强(图 4-17)。

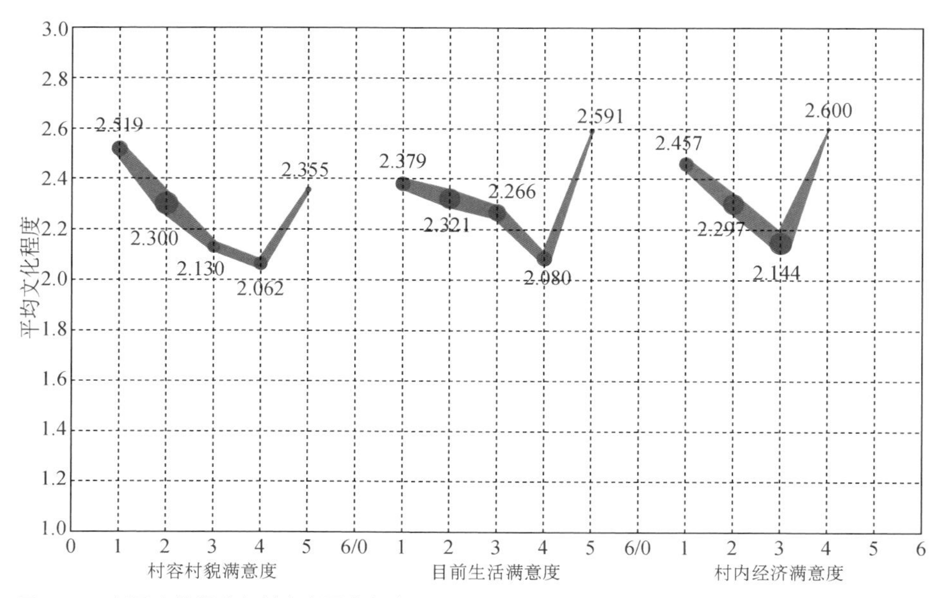


图 4-16 村民文化程度与村庄主要满意度关系图
(端点圆半径代表样本数量;满意度指标:1—满意,2—较满意,3—一般,4—较不满意,5—不满意;平均文化程度:1.0—小学以下,2.0—小学,3.0—初中,4.0—高中及中专,5.0—本科及大专)

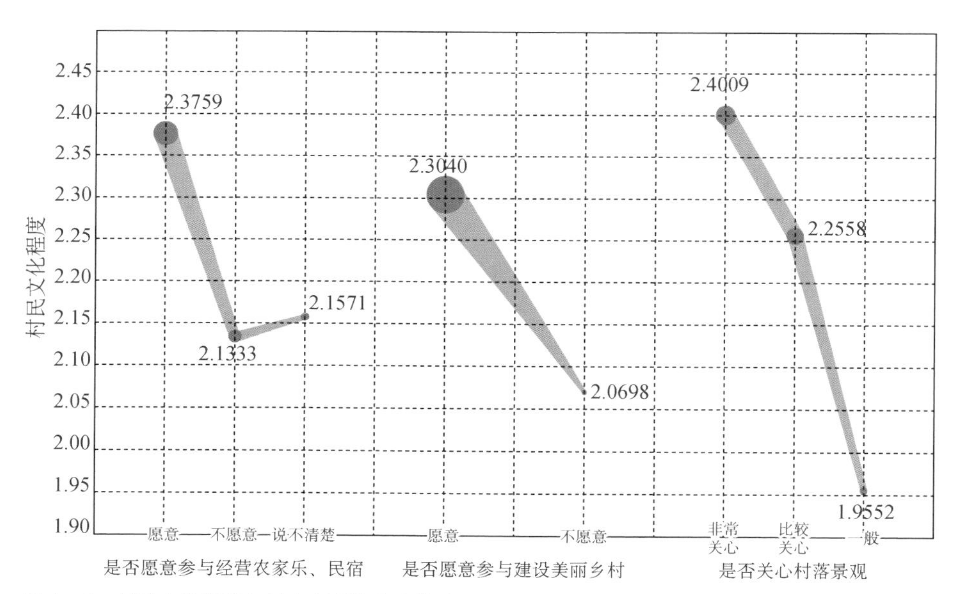


图 4-17 村民文化程度与村庄主要满意度关系图
(端点圆半径代表样本数量;平均文化程度:1.0—小学以下,2.0—小学,3.0—初中,4.0—高中及中专,5.0—本科及大专)

实际上,村民受教育程度越高的村庄,村内教育设施相对完善,整体公共服务设施的建设水平较高，受教育水平的提升促进了村民参与村内事务和关心当地建设的主动程度，增进了村民的主人翁意识。

除了自身文化程度的提高以外，村民更看重的是子女的受教育机会与条件，通过教育改变命运成为很多村民对下一代的最大期望。调查显示，在村民的可能导致迁居的原因中（多选），最主要的三个选择是"设施完善、生活便利(58.46%)"，"工作机会多、就业收入高(47.69%)"和"子女教育质量高(36.92%)"。向往城市高质量的教育资源、为子女提供更好的受教育条件成为很多迁居村民或进城务工人员的主要意愿之一。但即使来到城市，子女的受教育问题依然困扰着漂泊的农民。据《农民工随迁子女在城市接受义务教育的现实困境与政策选择》的调查，进城务工人员之所以把子女带在身边，排在第一位的目的是"让子女接受更好的教育"；但调查同样表明，由于城市教育资源不均衡、学位受限等因素，进城务工人员在城市遇到的最大困难恰恰也是"子女教育问题"(邬志辉，李静美，2016)。

与随父母进城的方式相比，更多的乡村打工家庭只能把儿童留守在乡村。《2015年云南省教育事业发展统计公报》显示，全省义务教育阶段在校生中进城务工人员随迁子女共37.40万人，其中在小学就读27.82万人，在初中就读9.58万人；在校生中乡村留守儿童共89.37万人，其中在小学就读61.34万人，在初中就读28.03万人。乡村儿童的小学留守比例为68.8%，初中留守比例为74.5%。可见，乡村留守依然是乡村儿童接受教育、成长的最主要方式，乡村地区依然是乡村儿童获得基础教育的主要环境。

随着国家与地方的共同建设，云南省的乡村基础教育设施配置水平得到显著提高。根据全国与云南省统计年鉴的数据，乡村小学师生比从1997年的1∶26.6提高至2015年的1∶16.0，但依然低于同年全国的1∶14.5，这也反映出云南乡村地区的基础教育服务仍需改进。另外，由于乡村的分散布局不利于教学组织和教学质量的提高，近年来一些村内办学点逐渐取消，小学主要设置于乡镇与中心村，也在一定程度上加长了学生上学路程，寄宿比例明显增高。从本次云南40村的调研结果来看，76%的儿童在本地(村庄或所在小城镇)留守就读，其中46.9%的儿童在所在乡镇就读，并主要采取寄宿的方式。

从村民对子女上学的满意度相关因素来看，两种模式下村民的满意度相对较高:一种是就近入学,包括村内或邻近乡镇小学,学生自己或家长接送每日往返,方便程度较高;另一种是在外地城市上学,包括随父母一起或独自寄宿的方式,教学质量相对较高,村民满意度也是最高的。相比较而言,从就学模式与就学地点的交叉分析显示来看,满意度相对较低且样本规模最大的村民群体是其子女在村庄所在镇区念书,由于距离原因只能住在镇区(且只能每周末回家),该类型村民的满意度仅高于在县城或镇区且很少回家的类型(图 4-18、图 4-19)。在实地访谈调研中,我们也发现,由于集中办学,很多家庭对子女无法就近入学而前往镇区寄宿上学产生不满,主要原因在于每日往返不便,需要寄宿或在镇区租房而产生额外的经济成本,造成较大的家庭负担,故很多孩子因为家庭难以承受这部分额外开销,上学几年后就退学回家了。

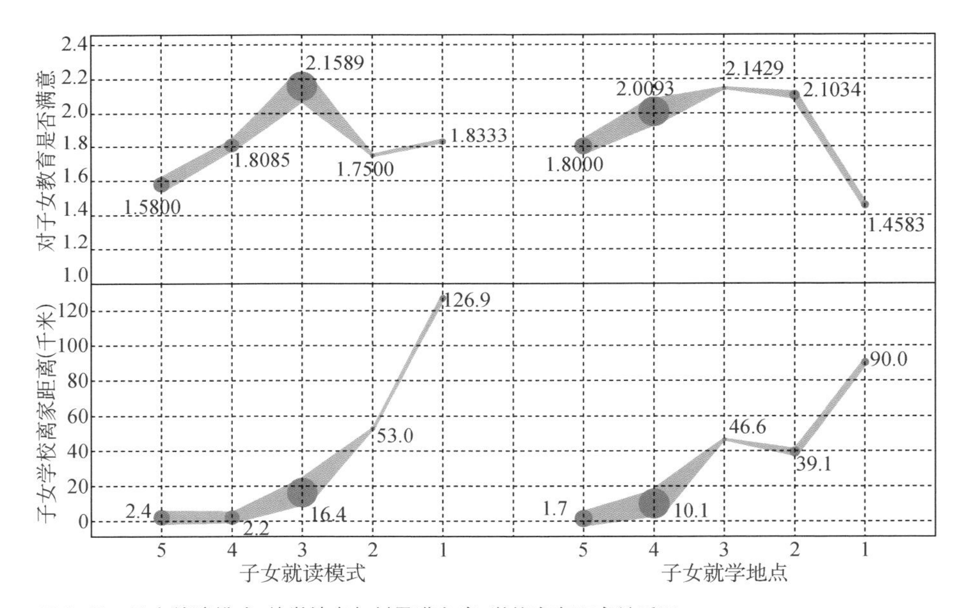

图 4-18 子女就读模式、就学地点与村民满意度、学校离家距离关系图
(端点圆半径代表样本数量;满意度指标:1—满意,2—较满意,3——一般,4—较不满意,5—不满意;就学模式:1—每日自己往返,2—每日家长接送,3—住校,每周回家,4—住校,每月回家,5—住校,很少回家;子女就学地点:1—本村,2—镇区,3—其他镇,4—县城,5—市区)

当然,对于集中办学的模式,也有部分离镇区或中心小学较近的村民表示支持,认为分散办学很难保证教学质量,与其建设一个村内的教育质量很差的小学,不如把钱花在提供校车上面送孩子去中心小学。基于以上讨论可以看出,对普通村民而言,就近入学是他们最为看重的方面,其次是由于集中入学产生的额

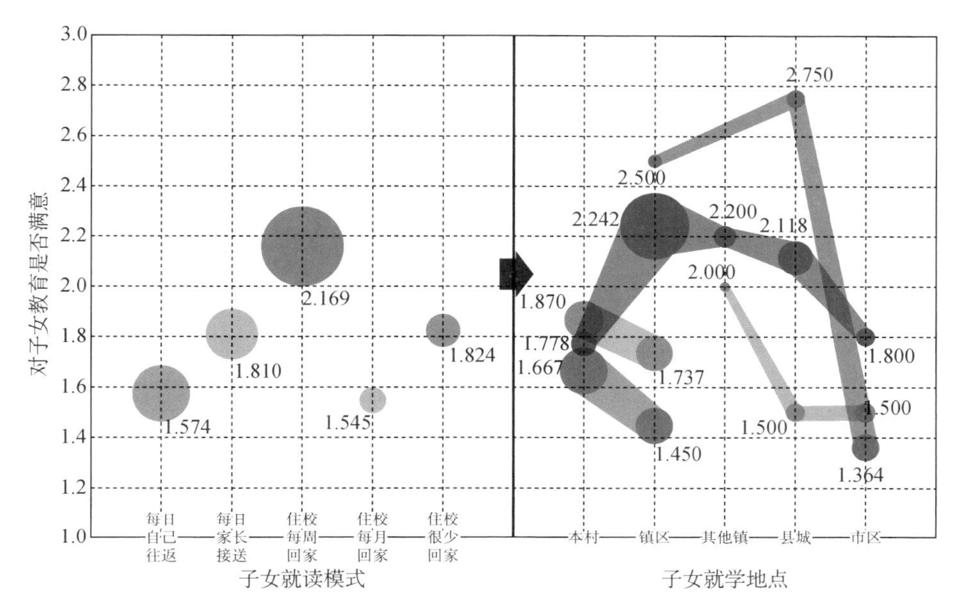


图 4-19　基于满意度的村民子女就学模式与就学地点交叉分析
(端点圆半径代表样本数量;满意度指标:1—满意,2—较满意,3——般,4—较不满意,5—不满意)

外经济成本;而对于外出打工或村内经济条件较好的家庭,教学质量则是他们更为看重的。调查中"您认为本镇(村)的学校最急需改善的是哪方面"的结果符合以上判断:村民 39.11%看重就近入学,选择增加学校数量,缩短与家的距离;还有村民更看重教学质量,26.2%选择提高教师质量,21.03%选择更新教育设施。

综上,提高村民的文化教育水平是提升村庄人文素质、增强村民凝聚力的重要手段。村民自身受教育水平的提升及其子女受教育的模式和家庭因子女教育所需要付出的成本,都会直接影响其综合满意度。教育文化设施对提升教育文化水平至关重要,就近入学和降低上学成本依然是乡村经济基础较差的家庭关注的最主要问题,而教育质量则越来越受到生活水平较高的村民的重视。

# 第5章　村民生活愿景

“生活愿景”,反映了村民对乡村人居环境的个人愿望和乡村的未来发展可能性。生活愿景是一个生活面向问题,对生活愿景进行基本分析将体现人群特征与地区差异。现有关于生活愿景的研究主要针对村民的“城镇化意愿”进行多种层次、不同地区的对比研究,而忽略了村民生活面向的另一个诉求,即乡村人居环境提升和本土吸引价值。本章将着重对村民愿景类问题进行归纳分析,并基于多重指标的复杂性重构综合愿景指数。

受外部影响和内生需求的双重作用,村民逐渐形成自我的“生活愿景”。外部影响主要来源于传统需求延续和客观需要。其中,传统需求延续来自村庄的当地文化传统和保守思想,但当前这一需求正在逐渐减弱,如调查中某些地区的宗祠祖庙建筑因缺乏维护和使用而日渐荒废。而在某些公共设施建设过程中,一些地方传统或保守观念却成为主要的制约因素。比如,修建村道时需要经过村民老宅旧屋,却因为村民对老宅的情感犹在而无法推进。客观需要方面主要体现在人居环境的某些必要性建设相对不足而无法满足村民的生活需要,体现一定的客观必要性。比如,村庄道路硬化程度低导致出行条件差,影响村民的正常生产和生活,村民会积极表达出对道路建设的客观需求。

内生需求根植于村民,可以从主观和客观两方面来理解。主观需求是村民对更好生活或更适合自身生活的主动向往。客观需求是村民基于自身需求或家庭需求而呈现出的综合反映,如家中子女结婚需要新建独立住房等。随着村民生活水平的不断提高,村民的内生需求变得日渐多元且需求层次不断提高,对村民生活愿景的形成作用愈加显著。

基于外部影响和内生需求的不同,村民愿景主要分为两个类型:改善型愿景和目标型愿景。“改善型愿景”主要是村民针对人居环境的具体问题和自身较迫切需要而提出的意愿内容,注重近期改善效果,受外部影响作用较大。“目标型愿景”则更多反映村民对人居环境的综合判断以及对未来生活目标的展望,在一定程度上反映村民对人居环境的认同和对乡村未来发展前景的个人判断，受内生的高层次需求的影响。根据目标的长远性差异，目标型愿景可以进一步分为一层主观意愿和二层主观意愿。

## 5.1　改善型愿景

改善型愿景集中于村民最基础的生活诉求，往往体现在人居环境建设的主要短板上。包括村庄内的公共设施及服务、基础设施、产业经济、村内公共事务等方面。

### 5.1.1　公共服务改善愿景

教育方面，尽管大多数村民对子女就学情况表示满意，但由于乡村教育相对落后，村民对教育条件的改善有很大诉求。其中，云南省村民子女接近一半就学模式为“住校，每周回家一次”，因此“增加学校数量，缩短与家的距离”的需求最高，其次是提高教师质量和更新教学设施。

医疗方面，云南省村镇卫生院满意度稍落后于全国平均水平，但村民对其改善需求是共同的，如更新医疗设备是最大诉求，提高医师水平、改善镇卫生院交通可达性也占较大比例。云南乡村老人生活有一定的困难，其中看病问题最为突出，所占比例高达 41.6%，远高于全国 480 个村的平均水平(24.06%)(图 5-1)。

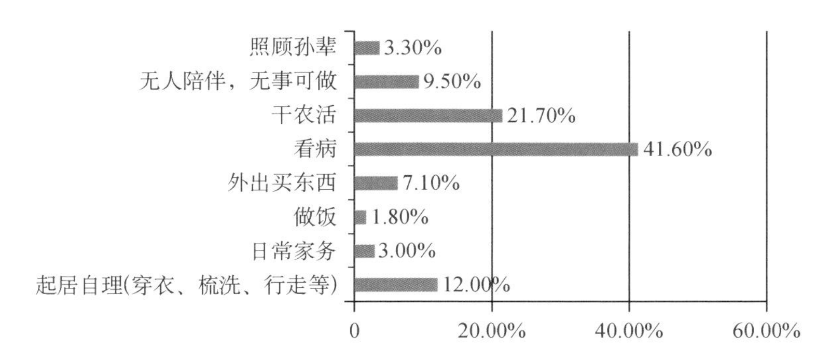


图 5-1　乡村老人生活中最困难的事

养老服务方面，与全国调研情况相似，大多数村庄没有社区养老服务，村里老人几乎没有听说过“支援帮助老年人”的组织，但是如果村里组织村民养老互助，60%村民表示愿意参加。由此看来，调动老年人积极互助有利于老年人的农业劳作和心理改善，老年人看病问题需要通过加强医疗设施建设和提升医疗服务水平来改善。

总之，从三阶人居类型的横向比较来看，云南省的村民对公共服务设施的需求与宜居度分阶呈较强逻辑相关性，对大多数公共服务设施的需求都满足这一规律。具体体现为：越是低阶人居环境类型村民，对主要公共服务设施的改善需求就越强烈；而越是高阶人居类型的村民，对更体现生活质量的休闲类公共空间的诉求越强烈（图 5-2），这也说明宜居度的提升会对人们的高层次需求产生一定的影响，村民不仅仅满足于基本的生活服务功能。

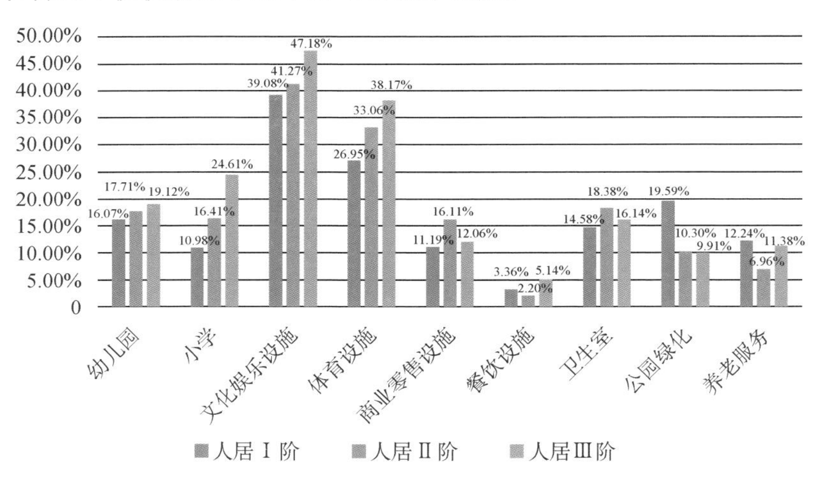


图 5-2　各阶人居类型村民对公共设施的改善需求度比较

另外，高阶和低阶的人居类型村庄的村民对于养老设施的改善需求也高于总体平均水平，一方面反映出高阶人居环境类型的村民对社会养老服务理念的认同和养老观念的更新，如Ⅰ阶人居类型中 70%村民愿意参加“养老互助”，高于 40 村平均水平（46%）；另一方面也反映出低阶人居环境水平村民的养老条件及配套设施亟须改善。从各阶乡村人居类型对养老金的满意度来看，Ⅲ阶人居类型村庄的村民对目前养老金的满意度最低，76. 7%表示“太少，须靠子女或其他来源补贴”，高于 40 村平均水平（60%）。

从各类公共服务设施的改善需求来看，对“文化娱乐设施”和“体育设施”的需求大幅高于其他公共服务类型，反映出云南省乡村社会对文化休闲生活的需求日益增强，需在今后的公共服务建设中进一步加强。

## 5.1.2 基础设施改善愿景

村民对半数以上基础设施的需求度与人居类型阶梯基本呈逻辑相关性，即越是低阶人居环境类型的村民，对必需性市政设施改善的需求就越强烈，主要包括环卫、道路、给水、燃气、防灾等基础设施。而对于雨水和污水处理设施，越是高阶类型村庄的村民对此类设施建设的诉求就越高(图5-3，表5-1)。

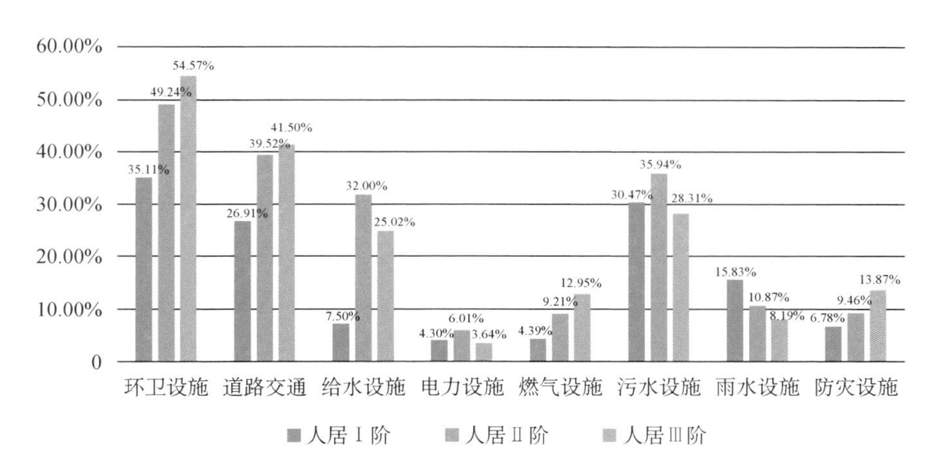


图5-3 各阶人居类型村民对基础市政设施的改善需求度比较

表5-1 “您认为下列设施用地对村庄是否必要”各阶人居类型需求度比较

| 乡村人居类型 | 绿化与公园 | 路灯设施 | 垃圾收集和保洁设施 |
|---|---|---|---|
| Ⅰ阶人居类型 | 78.15% | 94.17% | 100% |
| Ⅱ阶人居类型 | 54.04% | 88.38% | 96.56% |
| Ⅲ阶人居类型 | 75.91% | 88.30% | 97.38% |
| 总体 | 65.43% | 89.80% | 97.62% |

在所有设施的建设中，环卫、交通、污水处理设施分列需求度的前三位，且显著高于其他需求类型。这也与云南调研中反映出的环境污染问题一致，即调研的40村中，42.5%的村庄没有垃圾收集设施和处理方式，在具有垃圾集中收集

点的村庄中，居民的使用情况也不容乐观，大多数村民并未养成集中收集垃圾的习惯，随抛现象依然十分普遍，垃圾收集设施成为村口摆设。未来应在全省乡村建设中加强垃圾收集设施建设力度的同时，进一步提高村民卫生文明意识。相比垃圾收集，缺乏污水处理设施的问题则更为严峻，80%的被调研村庄没有任何污水处理设施，调研过程中发现很多村子的取水口就位于上游村庄的排污口，直接构成村内居民的健康隐患。

以上分析可以看出，乡村基础设施的建设任重而道远，在提高环卫、污水处理等环境设施建设水平的同时，依然需要增强村民的主观认识，培养村民的文明习惯。

### 5.1.3 经济改善愿景

调研发现，云南省有很多村庄以农家乐等形式发展休闲旅游业。但是，只有1/3 村民认为自己的村子有潜力开发农家乐，超过 2/3 的村民表示支持并且愿意参与经营农家乐、民宿来增加经济收入。这说明村民的主观经营意愿强烈，但需要能人带动。

各阶人居类型村庄对休闲农业开发的意愿则往往呈现出一种矛盾的态势（图 5-4）。即认为最有潜力开发休闲农业的村庄，村民经营意愿却是最低的；而自认为开发潜力较低的村民反而更愿意经营。反映出不同发展阶段的村庄产业经济诉求的差异，有潜力开发的村庄各方面条件都较好，村民并不需要依靠经营农家

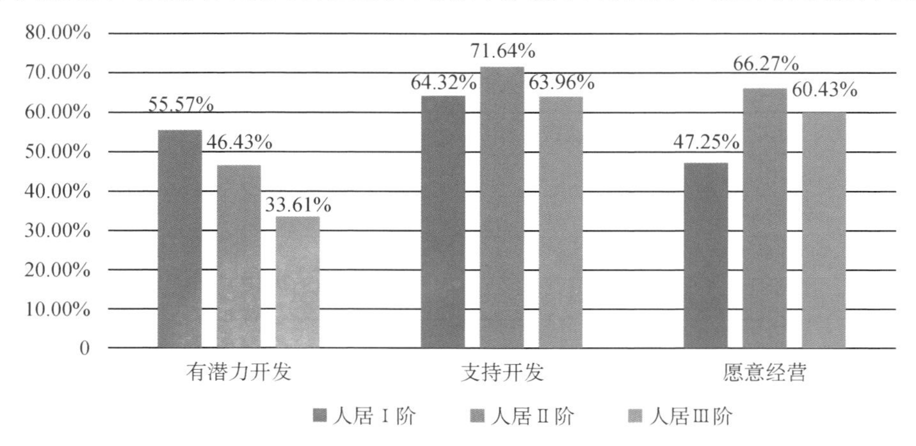

图 5-4 各阶人居类型村民对休闲农业、农家乐产业开发的态度比较

乐来获得更大的利益;而条件较差的村庄村民缺乏获得更大利益的条件和手段,往往将希望寄托于开发休闲农业来提高生活水平。这种矛盾体现了村庄发展条件和发展意愿的不匹配,需要寻求新的开发模式以适配不同发展阶段的村庄。

### 5.1.4　村民参与意愿

村庄是我国社会经济组织基本单元,也是一级自治单元,除了上级政府的财政支持和统一规划建设外,村民自发参与村内人居环境建设也是重要的改善手段。从村民对于村庄建设的反馈看来,近80%的受访村民非常关心或比较关心村落景观,并且达96%的村民表示如果政府给予一定支持,他们也非常愿意参与美丽乡村建设(图5-5)。在具体参与的活动类型方面,62.1%的村民曾参与过各种类型的村落景观维护工作。可见村民对于参与美丽乡村建设和村内日常事务还是具有一定积极性的,并且有希望通过调动村民积极性,使村民参与村庄建设。

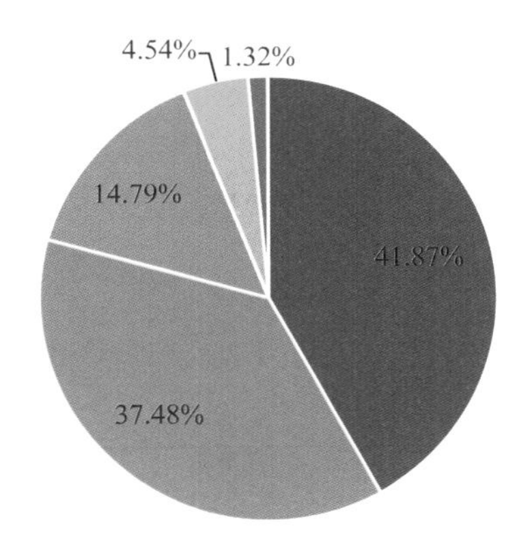


图5-5　村民是否关心村落景观

综合以上分析可以看出,云南省乡村人居环境在改善型愿景方面,既存在共性,也存在一定差异性。首先,从共性来看,对村庄环境卫生、交通可达性和日常文化娱乐设施的改善型愿景是最迫切的,具体包括环卫、污水处理和道路交通设施,以及公共服务设施中的文化娱乐和体育设施,这也反映出村民最在乎的村庄基本功能与当前建设供给之间存在较大落差。其次,从人居三阶的差异性来看,人居环境水平越高的村庄，对于基础设施和公共设施的迫切度相对较低，但对于反映生活质量的方面表现出更强烈的需求，包括公园绿地等公共空间、雨/污水处理设施的建设及社会养老需求等。

## 5.2 目标型愿景

### 5.2.1 总体特征

目标型愿景，主要体现在村民对理想居住地选择的差异化倾向。统计显示，有近 2/3 村民选择了乡村作为理想居住地(图 5-6)，但是也有约 28%的村民选择了县及县以上等级的城市，相较于全国 480 个村的平均水平(20.95%)而言，县城及以上等级的县、市对云南省村民是更有吸引力的。在后续问题上，村民综合考虑各种因素后，只有 9.41%的村民有迁出打算。不愿意迁出的主要原因是城里消费水平高和买不起房子，不习惯城镇生活和城里工作不好找也是主要的阻碍因素(图 5-7)。可见经济条件和生活习惯是农民选择理想居

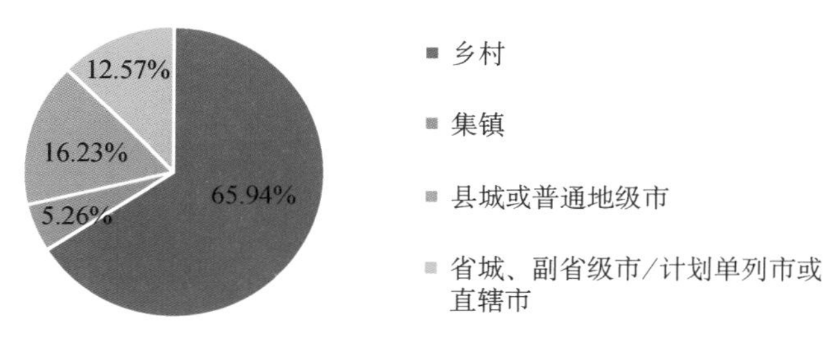

图 5-6 村民的理想生活地

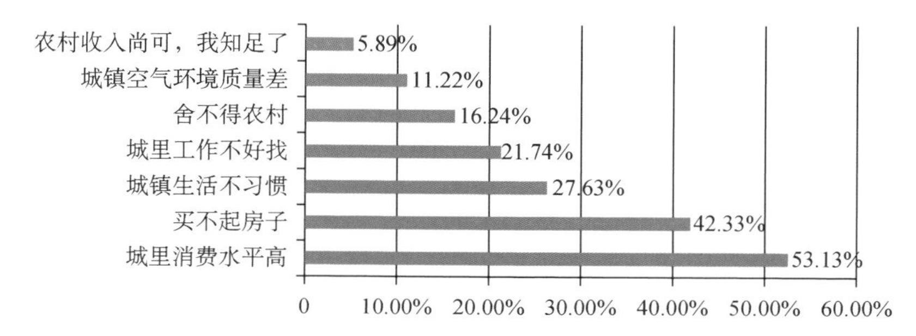

图 5-7 村民不迁出农村的原因

住地的重要参考。选择迁出的村民看重的主要是城市设施完善、生活便利，以及城市工作机会多、收入高（图 5-8），也有相当部分村民从子女受教育方面考虑，打算迁出农村。

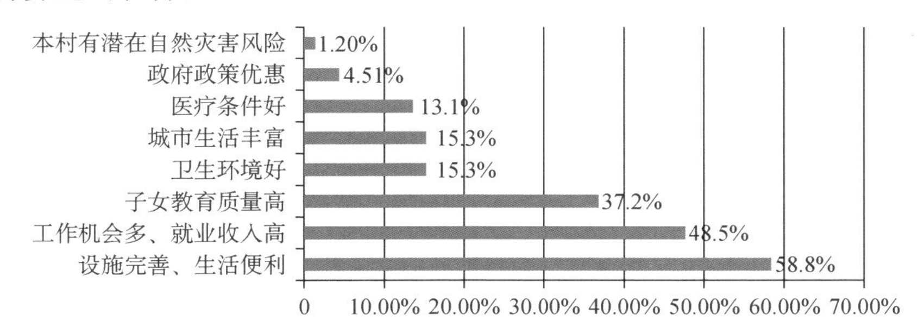


图 5-8　村民选择城市的原因

调研中的云南省 40 个村村民和全国 480 个村的村民对于乡村生活的认同基本相似，约 80%受访村民打算一辈子留在农村。在只给了村民“城市”和“镇”两个选项的情况下，66%选择城市（高于全国平均值 6 个百分点），34%选择镇（低于全国平均值 6 个百分点）。

但是，过半数村民希望下一代在省城、副省级市/计划单列市或直辖市生活，28.19%的村民希望子女在县城、县级市或集镇生活，只有 13.29%的人希望下一代在乡村生活（图 5-9）。可见，村民内心里是更加认可城市生活的，也因此寄希望于下一代。

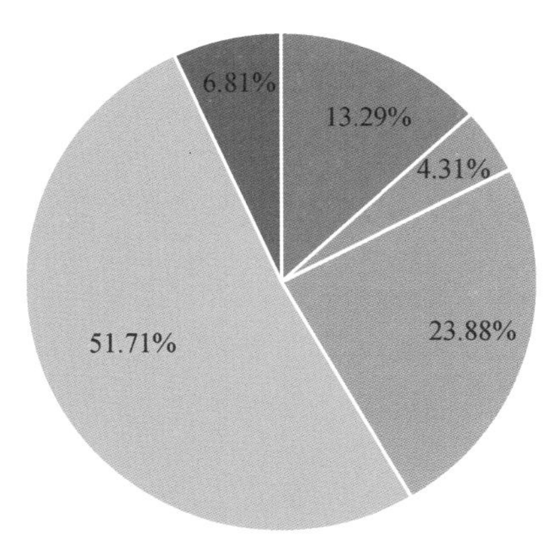


图 5-9　村民希望下一代生活的地点

## 5.2.2 类型差异

目标型愿景可以进一步分为一层主观意愿和二层主观意愿。我们把与村民未来生活愿景相关的4个问题分为两个层次的主观意愿：一层主观意愿反映村民最直接的主观判断，包括"农村是否是您的理想居住地？"（以"是"答案作为基准计算比例）；二层主观意愿反映在一定给定条件下的二次判断，包括"考虑现实生活条件，您是否有迁出本村到城镇定居的打算？"（以"是"答案作为基准计算比例）、"您打算一辈子在村里生活吗？"（以"愿意"答案作为基准计算比例）、"您希望下一代生活在哪里？"（以"农村"答案为基准计算比例）。

从云南省40村的乡村人居环境建设评价体系的系统层指标和相应满意度的相关性来看，①把乡村作为理想居住地与乡村人居环境建设满意度、生活质量满意度存在显著正相关；②有迁出本村打算的比例与乡村人居环境建设水平及生活质量水平存在显著正相关；③希望下一代继续在乡村生活的意愿强度与生产效率满意度存在显著正相关性；④村民的（本人）乡村居住意愿与人居环境建设水平指数和满意度指数均不存在显著相关性（表5-2）。这反映出村民对于未来的愿景，不同于满意度等一次判断，往往是村民的二次判断，而二次判断的依据往往具有不确定性，因此当前的人居环境建设水平和满意度都不足以支撑其对未来的选择。

对当前生活的感受类似于满意度的第一层主观感受，和人居环境建设水平往往存在显著相关性，如村民对"村里是否比城镇楼房居住更舒服"的答案显示，选"村里更舒服"的比例与综合人居环境和生活质量水平呈显著相关性。

表5-2 目标型愿景与人居环境水平及满意度相关性分析

| 相关指标 | | 一层主观意愿 | 二层主观意愿 | | |
|---|---|---|---|---|---|
| | | 农村是理想居住地 | 有迁出本村的打算 | 一辈子居住农村意愿 | 希望子女继续居住农村意愿 |
| 人居综合 | 指标水平 | 0.154 | 0.382* | -0.245 | 0.228 |
| | 综合满意度 | 0.328* | 0.203 | -0.136 | 0.255 |
| 生态环境 | 指标水平 | 0.059 | 0.300 | -0.168 | 0.200 |
| | 满意度 | 0.060 | 0.063 | -0.094 | 0.121 |

（续表）

| 相关指标 | | 一层主观意愿 | 二层主观意愿 | | |
|---|---|---|---|---|---|
| | | 农村是理想居住地 | 有迁出本村的打算 | 一辈子居住农村意愿 | 希望子女继续居住农村意愿 |
| 生活质量 | 指标水平 | 0.132 | 0.395* | −0.234 | 0.169 |
| | 满意度 | 0.355* | 0.205 | −0.130 | 0.286 |
| 生产效率 | 指标水平 | 0.173 | −0.011 | 0.031 | 0.055 |
| | 满意度 | 0.250 | 0.075 | 0.053 | 0.316* |
| 社会文化 | 指标水平 | 0.083 | 0.253 | −0.182 | 0.137 |
| | 满意度 | 0.301 | 0.243 | −0.220 | 0.100 |

注：** 表示在 0.01 水平(双侧)上显著相关，* 表示在 0.05 水平(双侧)上显著相关。

## 5.3　理想居住地、永居与世居

目标型愿景作为村民对未来生活的预判，很大程度上受到其所在的人居环境建设水平和相应满意度的主导，又不可避免地受到自身主观设想和个人期望的影响。从前述可以看出，四个目标型愿景指标：①理想居住地认同度（“农村是理想居住地”比例）、②迁居意愿（“有迁出本村的打算”比例）、③本人永久居住意愿（“一辈子居住农村意愿”比例）和④下一代居住意愿（“希望子女继续居住农村意愿”比例），与既有乡村人居环境建设水平和满意度的相关性存在差异，比如“一辈子居住农村意愿”所反映的永居性，与乡村人居环境建设水平、各维度水平及满意度均不存在显著关联性。因此，本节将对目标型愿景进行深度数据挖掘和三级指标的相关分析，对村民的理想居住地认同度、离村（迁居）可能性、永居性意愿和后代村居意愿做更加深入的解析（表 5-3）。

表 5-3　与目标型愿景存在显著相关性的人居环境水平三级指标一览

| 相关指标 | | 一层主观意愿 | 二层主观意愿 | | |
|---|---|---|---|---|---|
| | | 农村是理想居住地 | 有迁出本村的打算 | 一辈子居住农村意愿 | 希望子女继续居住农村意愿 |
| 生态环境 | 污水处理设施 | | 0.343*(0.03) | −0.361*(0.022) | 0.369*(0.019) |
| | 垃圾处理设施 | 0.386*(0.014) | | | |

（续表）

| 相关指标 | | 一层主观意愿 | 二层主观意愿 | | |
|---|---|---|---|---|---|
| | | 农村是理想居住地 | 有迁出本村的打算 | 一辈子居住农村意愿 | 希望子女继续居住农村意愿 |
| 生活质量 | 供水设施 | −0.356*(0.024) | | | |
| | 是否90%以上的家庭通电话 | 0.352*(0.026) | | | |
| | 是否通宽带 | 0.354*(0.025) | | | |
| | 路灯建设情况 | | 0.341*(0.031) | −0.321*(0.043) | |
| | 网络安装比例 | | 0.532**(0.000) | −0.404**(0.010) | |
| | 是否水冲厕所 | | 0.483**(0.002) | −0.324*(0.042) | |
| | 房屋外观粉刷 | | | | 0.361*(0.022) |
| | 有无文化体育公共活动场所 | 0.357*(0.024) | | | |
| | 是否有配备有娱乐活动设施 | 0.394*(0.012) | | | |
| | 恩格尔系数 | 0.379*(0.016) | | | |
| 生活质量满意度 | | 0.355*(0.024) | | | |
| 生产效率 | 村中休闲农业和服务业的开发状况 | 0.377*(0.016) | | 0.349*(0.027) | |
| 生产效率满意度 | | 0.316*(0.047) | | | |
| 社会文化 | 与亲友邻里来往关系 | 0.343*(0.030) | −0.313*(0.049) | | |
| 村里居住比城里更舒服比例 | | 0.542**(0.000) | | | |

注：** 表示在 0.01 水平(双侧)上显著相关，* 表示在 0.05 水平(双侧)上显著相关；括号内为显著度。

## 5.3.1 理想居住地认同度

如何建设才符合村民心中的理想家园？

从“农村是否是村民心中的理想居住地”这一问题，我们可以判断高认同度的村庄所具有的一些基本特征，进而大致得出村民心中理想的乡村样貌。

据云南省 40 个村调查数据显示，66%的云南村民选择乡村作为理想居住地，5.26%选择所在乡镇，16.23%选择县城或一般市，12.57%选择省会或其他大城市。根据一般经验认知，乡村人居环境建设水平（包括四个维度）指标越高，村民对"乡村是理想居住地"的认可度应该越高。但从"乡村是理想居住地"比例相关分析来看，该指标与乡村人居环境建设水平及四个维度水平值均不存在相关性。这表明一二级指标收敛性较强，而三级指标内部差异性较大，从而干扰了一二级指标对该愿景问题的解释。因此需要将第三层的 36 个指标与目标型愿景指标进行双变量相关分析，后面三个愿景指标也将采用同样的分析方法。

分析表明，"乡村是理想居住地"分别与生态环境（垃圾处理设施）、生活质量（电话、村内宽带、文化体育设施、娱乐活动设施、恩格尔系数）、生产效率（休闲农业和服务业发展情况）和社会文化（与亲友邻里来往关系）中的 10 个指标有显著的正相关性。另外，与综合满意度、生活质量满意度和生产效率满意度呈显著正相关，并与选择"村里居住比城里更舒服"的比例呈显著正相关，表明了村民的人居满意度、舒适感和理想居住地认可度三者是高度统一的（图 5-10）。

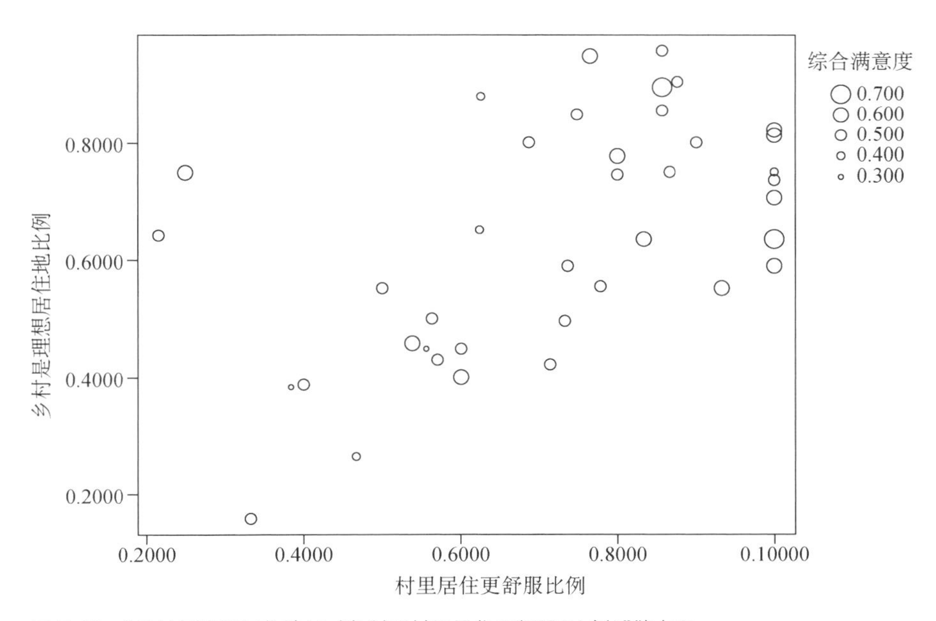


图 5-10　"乡村是理想居住地（比例）"与"村里居住更舒服（比例）"散点图

显然，村民对乡村理想性定义的理解有所侧重，并非面面俱到，他们更看重的是：①村庄的公共生活环境和服务配套设施，而并不是居住面积、建筑质量和外立面粉刷等自家居住指标；②产业的发展水平，这会带来更好的就业和生活环境；③友好的社会关系和人际网络，这也是乡村最基本的运行基础。

综上，村庄的“外部生活环境”是村民对乡村理想居住地的基本判断依据，外部生活环境包括了公共服务设施、非农产业发展和就业、社会人际关系三个方面，而绝非住房建设和农业生产。

另外，一个值得关注的结果是：“农村是理想居住地”与“供水设施”呈显著负相关性。即供水设施越采用集中供水的村庄，其理想居住地的认同度越低。根据云南官方公布数据，2016 年，全省完成 286.5 万乡村人口饮水安全巩固提升任务，乡村集中供水率达 83.5%，自来水普及率达到 78%，成绩斐然。从 40 村调查来看，32.5%的村庄通过城镇集中供水，37.5%的村庄自建村内集中供水设施，还有 30%的村庄没有统一供水设施，集中供水率为 70%，略低于 2017 年全省公布的数据。从云南乡村饮水工程的特点来看：一是集中式供水工程以小规模工程为主导，二是饮水工程水质达标率普遍偏低。集中式饮水工程水处理设施配备率为 8.2%，消毒设备完善率为 8.3%，造成集中式饮水工程水质达标率偏低，水质不安全影响面大（朱武等，2016）。

本次调研中，部分村庄也反映出集中供水的水质问题，对当地居民健康造成负面影响。如本次调查的剥隘镇者宁村（属于人居环境Ⅱ阶）下辖的自然村——索乌移民新村（图 5-11），是一个位于驮娘江支流那马河中游东岸的壮族村，由于当地富宁水库建设，被集体迁移至高地势区域进行整村建设，村庄设施较完善，住宅质量较好，村内有小型集中供水设施，但村民表示，新村的集中供水系统取水口刚好位于上游村庄的排污口附近，导致水源污染，且缺乏有效水质净化消毒设施，使得近些年村内患肠胃疾病人数明显增加。因此，与村民生活和健康息息相关的给水设施，如果建设质量不到位，会直接影响到村民的理想居住地认可度。

(a) 搬迁前老村

(b) 搬迁后新村

图 5-11 云南省文山州富宁县剥隘镇者宁村索乌移民新村整体迁建前后对比

## 5.3.2 离村(迁居)可能性

村庄生活条件好了，村民就不会外出了吗?

一般来讲，由于我国城乡二元差异的存在，绝大多数村民迁居的主要方向是各级城镇，从而实现居住或户籍城镇化过程。村民城镇化的过程是个人生活水平提升的过程，但往往也伴随着村庄的空心化，继而使村庄步入老龄化。常住人口减少，社会问题和设施建设矛盾突出，乡村建设和村庄发展的动力日益匮乏。因此，了解村民离村迁居的意愿和原因，有助于改善当前村庄的发展困境。

调研显示，9.4%的村民有迁出村庄的打算。从各村庄差异来看，村民迁居意愿的强度与乡村人居环境建设水平、生活质量水平呈显著正相关性，即村庄的乡村人居环境建设水平、尤其是生活质量水平越高，村民的迁居可能性越大。通过进一步对36个三级指标相关分析可以看出，村民迁居意愿的强度与网络安装比例、水冲厕所、污水处理设施、路灯建设情况等呈显著正相关性，而与亲友邻里来往关系呈显著负相关性。其中，网络安装比例和水冲厕所比例两项指标的显著度最高。通过对网络安装比例和水冲厕所指标的分析可以看出，这两项指标都是乡村地区高水平的居住特征，代表了较优越的家庭生活条件，两项指标都较高的村庄，其“镇区或县城有房比例”也越高，呈显著正相关。即居住水平越高的乡村家庭，其外地购房行为越普遍，离村迁居的可能性也越高。在有迁居意愿的村民中，来自人居Ⅲ阶类型村庄的村民仅占7.69%，这也意味着有迁居意愿的村民主要来自人居环境建设水平和满意度较高或中等的村庄。

另外，除了网络信息可以扩展村民的视野以外，文化教育水平的提高也会进一步拓展村民的择居范围并促使村民追求更高的生活标准，进而影响迁居意愿。从村民的迁居意愿与平均文化程度的关系来看，有迁居意愿村民的受教育水平(初中学历左右)明显高于没有迁居意愿的村民(小学学历左右)。并且可以看出，受教育水平较高人群随着受教育水平的提升，对村庄生活的满意度整体呈现下降态势；而受教育水平较低人群则随着自身受教育水平的提升，满意度明显增加(图5-12)。这在一定程度上反映了初中文化人群和小学文化人群在村民满意度上的不同取向标准，更高的生活标准也导致其迁居意愿更加明显。

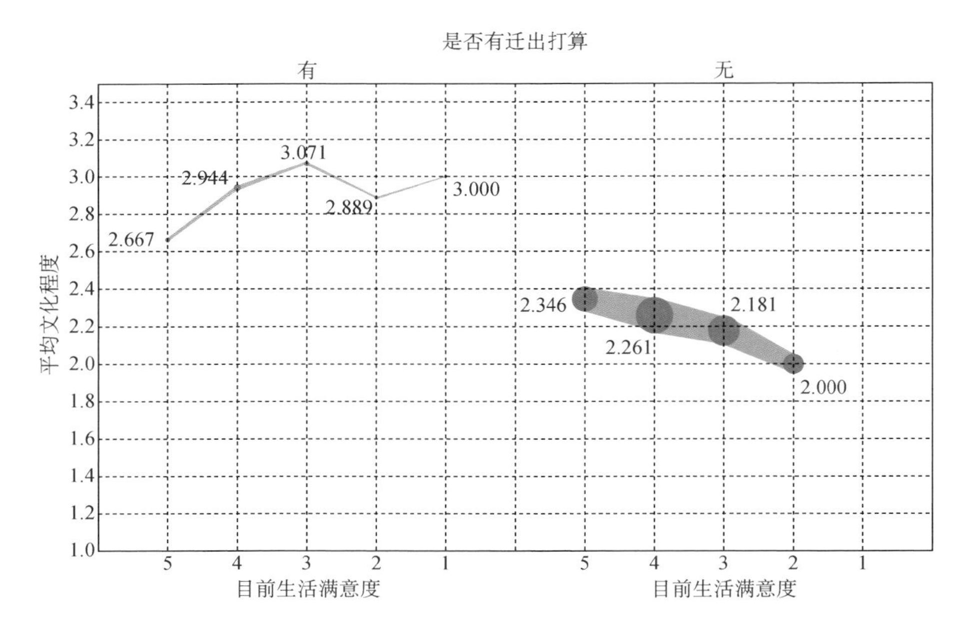


图 5-12 基于村民个体问卷的迁移意愿与村民平均文化程度、村庄主要满意度关系图
(端点圆半径代表样本数量;满意度指标:1—满意,2—较满意,3——般,4—较不满意,5—不满意;
平均文化程度:1.0—小学以下,2.0—小学,3.0—初中,4.0—高中及中专,5.0—本科及大专)

显然,从居住条件和公共服务设施角度,城乡之间存在的差距短期内难以改变。当村庄达到一定的生活水准后,村民并非止步不前,在网络信息丰富和受教育程度满足的情况下,有机会的村民也会尝试追求更好的生活,选择城市作为自己的理想居住地。在有迁居意愿的村民样本中,49.2%的理想居住地是"县城/一般城市",29.2%选择省会/其他大城市,仅13.8%的村民还认为理想居住地是乡村。在他们的迁居原因中(多选),最主要的三个选择是"设施完善、生活便利"(58.46%),"工作机会多、就业收入高"(47.69%)和"子女教育质量高"(36.92%),即村民的迁居动机集中于更好的生活条件、更好的经济收入和更好的下一代教育发展。

除去4个正相关因素外,唯一会降低村民迁居可能性的指标是"与亲友邻里来往关系",即所有正相关因素和迁居动机都是城乡比较中村庄的短板和相对劣势,唯有熟悉的乡土社会关系和人际关系才是无可替代的,这也是未来美丽乡村建设中应重点营造的乡村引力。当然,生产效率类指标没有显示任何相关性,也并非意味着乡村就业完全没有吸引力。随着近年来乡村振兴战略的深入推进和城市产业升级对低收入人群的成本挤压,乡村日益丰富的产业发展空间和就业机会，对常年在外地打工村民的吸引力不断增加，回流村民开始增多。在不选择迁居的原因中（多选），最主要的前 4 个选择是“城里工作不好找”（52.56%）、“城镇生活不习惯”（42.01%）、“城镇空气环境质量差”（26.36%）和“城里消费水平高”（16.29%）。这也一定程度上反映了乡村与城市相比在熟人生活文化、生态环境、低生活成本上的突出优势。

综上，乡村人居环境的综合改善，在一定程度上也为村民进一步通过城镇化来提高生活质量准备了物质基础。在城乡的差距现实面前，村民们会更加向往（大）城市的生活、高工资的收入和子女的美好未来，这些都是当下村庄所难以提供的。但乡村固有的自然环境、人情社会和风土文化却是村民永远的精神依托，也是很多村民不适应城市生活和不愿迁居的主要原因。未来乡村产业的繁荣发展与否，将成为留住村民的重要因素之一。

### 5.3.3　永居性意愿

村居一辈子，真的有这个信心？

由于村民迁居的前提是“考虑到现实生活条件”，即村民会结合自身现实经济实力和家庭情况，考虑自身一定时间内改变现实生活条件的可行性：在有迁居意愿的村民中，62.2%认为会在 10 年内实现迁居。这期间，一定程度上存在多种可能，包括不放弃乡村户籍的城村两地生活、彻底户籍城镇化等，反映了村民向市民的不同程度的转变，这是城镇化的重要实现过程；而“永居性”则是无约束条件下村民一辈子的生活选择和身份认可，在一定程度上是永远保持乡村户籍身份，永远居住于乡村，当然并非仅以农业生产为生活来源，对永居性的选择更需要对当地生活和未来发展有更坚定的信心。从迁居比例与永居比例的比较来看，村民的永居比例会低于（有条件的话）不迁居比例（90.6%）。云南省 40 个村的调研数据显示，80.8%的村民表示“打算一辈子在农村”。

从各村庄差异来看，村民永居性意愿的强度与乡村人居环境建设水平及满意度均不存在显著相关性，即村民的永居意愿并不简单取决于人居环境建设水平和满意度，这与迁居意愿有所不同。进一步对 36 个三级指标相关分析显示，村民的永居意愿强度与网络安装比例、水冲厕所、污水处理设施、路灯建设情况等呈显著负相关性，与迁居意愿有类似的相关特征，即以上四个指标的提升，会显著增加村民的迁居意愿、降低村民的永居意愿，其中网络安装比例指标的相关性最为显著。

除去4个负相关因素外，唯一与村民永居意愿呈正相关的是生产效率维度的“村中休闲农业和服务业的开发状况”，即村内的产业发展水平会大大提升村民的永居意愿。这表明工作与收入依然是村民的生活之源，也是选择继续村居或实现更好生活选择的基本前提。由于永居性对村民来讲是一个相对模糊而难以精确判断的意愿，是一个综合影响过程，单一的双指标相关性难以完整呈现关联因素。

为更好地挖掘潜在的影响因素和提高解释性，研究又对36个指标进行了多元线性回归分析(表5-4～表5-6)。结果显示，除了既有的网络安装比例和产业发展的影响外，村民永居意愿还与“村内能人的带动作用”和“常住/户籍人口比例”呈显著正相关，并与“所在县/县级市人均GDP”呈显著负相关。这表明，村民的永居意愿取决于村庄自身的经济产业发展水平，其中村内能人的作用不可忽视，而所在县市作为外部因素，其经济水平越高，对村民产生城镇化吸引力越强，从而降低乡村永居性。

表5-4 村民永居性意愿的多元线性回归模型汇总

| $R$ | $R^2$ | 调整 $R^2$ | 标准估计的误差 |
|---|---|---|---|
| 0.772 | 0.596 | 0.537 | 0.1366 |

表5-5 村民永居性意愿的多元线性回归模型方差分析

| 线性参数 | 平方和 | 自由度 *df* | 均方 *MS* | *F* | Sig. |
|---|---|---|---|---|---|
| 回归 | 0.884 | 5 | 0.177 | 9.474 | 0.000 |
| 残差 | 0.635 | 34 | 0.019 | | |
| 总计 | 1.519 | 39 | | | |

表5-6 村民永居性意愿的多元线性回归模型参数

| 自变量 | 系数值 | 系数标准误差 | 标准系数 | *t* | Sig. |
|---|---|---|---|---|---|
| (常量) | 0.880 | 0.071 | | 12.369 | 0 |
| 网络安装比例 | −0.089 | 0.018 | −0.635 | −4.840 | 0 |
| 村中休闲农业和服务业开发状况 | 0.056 | 0.013 | 0.473 | 4.231 | 0 |
| 所在县/县级市人均GDP | −0.153 | 0.057 | −0.297 | −2.687 | 0.011 |
| 村内能人的带动作用 | 0.085 | 0.030 | 0.313 | 2.847 | 0.007 |
| 常住/户籍人口比例 | 0.033 | 0.013 | 0.332 | 2.527 | 0.016 |

对于不愿一辈子居住在乡村的村民，城市吸引力的最主要的三个原因是“设施完善、生活便利”(30.49%)、“工作机会多、就业收入高”(25.61%)和“子女教育质量高”(17.07%)。这一结果与有迁居意愿村民的回答高度一致，即他们都会考虑更好生活水平、工作收入和下一代的发展。而对于愿意永居在乡村的村民来说，愿意永居最主要的四个原因是“城里消费水平高”(25.29%)、“买不起房子”(25.29%)、“城镇生活不习惯”(13.66%)和“我舍不得农村”(13.66%)。可以看出，生活成本低是村民选择村庄永居的最主要原因，也是放弃城镇化想法的最主要障碍[①]。基于两方面意愿的主要原因，可以认为，当乡村能够提供与城市相近的收入和就业机会，并对应更低的生活成本时，本地村民的永居意愿必然相应增强。

综上，从云南的情况看，人居环境建设水平和满意度的提升，不会必然导致村民永居可能性的增加。反而在一定程度上，包括网络安装率、水冲厕所等在内的家庭生活水平指标提升的同时会降低村民的永居意愿，这在一定程度上与村民的迁居性存在高度相似。当然，由于城乡就业机会和生活成本的差异，要留住村民并提高他们的永居意愿，还是需要产业留人。通过发展乡村特色产业，并借助村内的能人效应，实现地方经济和个人生活水平的全面提升。毕竟，村民只有能够“乐业”后，方能考虑永久性“安居”。

### 5.3.4　后代世居意愿

村民的“永居”意愿是否能代表下一代的“世居”？

与村民的永居性相比，下一代的世居问题成为困扰乡村永续发展的核心问题。是否可以从 80.8%的永居意愿比例推断下一代的世居意愿也不低？从云南

---

① 住房/购房成本依然是进城务工的村民在城市定居的最大生活压力，也是很多进城务工的村民家庭返乡生活的主要原因之一。根据国家统计局对进城务工的村民调查的数据：2014 年全国 1.7 亿外出进城务工的村民中，从家庭迁徙看，举家外出的占 20%，一人外出的占 80%；从就业城镇看，外出村民的 30.5%在直辖市或省会，在地级市的占 34.2%，在小城镇的占 34.9%；从收入来看，进城务工的村民平均收入为 2 864 元。根据不同区域和级别城市房价的估算，全迁村民家庭在地级市、县级市和中心镇的房价收入比分别为 1∶6.75、1∶3.75、1∶1.5；单迁家庭在地级市、县级市和中心镇的房价收入比分别为 1∶12.5、1∶6.75、1∶3.75。按照国际上认同的房价收入比 1∶2～6 的合理区间，可以看出：全迁和单迁家庭在省会以上城市购房，可支付能力均超出合理区间，单迁家庭在地级城市购房可支付能力超出合理区间。进城务工的村民在地级以下的县城和小城镇基本具备住房可支付能力（倪鹏飞：村民工市民化与化解房地产库存，刊载于《经济日报》2015-12-21）。

40 村的调研来看，第一代进城务工人员的回流现象已经出现，但村内年轻人仍然向往城市，并且能够更好地融入城市生活，他们返乡的可能性在一定程度上会弱于父辈。本次调研没有针对村民下一代进行直接访谈，而是通过村民自己对下一代的期望来反映未来的乡村世居趋势。调研中的云南 40 个村数据显示，仅 14.26％的村民表示希望子女生活在乡村。

从各村庄差异来看，“希望子女继续居住农村意愿”比例仅与“生产效率满意度”“污水处理设施”“房屋外观粉刷比例”三个指标呈显著正相关，三个指标的内涵差异较大，难以形成综合解释性。这在一定程度上也反映出村民对下一代的居住意愿，比村民自己的永居意愿更复杂，涉及的可能因素更多，现有指标体系难以完整反映。

由于涉及隔代居住意愿，因此有必要对代际或年龄差异的村民居住意愿进行比较分析，探寻可能的趋势。首先，从村民的永居意愿和希望下一代的居住意愿情况比较来看，村民自己更倾向于永居乡村，而对下一代则更倾向于“省城副省级市/计划单列市及直辖市”或“县城/一般城市”，交叉表显示，村民选择“农村”而希望下一代选择“省城副省级市/计划单列市或直辖市”的比例最高，达到总村民样本的 34％，占“永居(农村)”村民人群的 55％。隔代居住意愿差异也印证了世居性的难度远高于村民自身的永居性(图 5-13)。

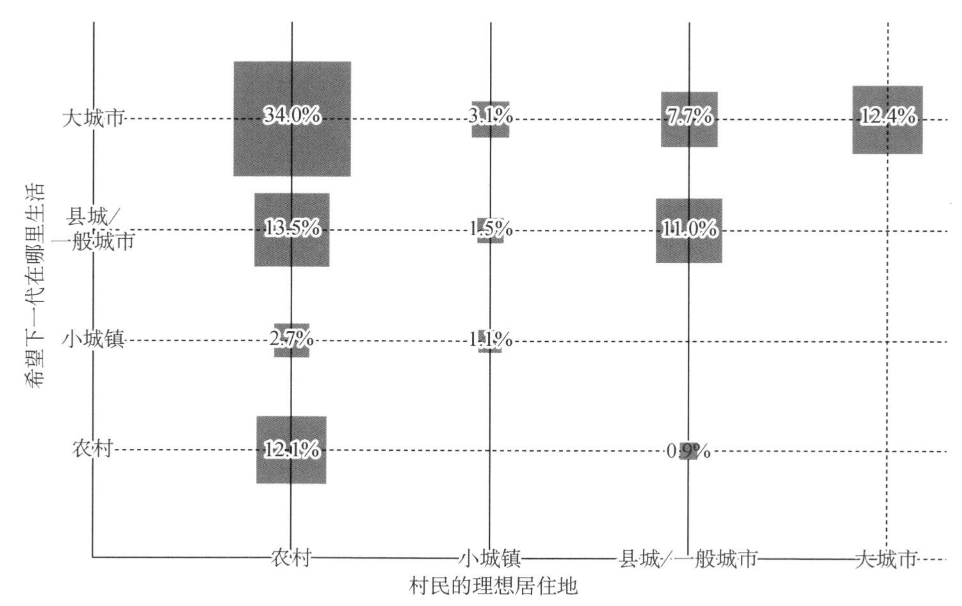

图 5-13　村民的理想居住地与希望下一代居住地比较

图 5-14 和图 5-15 显示，在本村居住时间越长，对村庄的认同度越高。通过对村民的年龄划分，可以发现：

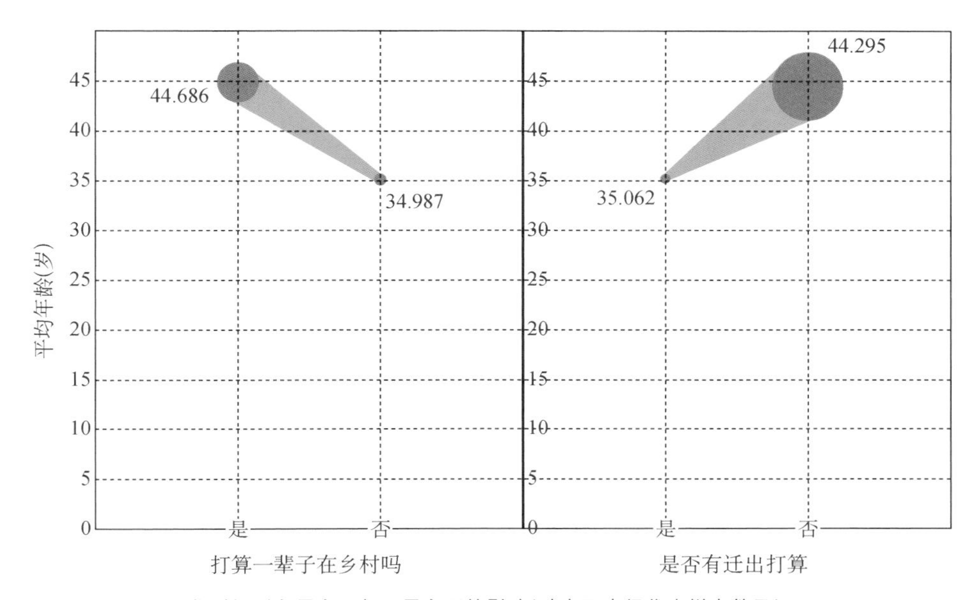


图 5-14　不同居住时间对永居意愿与迁居意愿的影响(端点圆半径代表样本数量)

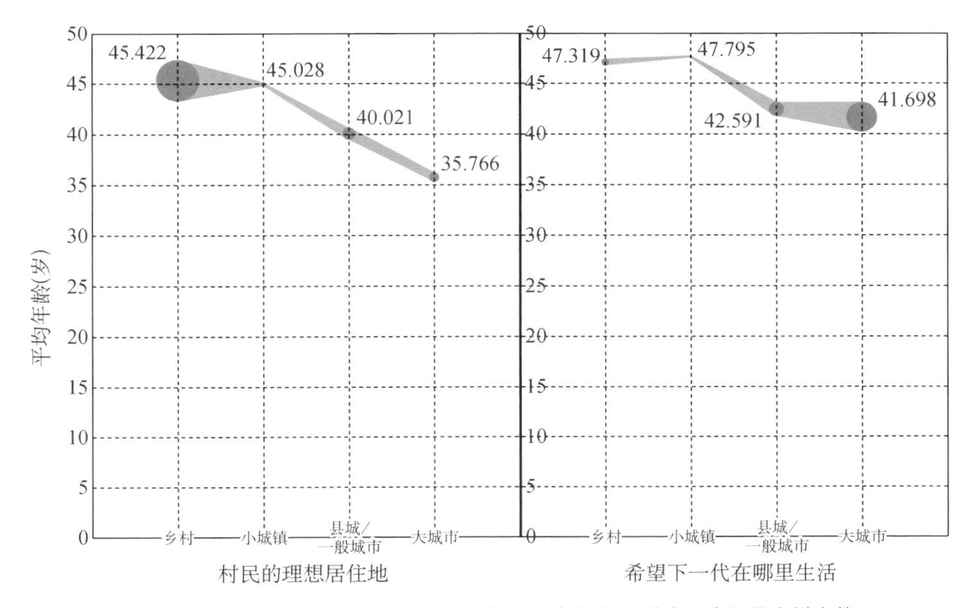


图 5-15　不同居住时间对村民自己及其希望下一代居住地的影响(端点圆半径代表样本数量)

① 有永居意愿的村民平均年龄约为 44.7 岁，而没有永居意愿的村民平均年龄约为 35.0 岁；有迁居意愿村民的平均年龄约为 35.1 岁，没有迁居意愿的村民平均年龄约为 44.3 岁。可以看出，村民越年轻，越可能有迁居打算，永居可能性也越低。

② 在村民理想居住地选择方面，选择“乡村”的平均年龄约为 45.4 岁，选择“小城镇”的约为 45 岁，选择“县城/一般城市”约为 40 岁，选择“省城、副省级市/计划单列市或直辖市”的约为 35.7 岁；在下一代的居住地意愿中，选择“乡村”的平均年龄约为 47.3 岁，选择“小城镇”的约为 47.8 岁，选择“县城/一般城市”约为 42.6 岁，选择“省城、副省级市/计划单列市或直辖市”的约为 41.7 岁。因此，村民越年轻，越向往较大城市生活，也越希望子女能前往较大城市生活。

综上，村民的永居意愿无法有效传递出下一代的世居意愿。而且随着时间的推移，越年轻的村民越倾向迁居，放弃永居意愿，(村民)永居与(下一代)世居都选择乡村的村民仅占总样本数的 12.1%。小城镇吸引力弱，而且在对下一代居住地的期望上，即使年长的村民也倾向于更大的城市。在我国进入城镇化下半场的新时期，不能忽视推进乡村振兴和培养下一代乡村建设者的重要意义，更不能以乡村的衰退为代价推动城镇化。如何解决代际永居性问题，避免任由乡村地区走向人口持续流失的衰败之路，也是乡村持续发展的一大难题。

### 5.3.5 实现机制

#### 1) 趋向外部生活环境质量的诉求：从“满意度”到“理想居住地”

对理想居住地的选择，可以反映居民心中最符合自身条件与需求的居住地类型。云南调研村庄中，66%的村民认同“乡村”是他们的“理想居住地”，反映了乡村依然是大多数村民更认同的人居环境，也说明满意度(以及舒适度)和村民的理想居住地认可程度高度统一。

从一层主观意愿的相关因素来看，村民对“理想居住地”的判断结果与所在村庄的综合满意度及生活质量满意度存在显著相关性，即村民的综合满意度及生活质量满意度越高，村民对乡村是其理想居住地的认可度就越高。这也反映出村民对一层主观意愿的“理想居住地”的判断，更主要是基于其对人居环境的切身体验和相应的满意度水平(图 5-16)。

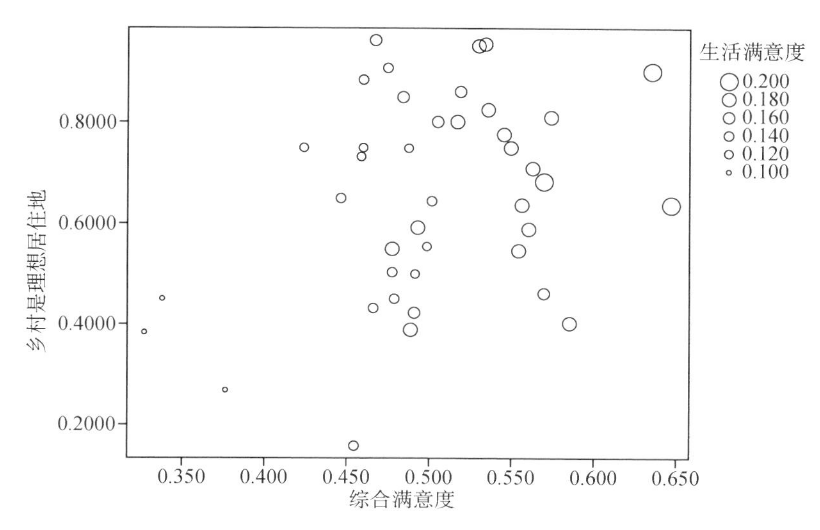


图5-16 “乡村是理想居住地(比例)”与“人居环境建设满意度”散点图

结合前面分析可知,乡村理想居住地的认可程度与乡村人居环境水平无显著相关性,而主要与“外部生活环境”(公共服务设施、非农产业发展和就业、社会人际关系)有显著关联,这也体现了高水平产业发展与生活环境水平的统一性,而非单纯的住房建设和基础农业发展。

### 2) 生活质量升级动机:从“人居环境建设水平”到“迁居意愿”和“永居意愿”

从二层主观意愿的相关因素来看,村民对于“如果考虑现实条件,是否有迁居的意愿”,这个问题很大程度上与所在村庄的乡村人居环境建设水平和生活质量水平密切相关,即人居环境建设和生活质量水平越高的村庄,村民迁居意愿往往也会越强烈。这也反映出迁居意愿往往是在自身生活水平达到一定程度后的改善性愿望,很大程度上也是城乡间与生俱来的二元关系导致的心理向往。

迁居改善意愿往往建立在家庭和个人一定的物质基础、对外界具有一定眼界和认识的基础上。从三级指标相关性可以更加显著地看出,村民“(有)迁居意愿”强度与“住房网络安装比例”呈显著正相关,总体样本中住房的网络安装率仅11.24%,网络安装率较高往往也代表了乡村人居环境水平较高,而网络给村民带来的信息量远非传统交流方式所能比拟,网络信息会让村民更多地了解外面世界的变化和城镇生活的精彩,也促使其产生迁居意愿。相反,很多人居条件较落后的村落，滞后的网络建设也无法带给当地村民更多外界信息，村民改善愿望自然也无从产生(图 5-17)。

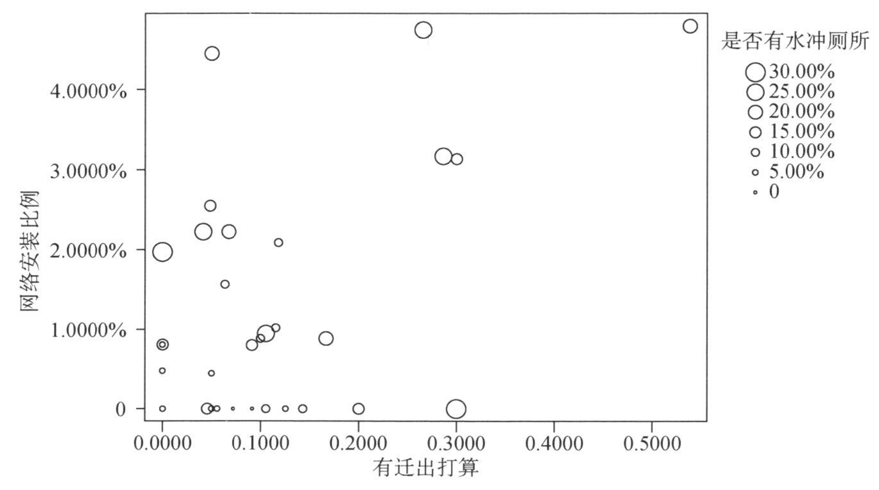


图 5-17　村民的“迁居意愿”强度与“家庭网络安装比例”散点图

迁居意愿和(非)永居意愿具有一定的相似性，如网络安装率、水冲厕所等家庭生活水平指标的提升会降低村民的永居性，同时增加迁居的可能性。另外，迁居和不永居的主要目的体现为三个方面：更好的生活水平、工作收入和后代发展。而与迁居意愿不同的是，乡村人居环境水平的提升，不会必然导致村民永居意愿的提高。城乡的生活成本差距成为很多选择永居村民的最主要考虑因素。出于对中长期居住目标的差异性和迁居成本的考虑，村民的永居意愿比例(80.8%)要低于不迁居意愿比例(90.6%)。

从乡村的可持续发展角度，保持本地村民的长期居住和永居的意愿，是保持村庄发展活力的关键。但生活质量的提升与城乡生活成本的巨大差异，虽不会使很多村民近中期迁居，却直接影响其永居意愿。要给村民永居的信心，就需要在提升人居环境建设的同时，重点培育本地特色产业，以产留人，使村庄能提供与城市相近的收入和就业机会，并对应更低的生活成本。对于近中期有迁居意愿或已迁出的村民，应在本地产业提升的同时，着重村庄文化建设，乡村固有的人情社会和风土文化是村民永远的精神依托，也是很多进城务工村民不适应城市生活和回流的主要原因，“亲朋邻里关系”也是乡村人居环境指标体系中唯一会降低迁居意愿的指标。

### 3）永居向世居演变的代际断层：未来生活愿景的代际差异

二层主观意愿中的“一辈子居住乡村意愿”和“希望子女继续居住乡村意愿”，表现出模糊动因特征，即涉及村民未来的较长远居住意愿，往往与现有村庄的人居环境水平及相应满意度没有明显关联性。只有“希望子女继续居住乡村意愿”与本村的“生产效率满意度”呈显著正相关（图 5-18），即村民对自己是否一辈子在本村居住没有集体趋势和共性特征，而对其子女是否继续居住本村则一定程度上受到本村的经济发展情况的影响，也可以看出村民对子女的未来就业和个人发展更加看重，能有一份理想的工作是绝大多数普通村民对子女最大的期望。从这一角度更说明了村庄产业经济的重要性，它决定了能否留住村庄的未来。

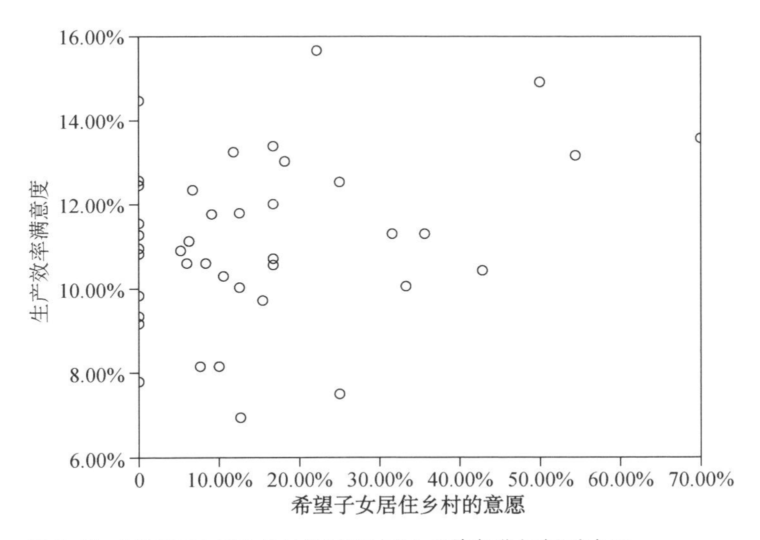


图 5-18　“希望子女居住乡村的意愿”与“生产效率满意度”散点图

从村民对自己和子女两代人的留村意愿来看，代际差异非常显著，即村民更希望自己子女未来能够离开乡村前往城镇。“一辈子居住乡村的意愿”和“希望子女继续居住乡村的意愿”两个指标之间也不存在任何统计意义的相关性。这也反映出村民依然认为城镇生活更适合其子女，能够从各方面给予子女未来更大的发展空间。另外，村民越年轻，迁居、非永居意愿和希望子女去往大城市的意愿越强烈，这也加剧了乡村未来发展的不确定性，即村民的永居性、并能有效传递为下一代的世居趋势正在逐渐减弱。

# 第6章　乡村人居环境建设的地域差异

云南省地域广阔，地理地貌差异大，乡村人居环境的地域差异也很大。本章以全省的县级单元（包括市辖区、县级市与县/自治县）为考察对象，运用主因子分析与聚类分析这两种方法对乡村人居环境建设水平的地域差异进行探讨。所用数据主要来自云南省统计年鉴和住建部农村建设监测数据及与之相关的研究资料。

## 6.1　指标选取及表征分析

### 6.1.1　初始变量的选取

选取20个可以反映云南省乡村人居环境建设水平的变量指标，具体包括2013年度住建部农村建设监测数据中18个变量指标及云南省统计年鉴（2014）中的2个变量指标，具体初始变量指标信息详见附表3-5。截至2013年，云南省全省共计128个县区级统计单元，其中数据缺失单元3个（凤庆县、潞西市和呈贡区），有效县级单元125个。

### 6.1.2　初始变量的统计特征

首先，通过描述性指标对样本进行初步的定量分析。描述性指标由集中趋势指标和离散趋势指标组成。具体包括各样本初始变量的平均值（$x$）、标准差（$\sigma$）和变异系数（$Cv$），其中变异系数（$Cv$）作为复合型特征值，是一个无量纲数，适合比较两个平均值不同的样本离散程度，从而实现不同量纲间的离散比较。

$$Cv = \sigma / x \tag{6-1}$$

通过统计分析软件SPSS19.0，对各输入变量的平均值、标准差和变异系数进行计算，结果见表6-1。

表 6-1　初始变量的描述性指标

| 初始变量 | 平均值 | 标准差 | 变异系数 |
|---|---|---|---|
| 人口密度(人/平方千米) | 86.865 | 76.132 | 0.876 |
| 暂住/户籍(%) | 2.605% | 0.058 | 2.264 |
| 行政村平均人口规模(万人) | 0.254 | 0.099 | 0.388 |
| 600 人以上自然村比例 | 16.602% | 0.158 | 0.955 |
| 集中供水行政村比例 | 65.254% | 0.301 | 0.461 |
| 行政村平均供水管道建设长度(千米) | 4.535 | 3.785 | 0.835 |
| 用水普及率 | 66.599% | 0.303 | 0.455 |
| 行政村平均道路建设长度(千米) | 6.972 | 6.002 | 0.861 |
| 道路硬化率 | 22.611% | 0.234 | 1.034 |
| 行政村平均排水管道长度(千米) | 1.667 | 3.400 | 2.040 |
| 对生活污水处理的行政村比例 | 5.687% | 0.145 | 2.554 |
| 有生活垃圾收集点的行政村比例 | 35.378% | 0.312 | 0.883 |
| 对生活垃圾进行处理的行政村比例 | 20.596% | 0.254 | 1.236 |
| 人均年垃圾清运量(吨) | 0.052 | 0.108 | 2.058 |
| 人均实有住宅建筑面积(平方米) | 35.012 | 9.924 | 0.283 |
| 混合结构以上住宅建面比例 | 30.214% | 0.207 | 0.683 |
| 人均实有公共建筑面积(平方米) | 1.295 | 1.488 | 1.149 |
| 人均实有生产性建筑面积(平方米) | 1.339 | 2.304 | 1.721 |
| 村民人均纯收入(元) | 6 367.840 | 2 029.762 | 0.319 |
| 人均农业总产值(元) | 11 771.491 | 8 706.093 | 0.740 |

变异系数最大(2.554)的变量是“对生活污水处理的行政村比例”,表示该变量的省域空间分异程度最大,说明污水处理设施依然存在严重的地域不平衡性;而变异系数最小(0.283)的变量是“人均实有住宅建筑面积”,表示该变量的地域空间分布较均匀,也说明全省乡村住房面积的地区差异不显著。

鉴于变异系数的最大值和极差较高,首先根据变异系数的平均值划分高低两大类,然后在大类中按照等距原则再次划分,一共分为 4 档(表 6-2):

第一档在 1.9 及 1.9 以上,表示变量存在很大的空间分异;

第二档在 1.1～1.9 之间,表示存在较明显的空间分异;

第三档在 0.55～1.1 之间,表示存在一定的空间分异;

最后一档在 0.55 及 0.55 以下,表示空间分异现象较弱。

总体来看，云南省的乡村人居环境初始变量的地域差异程度较大，指标体系的整体变异指标水平较高，变异系数大于 1.1 的指标达到 7 个，占总指标个数的 35%，并集中体现在环境卫生建设（垃圾、污水和排水）、非居住建筑面积指标和人口暂住/户籍比方面。

表 6-2 初始变量的变异系数分档

| 变异系数区间 | 变量个数 | 初始变量 |
| --- | --- | --- |
| ≥1.9 | 4 | 行政村平均排水管道长度、人均年垃圾清运量、暂户比、生活污水处理的行政村比例 |
| 1.1～1.9 | 3 | 人均实有公共建筑面积、对生活垃圾进行处理的行政村比例、人均实有生产性建筑面积 |
| 0.55～1.1 | 8 | 混合结构以上住宅建面比例、2013 年人均农业总产值、行政村平均供水管道建设长度、行政村平均道路建设长度、人口密度、有生活垃圾收集点的行政村比例、600 人以上自然村比例、道路硬化率 |
| ≤0.55 | 5 | 人均实有住宅建筑面积、年村民人均纯收入、行政村平均人口规模、用水普及率、集中供水行政村比例 |

## 6.2 主因子分析

### 6.2.1 初步结果

运用 SPSS 19.0 的因子分析（Factor Analysis）功能对数据矩阵进行因子生态分析。其中需注意以下几点。

① 抽取方法（Extraction method）选取主轴因子分解法（Principle Axis Factor）；

② 抽取因子将特征值（Eigenvalues）大于 1，以及累计方差贡献率达到 60% 作为标准；

③ 因子荷载矩阵的旋转方法选择最大平衡值法（Equamax），以使因子层次更加清晰；

④ 因子得分（Factor methord）计算方法选择回归法（Regression）。

按照平均正交法（Equamax）运算得出旋转后的主因子荷载矩阵，由此判断出各主因子所代表的变量，并进行相应的归纳和定义。将各主因子得分通过 GIS

与空间单元进行连接，依据等距原则对空间单元进行分类，从而得到各主因子的空间分布特征（表6-3）。

表6-3　主因子解释总方差一览

| 因子 | 初始特征值 | | | 旋转平方和载入 | | |
|---|---|---|---|---|---|---|
| | 合计 | 方差的 % | 累积 % | 合计 | 方差的 % | 累积 % |
| 1 | 5.673 | 28.366 | 28.366 | 2.641 | 13.203 | 13.203 |
| 2 | 2.443 | 12.214 | 40.581 | 2.191 | 10.957 | 24.160 |
| 3 | 1.730 | 8.650 | 49.231 | 2.055 | 10.273 | 34.433 |
| 4 | 1.506 | 7.531 | 56.762 | 1.565 | 7.824 | 42.257 |
| 5 | 1.294 | 6.472 | 63.235 | 1.500 | 7.498 | 49.755 |
| 6 | 1.033 | 5.164 | 68.399 | 1.362 | 6.810 | 56.565 |
| 7 | 0.962 | 4.810 | 73.208 | | | |
| 8 | 0.756 | 3.779 | 76.987 | | | |
| 9 | 0.699 | 3.496 | 80.483 | | | |
| 10 | 0.615 | 3.073 | 83.557 | | | |
| 11 | 0.581 | 2.904 | 86.461 | | | |
| 12 | 0.472 | 2.359 | 88.820 | | | |
| 13 | 0.433 | 2.167 | 90.987 | | | |
| 14 | 0.412 | 2.058 | 93.045 | | | |
| 15 | 0.308 | 1.538 | 94.583 | | | |
| 16 | 0.293 | 1.467 | 96.050 | | | |
| 17 | 0.274 | 1.371 | 97.421 | | | |
| 18 | 0.228 | 1.142 | 98.563 | | | |
| 19 | 0.186 | 0.929 | 99.492 | | | |
| 20 | 0.102 | 0.508 | 100.000 | | | |

## 6.2.2　主因子归纳

根据主因子计算结果，反映2013年云南省（区县单元）乡村人居环境空间分布特征，共有6个主因子，分别是：环境卫生、地区活力、生活质量、乡村用水、生产需求、人口规模（表6-4、表6-5，图6-1）。

表 6-4 主因子荷载旋转矩阵

| 初始变量 | 主因子 | | | | | |
|---|---|---|---|---|---|---|
| | 1 | 2 | 3 | 4 | 5 | 6 |
| 016_生活污水处理的行政村比例 | 0.861 | 0.044 | 0.085 | 0.041 | −0.016 | 0.239 |
| 027_2013 年人均农业总产值 | 0.646 | 0.101 | 0.023 | 0.103 | 0.324 | −0.089 |
| 020_人均年垃圾清运量 | 0.592 | 0.196 | 0.062 | 0.109 | 0.286 | 0.227 |
| 018_对生活垃圾进行处理的行政村比例 | 0.573 | 0.382 | 0.432 | 0.108 | 0.185 | 0.259 |
| 001_人口密度 | 0.073 | 0.861 | −0.156 | −0.072 | −0.037 | −0.064 |
| 002_暂户比 | 0.239 | 0.751 | 0.131 | −0.040 | 0.214 | −0.096 |
| 004_600 人以上自然村比例 | −0.084 | 0.582 | 0.071 | 0.033 | 0.076 | 0.537 |
| 026_2013 年村民人均纯收入 | 0.228 | 0.351 | 0.687 | 0.122 | 0.217 | 0.158 |
| 017_有生活垃圾收集点的行政村比例 | 0.463 | 0.270 | 0.591 | 0.196 | 0.219 | 0.218 |
| 021_人均实有住宅建筑面积 | −0.062 | −0.157 | 0.527 | 0.268 | 0.122 | −0.026 |
| 013_道路硬化率 | 0.064 | −0.019 | 0.320 | 0.128 | −0.070 | 0.015 |
| 023_人均实有公共建筑面积 | 0.013 | −0.022 | 0.309 | 0.296 | 0.123 | 0.306 |
| 007_集中供水行政村比例 | 0.089 | −0.104 | 0.077 | 0.795 | 0.003 | 0.076 |
| 010_用水普及率 | 0.126 | 0.115 | 0.250 | 0.685 | 0.163 | −0.192 |
| 009_行政村平均供水管道建设长度 | −0.021 | −0.062 | 0.140 | 0.486 | 0.445 | 0.315 |
| 012_行政村平均道路建设长度 | 0.179 | 0.117 | −0.129 | 0.066 | 0.796 | 0.070 |
| 024_人均实有生产性建筑面积 | 0.325 | 0.196 | 0.283 | 0.110 | 0.430 | 0.200 |
| 015_行政村平均排水管道长度 | 0.055 | 0.002 | 0.330 | 0.134 | 0.418 | 0.348 |
| 003_行政村平均人口规模 | 0.196 | −0.038 | −0.127 | −0.169 | 0.203 | 0.659 |
| 022_混合结构以上住宅建面比例 | 0.116 | −0.004 | 0.092 | 0.083 | 0.055 | 0.410 |

注：提取方法采用主轴因子分解，通过 Kaiser 标准化全体旋转法在 10 次迭代后收敛。

表 6-5 主因子得分样本数量分布情况

| 主因子 | 样本数量分布 | | | | | | | 标准差 $\sigma$ |
|---|---|---|---|---|---|---|---|---|
| | $\leqslant -2.5\sigma$ | $-2.5\sigma \sim -1.5\sigma$ | $-1.5\sigma \sim -0.5\sigma$ | $-0.5\sigma \sim 0.5\sigma$ | $0.5\sigma \sim 1.5\sigma$ | $1.5\sigma \sim 2.5\sigma$ | $\geqslant 2.5\sigma$ | |
| 第 1 主因子 | 0 | 0 | 23 | 91 | 4 | 6 | 2 | 0.923 |
| 第 2 主因子 | 0 | 0 | 12 | 103 | 10 | 0 | 1 ($7.5\sigma$) | 0.931 (0.460) |
| 第 3 主因子 | 0 | 6 | 30 | 62 | 19 | 8 | 1 | 0.883 |
| 第 4 主因子 | 0 | 12 | 21 | 50 | 42 | 1 | 0 | 0.874 |

（续表）

| 主因子 | 样本数量分布 | | | | | | | 标准差 σ |
|---|---|---|---|---|---|---|---|---|
| | ≤−2.5σ | −2.5σ～−1.5σ | −1.5σ～−0.5σ | −0.5σ～0.5σ | 0.5σ～1.5σ | 1.5σ～2.5σ | ≥2.5σ | |
| 第 5 主因子 | 0 | 1 | 44 | 51 | 23 | 6 | 1 | 0.870 |
| 第 6 主因子 | 0 | 0 | 43 | 57 | 16 | 9 | 1 | 0.857 |

注:括号内为排除某个过高分值样本后的标准差。

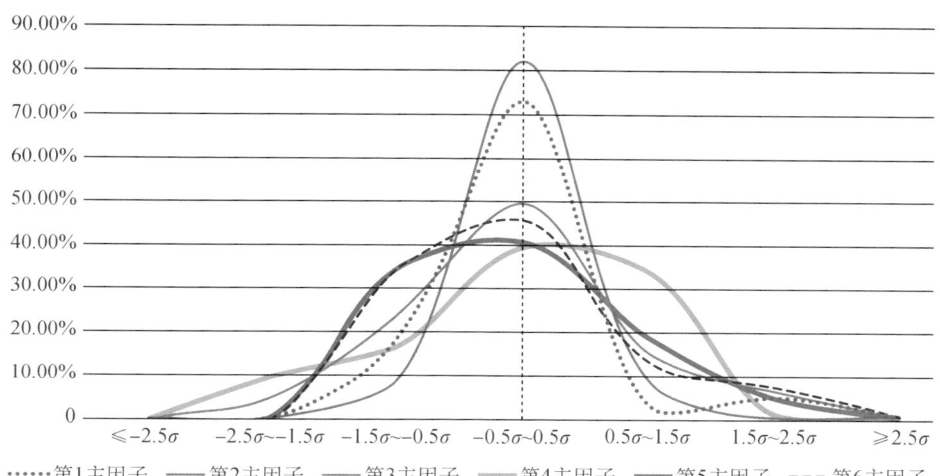


图 6-1　各主因子得分样本频率的分布平滑线示意图

### 1）第 1 主因子：环境卫生

第 1 主因子的方差贡献率达 28.366%，主要反映了 4 个变量的信息，均成显著正相关。在该主因子上荷载从高至低的输入变量分别是“生活污水处理的行政村比例(0.861)”“人均农业总产值(0.646)”“人均年垃圾清运量(0.592)”和“对生活垃圾进行处理的行政村比例(0.573)”。另外，荷载大于 0.3 的非主因子变量还有“有生活垃圾收集点的行政村比例(0.463)”和“人均实有生产性建筑面积(0.325)”。

从该主因子所荷载的 4 个主变量可以看出，有 3 个变量集中表征了乡村污水、垃圾处理水平，另外一个荷载大于 0.3 的非主因子变量也反映了垃圾收集水平，因此将该主因子综合概括为“环境卫生”。

主因子得分的统计属性表明，尽管该因子 72%的得分集中于 −0.5σ～0.5σ

区间,但由于 1.5σ 以上的高分值样本相对较多,导致正态分布趋于扁平,整体指标的离散程度(标准差)相对偏大(0.923)。Arc Map 的空间分析表明,主因子得分值的空间分布具有显著的空间分异特征,高分值地区(≥1.5 标准差)共 10 个,包括位于西南部的普洱市思茅区和西双版纳州勐海县、西北部的大理州城区和洱源县、中部的昆明市石林县、寻甸县、宜良县、嵩明县、晋宁区和玉溪市的澄江县,并在地理上呈现出显著的三个高分值地区(图 6-2)。

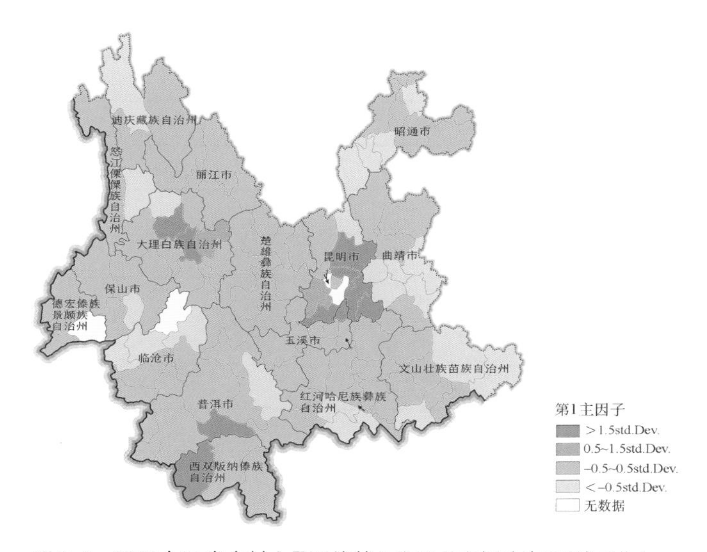


图 6-2 2013 年云南乡村人居环境第 1 主因子空间分布(环境卫生)

## 2) 第 2 主因子:地区活力

第 2 主因子的方差贡献率达 12.214%,主要反映了 3 个初始变量的信息,均成显著正相关。在该主因子上荷载从高至低的输入变量分别是"人口密度(0.861)""暂户比(0.751)""600 人以上自然村比例(0.582)"。另外,荷载大于 0.3 的非主因子变量还有"对生活垃圾进行处理的行政村比例(0.382)"和"村民人均纯收入(0.351)"。

从该主因子所荷载的 3 个主变量可以看出,所有初始变量都表征了人口的地理集聚特征:"人口密度"反映了客观的人口集聚程度,"暂户比"反映了当地对外来人口的吸引程度,"600 人以上自然村比例"代表了村庄本身人口规模。另外一个荷载大于 0.3 的非主因子变量"村民人均纯收入",也从侧面反映出当地人口聚集可以带来更大的经济增益效果，从而形成对人口的吸引作用。综上，该主因子可综合概括为“地区（人口）活力”。

主因子得分的统计属性表明，尽管该因子 82%的得分集中于 $-0.5\sigma \sim 0.5\sigma$ 区间，但由于 $2.5\sigma$ 以上的一个高分值样本（昆明市盘龙区）偏离幅度大，且分值高达标准差的 7.5 倍，导致整体指标的离散程度（标准差）变大，排除单一高分值样本后，该因子的剩余样本标准差仅 0.460，实际的离散程度为六个因子中最低，样本分值波动性最低。Arc Map 的空间分析表明，除昆明市盘龙区为单一高分值地区外，全省总体的地区活力分值分布比较均衡（图 6-3）。

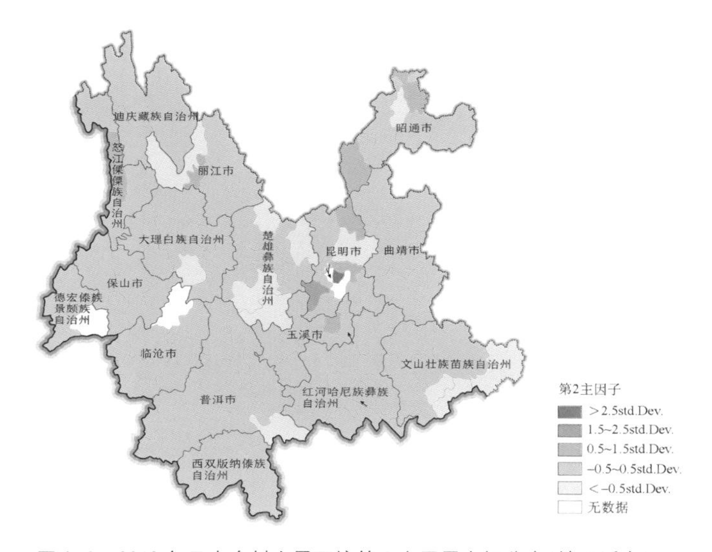


图 6-3　2013 年云南乡村人居环境第 2 主因子空间分布（地区活力）

### 3）第 3 主因子：生活质量

第 3 主因子的方差贡献率达 8.650%，主要反映了 5 个初始变量的信息均呈显著正相关。在该主因子上荷载从高至低的输入变量分别是“村民人均纯收入（0.687）”“有生活垃圾收集点的行政村比例（0.591）”“人均实有住宅建筑面积（0.527）”“道路硬化率（0.320）”和“人均实有公共建筑面积（0.309）”。另外，荷载大于 0.3 的非主因子变量还有“对生活垃圾进行处理的行政村比例（0.432）”和“行政村平均排水管道长度（0.330）”。

该主因子所荷载的 5 个主变量主要反映了村民的收入水平、人均住宅面积和生活环境质量(道路建设质量、公共设施建设、垃圾处理等),这是村民生活质量的综合体现。另外一个荷载大于0.3的非主因子变量也反映了垃圾处理的水平和排水设施建设水平,代表了乡村的日常环境质量,因此将该主因子综合概括为“生活质量”。

主因子得分的统计属性表明,该主因子分值的正态分布较扁平,整体指标的离散程度相对较大(标准差0.883)。Arc Map的空间分析表明,高分值样本为昆明市的晋宁区和西山区,较高分值地区主要位于中、东部的云贵高原地区,总体表现出省边界沿线外围地区的分值较低,其他区间分值的空间分布相对分散(图6-4)。

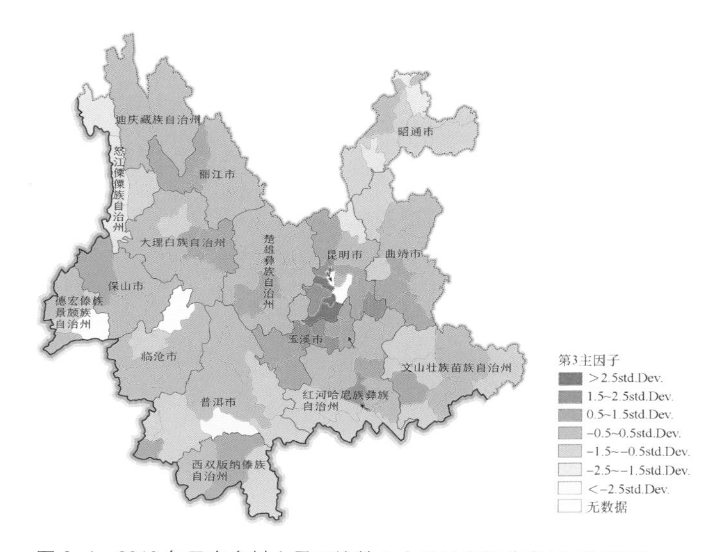


图6-4 2013年云南乡村人居环境第3主因子空间分布(生活质量)

#### 4) 第4主因子:乡村用水

第4主因子的方差贡献率达7.531%,主要反映了3个初始变量的信息,均成显著正相关。在该主因子上荷载从高至低的输入变量分别是“集中供水行政村比例(0.795)”“用水普及率(0.685)”和“行政村平均供水管道建设长度(0.486)”。

该主因子所荷载的3个主变量,全部反映了乡村的供水设施建设水平和村民的用水情况。因此将该主因子综合概括为“供水设施”。

主因子得分的统计属性表明,该主因子分值呈现出偏正态分布特征,整体指标的离散程度相对较大(标准差 0.874)。Arc Map 的空间分析表明:各分值区间段的单元空间分布都比较分散,略显著的趋势主要是偏高分值段(0.5$\sigma$～1.5$\sigma$)在某些区域的集聚,如西部的保山与临沧、中部的楚雄与玉溪等下辖区县,而偏低分值段(－0.5$\sigma$～1.5$\sigma$)主要集聚于云南省的西北、西南、东北、东南四角,包括大理、玉溪、昭通、文山和普洱下辖的部分区县(图 6-5)。

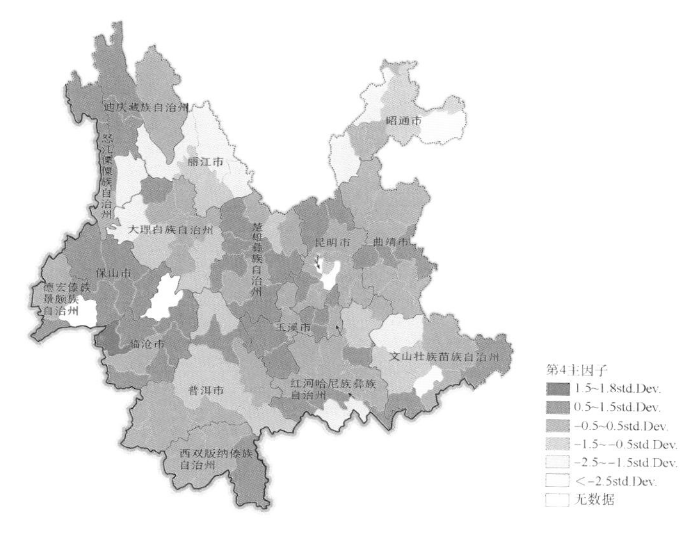


图 6-5　2013 年云南乡村人居环境第 4 主因子空间分布(乡村用水)

### 5) 第 5 主因子:生产需求

第 5 主因子的方差贡献率达 6.472%,主要反映了 3 个初始变量的信息,均成显著正相关。在该主因子上荷载从高至低的输入变量分别是“行政村平均道路建设长度(0.796)”“人均实有生产性建筑面积(0.430)”和“行政村平均排水管道长度(0.418)”。另外,荷载大于 0.3 的非主因子变量还有“2013 年人均农业总产值(0.324)”和“行政村平均供水管道建设长度(0.445)”。

从以上 5 个变量可以看出,“人均实有生产性建筑面积”和“人均农业总产值”反映了当地农村的生产力状况和基本规模,而生产力的实现离不开完善的市政配套设施建设,具体反映为上述关于道路、给排水设施的建设指标。综上,该主因子反映了当地乡村的生产力状况,概括为“生产需求”。

主因子得分的统计属性表明,该主因子分值呈现出与第 4 主因子反向的偏正态分布特征，整体指标的离散程度相对较大(标准差 0.870)。Arc Map 的空间分析显示：总体上，各分值区间段的单元空间分布略显分散，较显著的空间趋势是偏高分值段(0.5$\sigma$～1.5$\sigma$)在西南的普洱、西双版纳和东部的曲靖下辖县区及周边地区集聚，而偏低分值段(−0.5$\sigma$～1.5$\sigma$)主要集聚于云南省的外围地区，尤其是西北部大理、保山和德庆等地，这也说明乡村的生产经营与配套设施水平等存在一定关联性，外围地区交通可达性及西部山区气候条件对生产建设具有显著制约作用(图 6-6)。

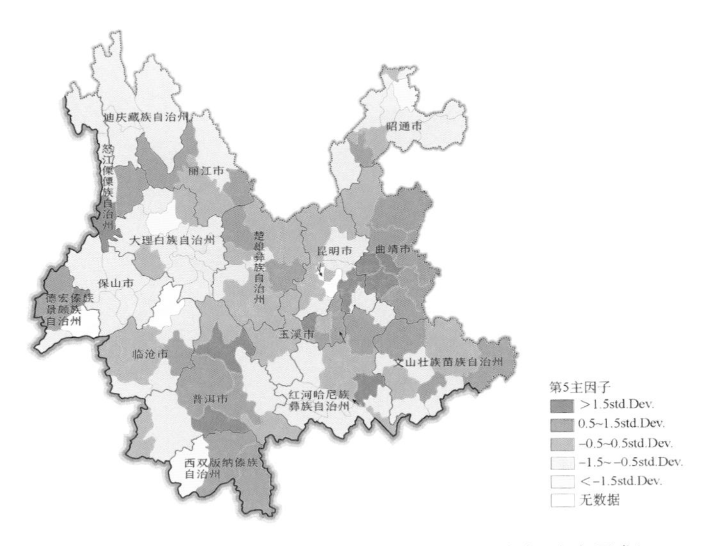


图 6-6　2013 年云南乡村人居环境第 5 主因子空间分布(生产需求)

#### 6) 第 6 主因子：人口规模

第 6 主因子的方差贡献率达 5.164%，主要反映了 2 个初始变量的信息，均成显著正相关。在该主因子上荷载从高至低的输入变量分别是“行政村平均人口规模(0.659)”和“混合结构以上住宅建筑面积比例(0.410)”。另外，荷载大于 0.3 的非主因子变量还有“600 人以上自然村比例(0.537)”“人均实有公共建筑面积(0.306)”“行政村平均供水管道建设长度(0.315)”和“行政村平均排水管道建设长度(0.348)”。其他指标反映了住宅建筑质量、公共建筑规模和给排水管道建设。综上，该主因子反映了当地乡村的人口规模状况及相应的人居物质环境建设，基于主要变量特征将其概括为“人口规模”。

主因子得分的统计属性表明，该主因子分值呈现出与第 5 主因子相似的偏正态分布特征，整体指标的离散程度低于第 3～5 主因子（标准差 0.857）。Arc Map 的空间分析显示，人口规模的分布受云南省地理特征的影响显著，总体呈现出以纵断山脉为分界的西低东高的格局，中部南北向纵断山脉沿线地区的人口密度最低，中东部云南高原的村庄人口规模整体高于西部。村庄人口规模较大地区（1.5$\sigma$～2.5$\sigma$）主要位于中东部的玉溪、曲靖、昭通等城市下辖区县，西部仅大理城区的村庄人口规模较高（图 6-7）。

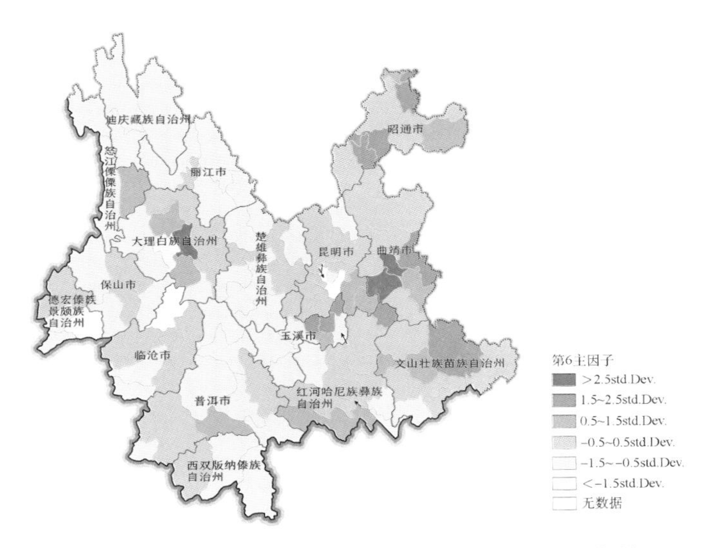


图 6-7　2013 年云南乡村人居环境第 6 主因子空间分布（人口规模）

## 6.2.3　主因子的空间差异性

6.2.2 节对六大主因子进行了总体数据特征判断和样本空间分布的表征描述。为了更好地从统计意义上判断高低分值的空间地理集聚特征，本节将采用 GIS 软件中的空间热点分析方法进行研判。

### 1) 热点分析方法（Getis-Ord Gi*）

数理统计建立在样本相互独立的基础上，许多地理现象受地域分布上的连续性空间过程影响而在空间上具有自相关性。度量空间自相关的指标主要有

Moran's I、Geary's C 和 Getis'G 等，这些指标都分为全局和局部两种指标。本节采用热点分析方法（Getis-Ord Gi*），用于识别不同空间上的高值和低值簇群，即热点(hot spots)与冷点(cold spots)的空间分布。统计公式如下：

$$Gi^* = \frac{\sum_{j=1}^{n} w_{i,j}x_j - \overline{X}\sum_{j=1}^{n} w_{i,j}}{S\sqrt{\frac{n\sum_{j=1}^{n} w_{i,j}^2 - \left(\sum_{j=1}^{n} w_{i,j}\right)^2}{n-1}}} \tag{6-2}$$

$$\overline{X} = \frac{\sum_{j=1}^{n} x_j}{n} \tag{6-3}$$

$$S = \sqrt{\frac{\sum_{j=1}^{n} x_j^2}{n} - (\overline{X})^2} \tag{6-4}$$

式中，$x_j$ 是要素 $j$ 的属性值，$w_{i,j}$ 是要素 $i$ 和 $j$ 之间的空间权重(相邻为 1，不相邻为 0)，$n$ 为要素总数，$\overline{X}$ 为均值；$S$ 为标准差；$Gi^*$ 统计结果是 $z$ 得分，如 $z$ 得分值为 +2.5，表示结果是 2.5 倍标准差。统计学上正 $z$ 得分表示热点，$z$ 得分越高，表示热点聚集越紧密；负值表示冷点，$z$ 得分越低，冷点的聚集越紧密。从图 6-8 中可以看出一个地理对象所选属性值的 $z$ 值，$z$ 值越高，颜色越趋于红色，说明该属性在空间上为热点；$z$ 值越低，颜色越趋于蓝色，说明该属性在空间上为冷点。另外，参考指标 $P$ 值是聚类现象概率，表示所观测到的空间模式是由某种随机过程创建而成的概率。如果 $P$ 很小，则说明观测到的空间模式不太可能产生随机过程(小概率事件)，因此可以拒绝零假设。

需要特别注意的是，热点分析结果中的高分值热点地区并不代表该指标的分值最高，而是意味着样本及其周边较高分值样本的空间集聚程度高，具有临近单元的同高趋势。

### 2) 主因子空间热点分布特征

从各主因子空间热点分析的结果来看，主要具有以下基本特征：

① 第 1 主因子和第 2 主因子呈现出显著的“单热”集聚现象，即不存在或几

乎不存在冷点区，仅存在热点集聚区。

② 第 3～6 主因子都呈现出不同程度的“冷热分化”集聚现象。

③ 从冷热区样本占总样本比例来看，第 3、5、6 主因子的热点区比例较高，接近 20%，热点效应显著；而第 3、4、5 主因子的冷点区样本比例较高，处于 12%～14%之间，低值集聚现象相对显著。

④ 基于上述，第 3 主因子和第 5 主因子的冷热区分化集聚现象最为显著。以上空间分化特征有待后续的进一步分析(表 6-6)。

表 6-6　主因子样本的热点分析频率分布

| 置信度 | 空间集聚分区 | | | | | | |
|---|---|---|---|---|---|---|---|
| | 冷点区 | | | 无显著特征(及无数据) | 热点区 | | |
| | 99% | 95% | 90% | | 90% | 95% | 99% |
| 第 1 主因子 | 0 | 0 | 1 | 107 | 3 | 8 | 7 |
| 第 2 主因子 | 0 | 0 | 0 | 113 | 1 | 1 | 11 |
| 第 3 主因子 | 7 | 5 | 3 | 86 | 6 | 3 | 16 |
| 第 4 主因子 | 8 | 6 | 3 | 95 | 6 | 5 | 3 |
| 第 5 主因子 | 3 | 10 | 3 | 86 | 8 | 6 | 10 |
| 第 6 主因子 | 0 | 6 | 3 | 93 | 4 | 6 | 14 |

### 3) “单热”特征主因子

作为第 1 主因子的“环境卫生”，呈现出显著的三极热点区特征，分别是滇中的昆明大部及玉溪西北片区、西南的普洱中部和西双版纳的接壤片区、大理的主城片区及周边。另有一处弱冷点区(90%置信度)位于东部省界的曲靖市富源县，相比较热点区，冷点集聚特征并不显著(图 6-8)。

以上三个热点地区特色鲜明，分别代表了注重乡村环境卫生建设的三种不同发展类型。首先，昆明市作为云南省的省会城市，乡村综合经济发展水平较高，而以滇池为重点的城乡水环境综合治理工作一直持续开展，“十二五”期间全市建成 885 个村庄生活污水收集处理设施，并建立乡村垃圾“村收集、乡运输、县处置”的运转机制。其次，西南的普洱市(以及西双版纳州)作为我国最重要的普洱茶、咖啡等高附加值经济作物的生产基地，城乡生态环境向来是地区发展的重

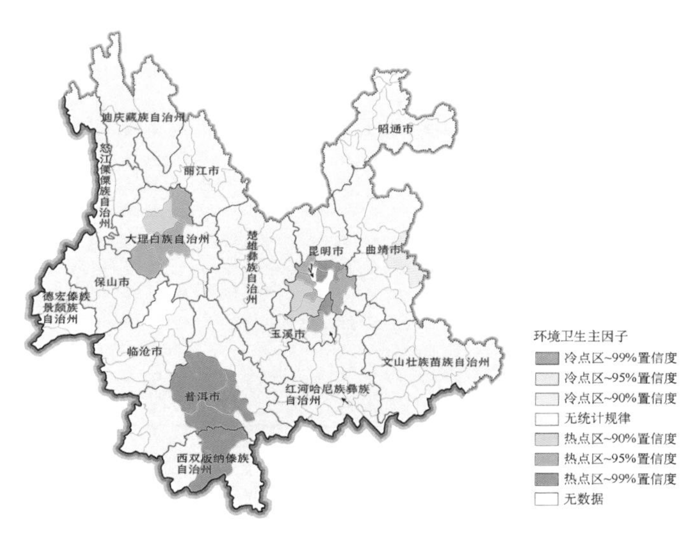


图 6-8 第 1 主因子(环境卫生)空间热点分析

中之重。截至 2014 年年底,普洱市实际共实施了 24 个乡村环境综合整治示范项目,共涉及 36 个行政村(183 个自然村),累计投入 4 090 万元。普洱市于 2014 年和 2015 年分别获得“国家园林城市”和“国家卫生城市”称号。地处西北的大理州是全省最具吸引力的旅游地区之一,当地以洱海、苍山、剑川等为核心生态资源,“十二五”期间,乡村环境治理成效显著,仅 2015 年全市就新建 62 座村落污水收集处理系统。《云南省进一步提升城乡人居环境五年行动计划(2016—2020 年)》将大理市定为全省 4 个国家级全域乡村生活污水治理示范县之一,重点落实村庄污水处理设施建设。

第 2 个单热集聚的主因子是“地区活力”,空间分布呈现出单极热点区特征,即全省范围内高地区活力的县区显著集聚于昆明市及部分周边。

根据刘伟等(2017)关于云南省城市首位度的研究,不同于东部沿海发达地区的理想城市位序规模,滇中地区的城市首位度较高,昆明市凭借其中心区位、交通枢纽地位和平坦地势条件,对周边的城市具有很强吸引力和凝聚力,人口比较集中。乡村地区活力很大程度上也受到所在城市的综合发展水平影响,热点分析也印证了滇中昆明及周边地区因其较高的乡村人口密度和对外来人口的吸引程度,依然是全省最具空间相对集聚趋势的热点乡村区域(图 6-9)。

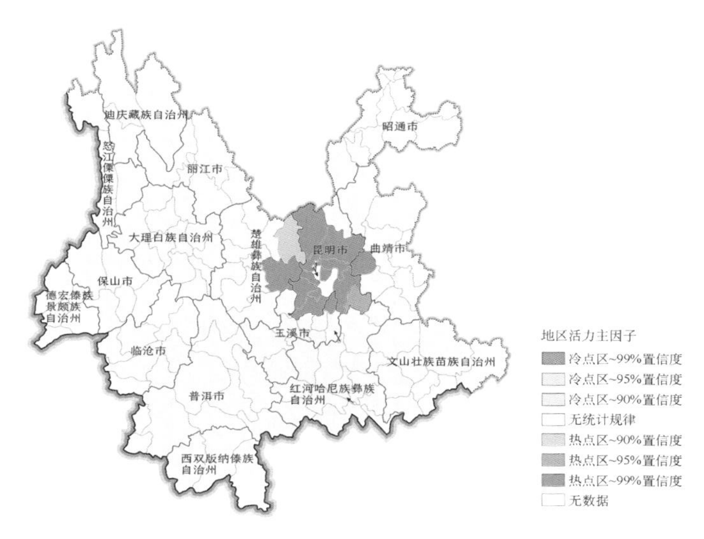


图 6-9　第 2 主因子(地区活力)空间热点分析

### 4)“冷热分化”特征主因子

第 1 个冷热分化集聚的主因子是“生活质量”，也是冷热区分化集聚趋势最为显著的主因子之一。空间分布呈现出“内热外冷”基本格局：滇中地区呈现围绕昆明和玉溪的热点区集聚，包括部分楚雄东、文山北和曲靖西局部；而外围主要有滇东北(昭通大部及曲靖北)和滇西北边界地区(迪庆南和怒江大部)这两大冷点区。这一格局依然反映出以昆明—玉溪为中心的滇中地区在全省的经济发展中的重要地位(图 6-10)。地区的综合发展优势也使当地乡村更易获得产业机会与就业途径，村民收入、住房条件等生活水平指标也要普遍高于其他地区，2009—2013 年全省区县村民纯收入增长幅度最大的集中区域依然是以昆明—玉溪为核心的滇中地区(图 6-11)。冷点区的分布也基本对应 2010 年全省乡村贫困人口的空间分布，即贫困人口规模最大的昭通地区、贫困率最高的滇西北(怒江和迪庆地区)和滇西南地区(临沧和普洱地区)(曹惠敏等，2012)。

第 2 个冷热分化集聚的主因子“乡村用水”，是本次分析中冷点区数量最多的主因子，也充分表明供水设施落后的地区依然呈现出显著的区域性成片特征。集聚空间的分布较分散，主要呈现出省界沿线地区的冷热分异基本格局，热点区基本位于云南省主要河流上下游地区，也反映出乡村用水条件很大程度上受水

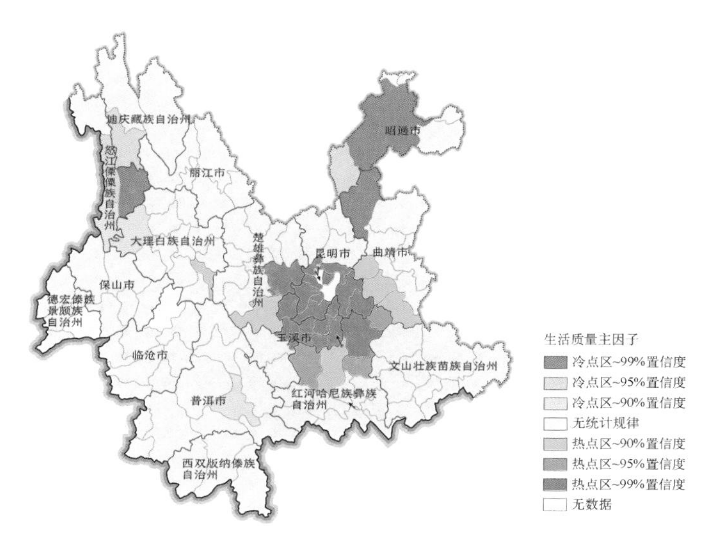


图 6-10 第 3 主因子(生活质量)空间热点分析

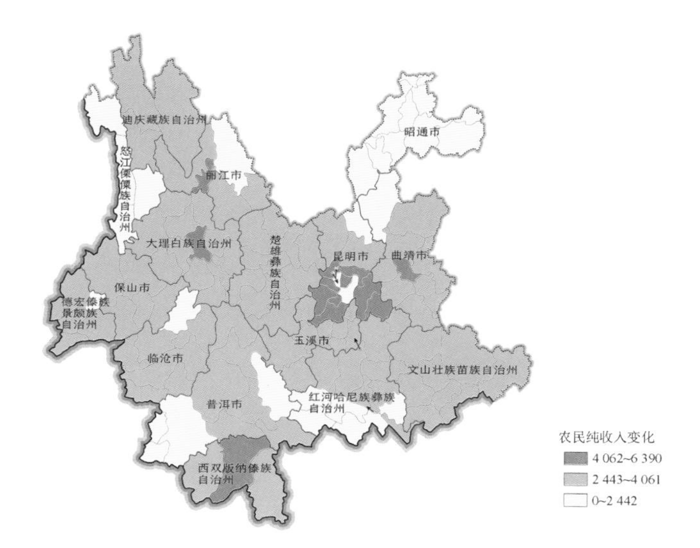


图 6-11 2009—2013 年云南省各区县村民纯收入增长情况

资源空间分布的影响。规模热点区主要包括三处,分别是集聚于滇西怒江下游地区的临沧和保山接壤片区、怒江及澜沧江上游地区的迪庆和怒江接壤片区、滇中元江上游的玉溪与楚雄接壤片区。除以上三处规模热点区外,还有滇东南盘江上游的玉溪局部地区。而冷点区则分散于滇北和滇东的省界附近,最集中的是文山市,全市冷点区比例达到 67%,其他分散冷点区位于昭通、丽江、大理、怒江等的局部区县(图 6-12)。

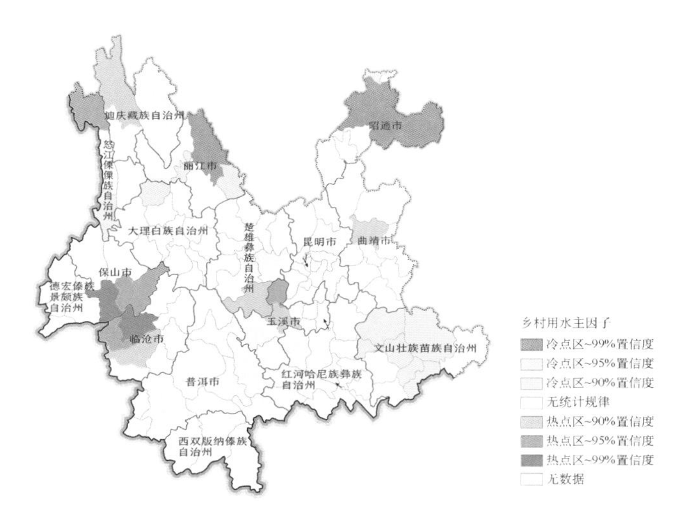


图 6-12　第 4 主因子(乡村用水)空间热点分析

与主因子“生活质量”相似,主因子“生产需求”的冷热区两极化集聚趋势也比较显著,热点区和冷点区规模都较大。生产需求因子综合反映了当地的经济生产活动水平和整体规模,主因子荷载主要体现在行政村平均道路建设长度、人均生产性建筑面积、行政村平均排水管道建设长度和人均农业生产总值等反映生产活动的指标上,生产需求水平的高低受到地理区位、当地资源条件及交通可达性等各方面影响。空间分布呈现出“三主两次”基本格局:“三主”为昆明—曲靖—玉溪接壤的大部区域、普洱市两片大规模热点区及大理州的大部和保山接壤地区形成的集中冷点区;“两次”主要是德宏地区的小规模热点区和昭通的小规模冷点区(图 6-13)。

从具体指标侧重可以看出,地处全省交通核心区域的滇东昆明—曲靖—玉溪地区,其人均生产性建筑面积、道路和排水设施建设水平、村民人均纯收入等指标显著高于其他地区,具有一定的村镇工业生产空间的集聚特征;而滇南的普洱地区的道路建设则显著体现在其茶、咖啡等经济作物的生产能力上,种植经济型空间集聚特征显著,集中体现为人均农业总产值指标较高。大规模冷点区主要集聚于大理—保山接壤地区,其地形及气候条件限制了当地种植业的规模发展,村镇道路、排水设施建设不足,与大理核心地段的较高村镇建设水平存在差距。这也反映出西部地区的村镇人居环境建设水平差异性较大,部分地区严重滞后的特征。

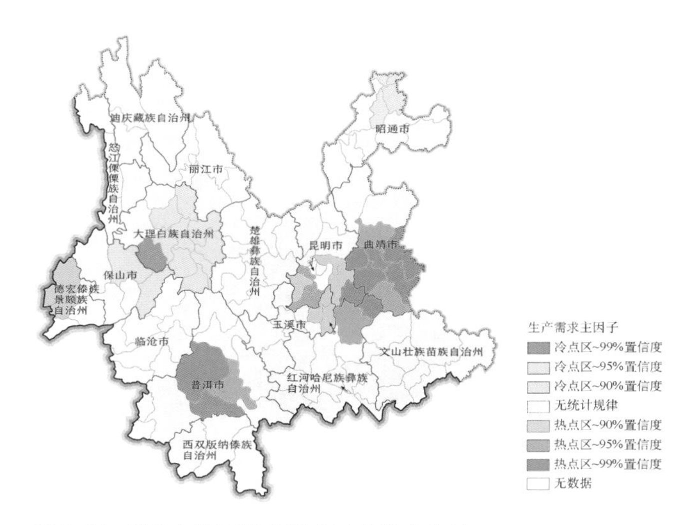


图 6-13 第 5 主因子(生产需求)空间热点分析

第 4 个冷热分化集聚的主因子是“人口规模”,其空间冷热区分布呈现出“东热西冷”的基本格局特征。云南省人口规模的空间分布受地形条件影响明显,全省可分为东部人口密集区和西部人口稀疏区。2018 年末,云南省人口密度最高的昆明市五华区为 2 207 人/平方千米,人口密度最低的滇西贡山县仅为 7.6 人/平方千米,两地区相差 290 倍。乡村人口规模的热点区有两个,分别集中于滇东的曲靖大部—昆明—玉溪—红河交界地区及昭通的大部;冷点区则主要呈间断式分布,主要的两片位于西北的迪庆—怒江交界地区和普洱北地区(图 6-14)。

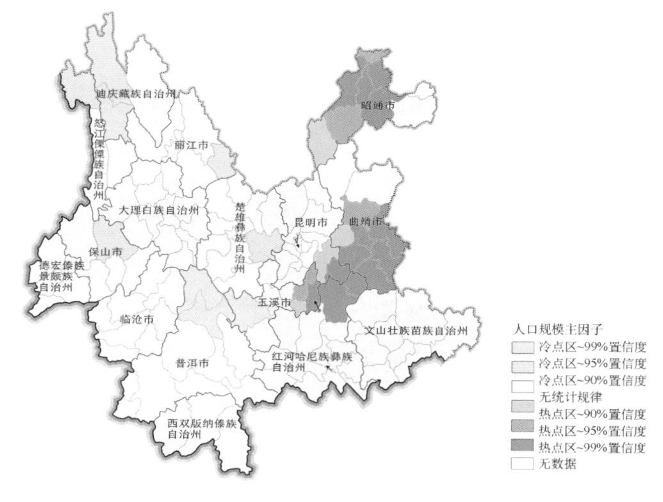


图 6-14 第 6 主因子(人口规模)空间热点分析

## 6.3　空间差异性的聚类分析

以上所进行的因子分析旨在了解变量间相互关系，从而更清晰地归纳变量，并使之简化，属于R型分析。而要更好地认识个案间的差别，充分利用R型分析变量的结果，还必须借助Q型分析，主要采用的是层次聚类分析（Agglomerative Clustering Analysis）。以6.2中主因子归纳为基础，将各自的统计单元上的得分作为两个基本数据矩阵，运用SPSS19.0的Analyze分层聚类功能对数据矩阵（Classify-Hierarchical Cluster）进行乡村人居环境水平特征区类型的划分。其中需注意有以下两点：

① 聚类方法（Cluster method）选取离差平方和法（Ward's method）；

② 距离测度（Measure）选择欧式距离平方（Squared Euclidean Distance）。

本研究分别计算6个主因子在5类聚类特征区上得分的平均值、标准差和变异系数，着重分析各主因子的最高和最低分值所在的特征区，同时通过相关分析和各类特征区的空间分布情况进一步判断各类特征区的主要表征，进而对其进行定义。其中，为了避免组内差异过大，不将变异系数超过5的分值作为该特征区的特征描述依据。在此基础上总结得出云南省县区单元乡村人居环境水平的综合特征空间结构。另外，由于第3主因子的构成比较复杂（包含5个变量），为了更好地辨别该主因子得分的具体含义，在分析社会区与第3主因子关系时，还需对该主因子所含变量在各社会区的平均值进行比较。

### 6.3.1　特征区定义

5类聚类特征区空间分布和具体分析数据如图6-15和附表3-6、附表3-7所示，下面分别对各特征区进行分析及特征归纳。

第1类特征区共19个区县，占总样本数的15.1%。从主因子得分上来看，该特征区主要表现为第1主因子环境卫生和第3主因子生活质量的平均值最高。变异系数显示组内样本差异在有效分析范围内，没有最低值主因子，其他主因子基本处于中等偏上水平。该特征区的乡村环境卫生和生活质量水平均较

图 6-15　2013 年云南乡村人居环境建设特征聚类分区

高，其空间分布基本位于云南经济发展最主要的四个产业集聚地区——滇中昆明周边、红河北地区、大理和普洱—版纳地区，由此可以推测该特征区属于社会经济基础较好、人居环境建设完善的发达型乡村地域。

第 2 类特征区是五类特征区中地域单元最少的，共 13 个区县，占总样本数的 10.3%。该特征区主要表现为第 2 主因子(地区活力)的平均值最高，表明该特征区的人口集聚程度、外来人口比例和 600 人以上村庄比例均高于其他特征区，对人口吸引力较大；另外，第 5 主因子(生产需求)的平均值最低则表明该地区并非主要依托传统工农业经济，生产性建筑建设量较低，道路硬化率和排水等基础设施建设依然有待提高；而第 3、4、6 主因子的变异系数由于超出有效分析范围，不作为特征判断的主要依据。从空间分布上来看，该区分布特征较分散，且地区经济类型也较多元，既包括旅游产业地区，如丽江、腾冲、西双版纳等，也包括个别工业发展地区，如个旧等地，大部分所在区县的第三产业占 GDP 比重较高。综合来看，可以推测该特征区主要属于具有独特产业活力、以旅游服务等为主、人居环境建设有待进一步提升的发展型乡村地域。

第 3 类特征区共 18 个区县，占总样本数的 14.3%。主要表现为第 4 主因子(乡村用水)的平均值最高，具体体现为集中供水率和用水普及率较高，第 3 主因子(生活质量)在该特征区中为第二高值，表明该地区村民的居住生活条件较好，尤其是人均住宅建筑面积和公共建筑面积居于五类特征区中最高，建筑质量（混合结构以上建筑比例）也较好；另外，人均农业生产总值排五大特征区第二位，显示出当地相对较好的农业经济基础。但第1主因子环境卫生在该特征区的得分相对较低，尤其污水处理能力有待提升；而第5、6主因子的变异系数由于超出有效分析范围，不作为特征判断的主要依据。该类型地区主要集中于全省东西两翼，东翼主要集中于曲靖市，西翼主要集中于普洱—临沧一带。综合来看，可以推测该特征区主要属于具有一定产业发展基础、人居环境建设存在局部短板的发展型乡村地域。

第4类特征区共52个区县，占总样本数的41.3%，是占比最高的特征区，不同程度地分布于全省每一个地级市。从主因子得分来看，该特征区的主因子平均得分均为负值，其中有三个主因子在五个特征区类型中的平均值最低，包括第2主因子地区活力、第4主因子乡村用水和第6主因子人口规模。可以看出，该特征区的人口密度和村庄规模较小，对外来人口吸引度不高，各主要基础设施建设水平及混合结构以上住宅建筑比例均较低，居住环境水平不高，符合不发达村落的基本特征。另外，第3主因子（生活质量）和第5主因子（生产需求）的组内样本变异系数由于超出有效分析范围，不作为特征区定义的主要依据。综上，可以初步认为该特征区属于农业生产为主、人居环境建设整体水平较低的落后型乡村地域。

第5类特征区共24个区县，占总样本数的19.5%。从主因子得分来看，特征显著的主因子较多，其中第5主因子生产需求和第6主因子人口规模的平均值最大，结合第2主因子地区活力得分较低，尤其暂常比在所有特征区中最低，反映出当地的经济外向性不强，地方产业的吸引度不高，属于初级发展阶段中的地方资源型经济格局，该特征区的人均收入和人均农业产值均属最低水平，社会经济水平普遍不高。同时，第1主因子环境卫生和第3主因子生活质量的平均值最低，反映出当地在污水及垃圾处理、道路建设质量、供水能力等方面存在明显不足，乡村人居环境建设的欠账较多，随着经济扩张速度的加快，人居环境建设的不足会日益显著，而环境卫生建设尤为明显。另外，第4主因子（乡村用水）的变异系数由于超出有效分析范围，不作为特征区定义的主要依据。综上，可以初步得出该特征区属于粗放型产业发展阶段、人居环境建设明显滞后的落后型乡村地域。

## 6.3.2 特征区的空间分布

从各特征区的空间分布来看，各地级市、自治州的乡村特征具有显著差异。以市、自治州为分界，总体可分为四类(表6-7)。

第一类地级市、自治州的下辖区县乡村人居环境建设水平较高，以第1发达型特征区为主，乡村差异化程度相对较小，所在城市具有一定辐射能力的综合经济或特色产业，城乡带动效果显著。主要包括昆明市和西双版纳自治州两地。

第二类地级市、自治州的下辖区县乡村人居环境建设水平存在较大差异，大部分区县人居环境建设存在一定缺陷，从第1至第5特征区均有不同程度分布，该类地区主要包括大理、红河、玉溪等。该类型地区内部往往存在比较显著的经济产业发展偏重，空间布局不均衡，从而导致乡村建设水平的两极化差异。比如红河州，2016年州北部7县(市)生产总值为1 110亿元，占全州总量的83%，南部6县(市)生产总值为227亿元，仅占全州总量的17%，南北地区的发展呈现一定两极分化态势。

第三类地级市、自治州的整体乡村人居环境建设处于中下等，第2、3类发展型特征区和第4、5类落后型特征区的比例接近，其下辖区县乡村人居环境建设水平存在一定差异，这一类地级市、自治州中没有达到第1类发达型特征区的区县单元。该类地区主要位于云南省东西两翼，包括保山、临沧、曲靖、昭通四地。

第四类地级市、自治州的下辖区县乡村人居环境建设水平较低，以第4或第5特征区为大多数(总计超过65%)，以传统农业生产为主要经济形式，基本没有第1类发达型特征区(除普洱外)，该类地区多位于云南省西部山区，主要包括楚雄、德宏、迪庆、丽江、怒江、普洱、文山等地级市、自治州。

表6-7 各特征区在各地级市、自治州的分布

| 地级市/自治州 | | 特征分区 | | | | | 合计 |
|---|---|---|---|---|---|---|---|
| | | 第1特征区 | 第2特征区 | 第3特征区 | 第4特征区 | 第5特征区 | |
| 保山 | 计数 | 0 | 2 | 0 | 2 | 1 | 5 |
| | 所在区域中的百分比 | 0% | 40.0% | 0% | 40.0% | 20.0% | 100.0% |
| 楚雄 | 计数 | 0 | 0 | 1 | 8 | 1 | 10 |
| | 所在区域中的百分比 | 0% | 0% | 10.0% | 80.0% | 10.0% | 100.0% |

（续表）

| 地级市/自治州 | | 特征分区 | | | | | 合计 |
|---|---|---|---|---|---|---|---|
| | | 第 1 特征区 | 第 2 特征区 | 第 3 特征区 | 第 4 特征区 | 第 5 特征区 | |
| 大理 | 计数 | 4 | 0 | 1 | 6 | 1 | 12 |
| | 所在区域中的百分比 | 33.4% | 0% | 8.3% | 50.0% | 8.3% | 100.0% |
| 德宏 | 计数 | 0 | 0 | 0 | 4 | 0 | 4 |
| | 所在区域中的百分比 | 0% | 0% | 0% | 100.0% | 0% | 100.0% |
| 迪庆 | 计数 | 0 | 0 | 0 | 2 | 1 | 3 |
| | 所在区域中的百分比 | 0% | 0% | 0% | 66.7% | 33.3% | 100.0% |
| 红河 | 计数 | 3 | 1 | 1 | 3 | 5 | 13 |
| | 所在区域中的百分比 | 23.1% | 7.7% | 7.7% | 23.1% | 38.4% | 100.0% |
| 昆明 | 计数 | 7 | 2 | 1 | 1 | 0 | 11 |
| | 所在区域中的百分比 | 63.6% | 18.2% | 9.1% | 9.1% | 0% | 100.0% |
| 丽江 | 计数 | 0 | 1 | 0 | 4 | 0 | 5 |
| | 所在区域中的百分比 | 0% | 20.0% | 0% | 80.0% | 0% | 100.0% |
| 临沧 | 计数 | 0 | 0 | 4 | 1 | 3 | 8 |
| | 所在区域中的百分比 | 0% | 0% | 50.0% | 12.5% | 37.5% | 100.0% |
| 怒江 | 计数 | 0 | 1 | 0 | 2 | 1 | 4 |
| | 所在区域中的百分比 | 0% | 25.0% | 0% | 50.0% | 25.0% | 100.0% |
| 普洱 | 计数 | 2 | 0 | 1 | 6 | 2 | 11 |
| | 所在区域中的百分比 | 18.2% | 0% | 9.1% | 54.5% | 18.2% | 100.0% |
| 曲靖 | 计数 | 0 | 0 | 4 | 1 | 4 | 9 |
| | 所在区域中的百分比 | 0% | 0% | 44.4% | 11.2% | 44.4% | 100.0% |
| 文山 | 计数 | 0 | 0 | 1 | 5 | 2 | 8 |
| | 所在区域中的百分比 | 0% | 0% | 12.5% | 62.5% | 25.0% | 100.0% |
| 西双版纳 | 计数 | 2 | 1 | 0 | 0 | 0 | 3 |
| | 所在区域中的百分比 | 66.7% | 33.3% | 0% | 0% | 0% | 100.0% |
| 玉溪 | 计数 | 1 | 2 | 2 | 3 | 1 | 9 |
| | 所在区域中的百分比 | 11.1% | 22.2% | 22.2% | 33.4% | 11.1% | 100.0% |
| 昭通 | 计数 | 0 | 3 | 2 | 4 | 2 | 11 |
| | 所在区域中的百分比 | 0% | 27.2% | 18.2% | 36.4% | 18.2% | 100.0% |
| 合计 | 计数 | 19 | 13 | 18 | 52 | 24 | 126 |
| | 所在区域中的百分比 | 15.1% | 10.3% | 14.3% | 41.3% | 19.0% | 100.0% |

## 6.4 小结

根据以上主因子分析及其空间差异性聚类分析，可以对云南省乡村人居环境建设的区域差异进行总结。

（1）2个地理扇面：基于自然地形条件的滇东、西人口集聚差异

云南是一个高原山区省份，滇西北属青藏高原南延部分，滇东南则属于云贵高原。地形一般以元江谷地和云岭山脉南段的宽谷为界，分为东、西两大地形区。这一地理分异显著体现在乡村人口规模和密度的差异上，即整个滇东地区的自然条件更适宜人口集聚，对外交通联系主要位于云南中、东部，进一步促进了人口和产业的集聚，该区体现了云南省最基本的城乡人口分布特征。

（2）1个发展极核：省会昆明的地位突出

从发展条件角度来看，昆明作为云南省会和省内唯一特大城市，其经济集中度、产业支撑度、社会集聚度远高于其他地区，而地理条件的限制和交通运输成本高等因素也进一步提升了昆明在省内的中心地位。昆明市的地均GDP和城镇居民、村民人均纯收入指标均位居全省首位。在乡村人居环境建设水平方面，其中心性突出体现在环境质量、生活质量和地区发展活力等主因子特征；从特征区分布来看，昆明与西双版纳的第一特征区占比超过各自辖区内总特征区的60%。这在一定程度上也体现出中心城市对周边乡村地区的强力带动作用。

（3）4个乡村发展优势地区：主导产业的差异

按照市场经济和城乡一体化的发展规律，城镇化资源要素充沛、具备进一步城镇化发展（包括基础设施建设条件等）和地方特色资源条件的地区，是当前云南省推进城镇化的重点区域。该类型地区的高城镇化水平带动同地区的乡村发展与人居环境建设。从第一特征区的空间分布来看，昆明地区、红河地区、大理地区和西双版纳—普洱南这四个地区的乡村综合发展水平较高，每个地区具有不同的发展条件与主导产业。如西双版纳—普洱南地区的乡村主要依托旅游业和特色种植业的发展，而红河地区的乡村主要依托当地的矿产资源和工业的发展。

（4）优势地区对周边区县带动作用不足，尚未形成梯度格局

受地形和交通条件的制约，既有发展优势地区均位于铁路沿线、高速公路或机场等主要交通设施集中地区，但先发展地区对周边乡村地区的带动效果并不显著，即使在滇中城市群（昆明、曲靖、玉溪、楚雄）地区，乡村地区的发展水平也是昆明市一枝独秀。云南省整体上处于首位城市极化发展阶段，大多数乡村地区的发展依然处于粗放产业发展阶段，整体人居环境建设水平并不理想。因此，全省乡村的地域间差异和城乡差异（尤其是主要城市）依然比较显著，依托自身基础条件的分散发展格局明显。

# 第7章　乡村人居环境建设的时序演变

乡村人居环境会随着时间而演变，尤其是外力介入比较频繁的阶段。本章从生态环境、生活质量和生产效率三个维度归纳出云南省乡村人居环境演进的三个不同阶段，并对其主要特征进行阐述。同时，考虑到滇西南地区乡村相对落后的发展现实，对"村民人均年收入"这一衡量乡村富裕或贫困的核心指标，采用灰色关联度分析法，探讨了其与乡村人居环境指标之间的关联性及不同发展阶段的差异化特征。

## 7.1　分析基础

### 1）省域全境指标

由于环境要素具有区域性和全境相关性的特点，且现有主要生态环境指标往往难以区分城乡差异，故本次研究选取省域全境生态环境指标指征相应的乡村生态环境指标，包括"森林覆盖率""每万人人造林面积""人均水资源量"和"人均自然灾害受灾直接经济损失"。

### 2）指标体系建构

乡村人居环境与自然要素、人文要素和空间要素紧密相关，是一个多层次、多因素的复合指标系统。以乡村人居环境建设水平为指标体系建立目标，建构"目标层—系统层—支持层—指标层"的四级指标体系。考虑到连续性指标获取的可能性，本指标体系主要基于云南省的时间序列（2001—2015年）进行构建，在空间差异（2015年度全国各省横向比较分析）方面，仅对部分特征指标作全国横向比较。具体指标体系构建见本章附表3-8，具体指标数值见本章附表3-10。

### 3）数据的标准化处理

数据标准化处理、层次分析—熵值定权确定指标层、支持层、系统层各项指标的权重值与各指标在支持层的熵输出权重确定方法详见第四章 4.1.3 节。

### 4）权重的确定

指标体系的指标层（30 项指标）采用熵权重计算方法，系统层（3 项指标，“社会文化”指标由于缺乏有效统计指标而无法建构）及支持层（8 项指标）采用层次分析法和专家打分法进行确定，具体结果见表 7-1。

表 7-1　乡村人居环境分级评价指标体系权重

| 目标层 | 系统层 | 一级权重 | 支持层 | 二级权重 | 指标层（指标单位） | 三级权重 | 综合权重 |
|---|---|---|---|---|---|---|---|
| 乡村人居环境建设水平 | 生态环境 A | 27.74% | 正面因素 A1 | 41.18% | A11 省域森林覆盖率（%） | 33.26% | 3.80% |
| | | | | | A12 省域人均水资源量（立方米） | 34.18% | 3.91% |
| | | | | | A13 每万人人造林面积（公顷） | 32.56% | 3.72% |
| | | | 负面因素 A2 | 58.82% | A21 人均农药使用量（千克） | 31.80% | 5.19% |
| | | | | | A22 人均化肥使用量（吨） | 32.07% | 5.23% |
| | | | | | A23 人均自然灾害受灾直接经济损失（元） | 36.13% | 5.90% |
| | 生活质量 B | 39.63% | 基础设施 B1 | 24.62% | B11 人均农村固定资产投资（元） | 25.47% | 2.49% |
| | | | | | B12 人均农业财政总支出（元） | 24.91% | 2.43% |
| | | | | | B13 自来水受益村比例（%） | 26.87% | 2.62% |
| | | | | | B14 水库总库容量（亿立方米） | 22.74% | 2.22% |
| | | | 居住条件 B2 | 28.96% | B21 人均住宅建筑面积（平方米） | 35.42% | 4.07% |
| | | | | | B22 人均农村竣工住宅投资额（元/人） | 32.69% | 3.75% |
| | | | | | B23 农村农户竣工住宅造价（元/平方米） | 31.88% | 3.66% |
| | | | 公共服务 B3 | 20.51% | B31 每万农村人口卫生机构床位数（个） | 31.63% | 2.57% |
| | | | | | B32 养老服务设施数量（个） | 35.71% | 2.90% |
| | | | | | B33 农村邮政投递线路（万千米） | 32.66% | 2.65% |
| | | | 生活水平 B4 | 25.91% | B41 村民人均纯收入（元） | 19.85% | 2.04% |
| | | | | | B42 工资性收入占总收入（元） | 19.73% | 2.03% |
| | | | | | B43 村民人均消费支出（元） | 19.98% | 2.05% |
| | | | | | B44 村民恩格尔系数（%） | 20.53% | 2.11% |
| | | | | | B45 城乡居民收入比 | 19.90% | 2.04% |

（续表）

| 目标层 | 系统层 | 一级权重 | 支持层 | 二级权重 | 指标层(指标单位) | 三级权重 | 综合权重 |
|---|---|---|---|---|---|---|---|
| 乡村人居环境建设水平 | 生产效率C | 32.63% | 农业基础C1 | 54.55% | C11 农村年人均用电量(千瓦·时) | 25.32% | 4.51% |
| | | | | | C12 人均农业机械动力(千瓦) | 25.42% | 4.52% |
| | | | | | C13 人均农林牧渔总产值(元) | 25.39% | 4.52% |
| | | | | | C14 人均农林牧渔基本建设投资(元) | 23.87% | 4.25% |
| | | | 经济活力C2 | 45.45% | C21 农村个体就业人数(万人) | 19.70% | 2.92% |
| | | | | | C22 农村私营企业就业人数(万人) | 17.91% | 2.66% |
| | | | | | C23 农村私营企业投资者人数(万人) | 19.83% | 2.94% |
| | | | | | C24 第二产业就业人员比例(%) | 21.48% | 3.19% |
| | | | | | C25 第三产业就业人员比例(%) | 21.08% | 3.13% |

## 7.2 乡村人居环境建设动态演进

### 7.2.1 整体变化特征

根据表 7-1,2001—2015 年间云南省乡村人居环境建设水平呈现总体上升趋势,从 2001 年的 0.440 提升至 2015 年的 0.637,唯一的下降点出现在 2004 年(0.451);总体增速逐渐提高,2015 年较 2014 年增幅最大,达到 12.1%。这表明云南乡村的总体人居环境水平呈现不断改善的趋势。

表 7-1 云南省乡村人居环境建设水平、各系统水平得分及年份比重

| 年份 | 综合人居环境水平 | 生态环境 | | 生活质量 | | 生产效率 | |
|---|---|---|---|---|---|---|---|
| | | 得分 | 比重 | 得分 | 比重 | 得分 | 比重 |
| 2001 年 | 0.440 | 0.157 | 36% | 0.155 | 35% | 0.128 | 29% |
| 2002 年 | 0.448 | 0.156 | 35% | 0.162 | 36% | 0.130 | 29% |
| 2003 年 | 0.456 | 0.152 | 33% | 0.166 | 36% | 0.138 | 30% |
| 2004 年 | 0.451 | 0.147 | 33% | 0.167 | 37% | 0.137 | 30% |
| 2005 年 | 0.459 | 0.142 | 31% | 0.175 | 38% | 0.141 | 31% |
| 2006 年 | 0.466 | 0.138 | 30% | 0.180 | 39% | 0.148 | 32% |
| 2007 年 | 0.482 | 0.144 | 30% | 0.186 | 38% | 0.153 | 32% |

（续表）

| 年份 | 综合人居环境水平 | 生态环境 | | 生活质量 | | 生产效率 | |
|---|---|---|---|---|---|---|---|
| | | 得分 | 比重 | 得分 | 比重 | 得分 | 比重 |
| 2008年 | 0.484 | 0.141 | 29% | 0.189 | 39% | 0.154 | 32% |
| 2009年 | 0.496 | 0.142 | 29% | 0.193 | 39% | 0.161 | 33% |
| 2010年 | 0.497 | 0.132 | 27% | 0.199 | 40% | 0.166 | 33% |
| 2011年 | 0.514 | 0.134 | 26% | 0.207 | 40% | 0.173 | 34% |
| 2012年 | 0.539 | 0.131 | 24% | 0.223 | 41% | 0.185 | 34% |
| 2013年 | 0.561 | 0.130 | 23% | 0.236 | 42% | 0.195 | 35% |
| 2014年 | 0.568 | 0.109 | 19% | 0.251 | 44% | 0.208 | 37% |
| 2015年 | 0.637 | 0.126 | 20% | 0.280 | 44% | 0.231 | 36% |

### 7.2.2 三大系统的动态演进特征

#### 1）生态环境系统

生态环境是乡村人居环境的基础和乡村经济社会的原始保障。生态环境系统得分占云南乡村人居环境建设水平的比重，从2001年的36%持续下降至2015年的20%。其中，2014年云南省由于受到鲁甸6.5级地震和7月上旬云南洪涝泥石流等恶劣自然灾害的影响，当年得分比重为2001—2015年间的最低(19%)。目前，生态环境系统已成为云南省乡村人居环境可持续发展的主要制约因素。

从构成生态环境系统的正、负面因素来看，云南省生态环境系统演变大致可分为2001—2006年、2007—2015年两个时间阶段。

① 在2001—2006年间，全省正、负生态因素水平皆呈现下滑趋势，尤其自2003年以来，负面生态因素影响幅度逐渐加大。

② 2007年以来，全省大力推进生态资源保护与水环境治理，正面生态因素的影响开始明显提升，2008年后基本稳定在0.5～0.55水平区间。如2010年云南省启动实施了《七彩云南生态文明建设规划纲要(2009—2020年)》和“森林云南”建设计划，推进“三江”流域生态保护和水土流失治理规划；滇池治理全年投入资金53亿元，牛栏江—滇池补水项目投入资金30多亿元，对程海、杞麓湖水污染防治进行了专题研究部署(见《2011年云南省人民政府工作报告》)。而同期

全省负面因素则呈现下降态势，其中“人均自然灾害受灾直接经济损失”指标受自然灾害发生带来的破坏强度影响显著，往往出现断崖式下降现象。

云南省特殊且多样的地形、地貌等地理条件，客观上决定了云南省地质环境复杂脆弱、地质灾害多发易发的特点。云南省是全国地质灾害危害最严重的省份之一，全省地质灾害防治工作是一项长期、复杂且艰巨的任务。从负面生态因素效应不断放大和正面生态因素效应提升缓慢这一情况来看，尽管云南省的森林和湿地总量不断增长，森林覆盖率从 2001 年的 37%提升至 2015 年的 55.7%，但全省经济社会的生态消耗强度也在不断增加。2010 年的全省大范围严重旱灾和 2014 年的地震及泥石流灾害，直接导致这两个年度的负面因素水平均较上年度急剧上升（图 7-1）。

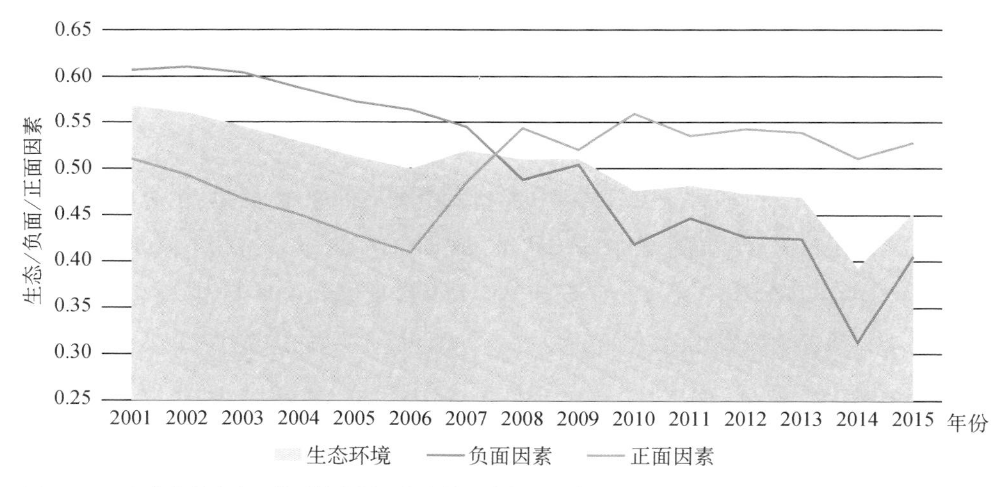


图 7-1　云南省乡村生态环境系统水平及各支持层指标动态演变

## 2）生活质量系统

生活环境是乡村人居环境的核心内容，是本次评价体系三个维度中权重最大的指标系统。乡村生活环境质量的高低，极大程度上影响着乡村人居环境的整体水平和村民的满意程度。生活质量系统得分占云南省乡村人居环境建设水平的比重从 2001 年的 35%持续增长至 2015 年的 44%，它已成为乡村人居环境建设水平的第一贡献因素。乡村生活质量系统下的四个支撑指标均呈现总体上升的态势，其中“居住条件”的提升最为显著，2001—2015 年间增幅达到 91.2%，而公共服务水平增幅最低(70.8%)。

从指标的阶段特征来看，生活质量水平的动态演变基本可分为 2001—2009 年和 2010—2015 年两个阶段。

① 在 2001—2009 年间，生活质量水平逐年平稳上升，其中“基础设施”增速稳定，“居住条件”和“生活水平”在略有波动中稳步上涨。相比较而言，“公共服务”的波动较大，2005 年出现高峰值，2009 年下跌显著，在一定程度上制约了生活质量的整体提升。

② 2010 年以来，生活质量各方面都获得持续提升，“基础设施”“居住条件”和“生活水平”继续保持增长态势；相比较 2001—2009 年间的波动，“公共服务”水平获得显著提升，质量指数从 2009 年的 0.4328 增至 2015 年的 0.6646。

总体来看，云南省乡村的生活质量系统水平在基础设施建设、居住条件、生活水平及公共服务设施建设方面都获得了显著提升(图 7-2)。比如，2001—2015 年间，自来水受益村比例从 80.5%增至 98.4%，农村人均住宅建筑面积从 22.42 平方米提升至 36.43 平方米，村民人均纯收入也从 1 533 元增至 8 242 元，村民收入的不断提升也伴随着城乡居民收入比的下降(从 2001 年的 4.43 降至 2015 年的 3.20)。乡村生活质量的提升与各级政府和村民个人的不断建设投入紧密相关。比如，2001—2015 年期间，农业占云南省地方财政支出比例从 9.1%增至 13.6%，人均农村固定资产投资从 173 元增至 1 604 元。

不可否认的是，作为西南农业大省，云南省人居环境基础薄弱，依然需要持续建设与多方投入。目前云南省的公共服务等主要基础指标依然与我国平均水平存在一定差距。如 2015 年云南省初中师生比(0.069)比全国平均水平(0.092)低 30%(图 7-3)，每万人拥有卫生室的数量不到全国平均水平的一半(图 7-4)。另外，城乡差异依然在一定程度上影响着人居环境建设资源的地域分配，虽然人均建房面积及固定资产投资额在持续提升，但乡村薄弱的基础条件决定了投资的弱回报对社会投资的吸引依然有限，乡村固定资产投资占全社会固定投资比重不断下降，该比重指标在 2001—2015 年期间从 7.6%下降至 3.19%，这也在一定程度上反映出社会各方对乡村建设的介入程度依然有限。

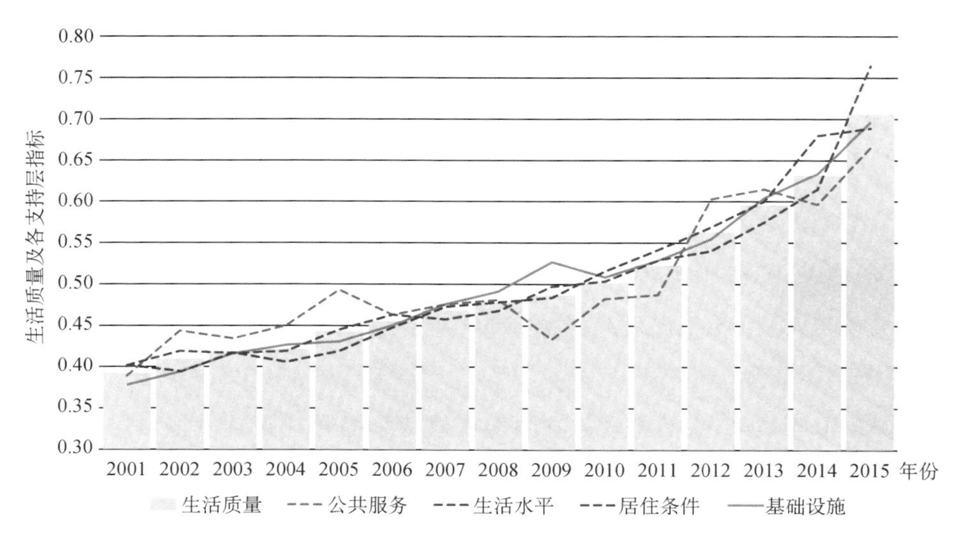


图 7-2　云南省乡村生活质量系统水平及各支持层指标动态演变

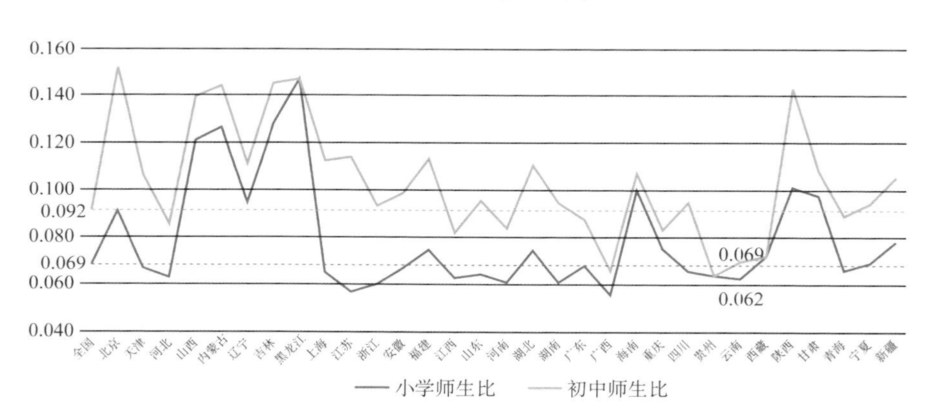


图 7-3　2015 年全国各省份乡村小学及初中师生比比较

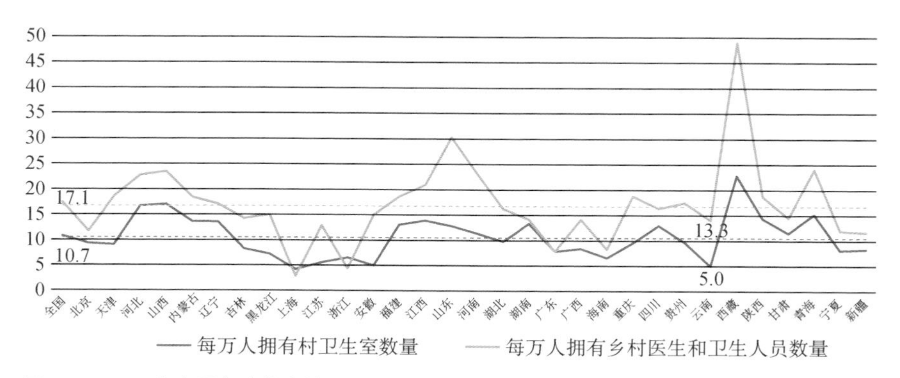


图 7-4　2015 年全国各省份乡村卫生资源配置比较

### 3）生产效率系统

生产效率系统反映了乡村的生产基础条件和产业发展能力，直接决定了乡村人居环境的可持续发展能力。生产效率系统得分占云南乡村人居环境建设水平的比例从 2001 年的 29%持续增长至 2015 年的 36%，增长幅度仅次于生活质量系统水平，目前是乡村人居环境水平改善的第二贡献因素。

从“农业基础”和“经济活力”两个支持层增长变化率来看，农业基础逐年稳步提升，略有小幅起伏；而乡村经济活力则呈现较大波动。受自然灾害影响显著，经济活力指标的增长率较前一年份变化较大。四个呈现断崖式下降的 2004 年、2008 年、2010 年、2013—2014 年，都发生了影响程度较大的自然灾害，尤其 2004 年的禽流感袭击、大区域泥石流破坏和 2008 年的汶川地震及泥石流破坏使这两个年份出现了负增长的情况（图 7-5）。当然，自然灾害不一定阻碍经济增长。在中国，气象灾害可通过增加实物资本投资促进经济增长，地质灾害本身对经济增长并无显著影响，说明灾后的实物资本重建是促进经济复苏的主要因素。

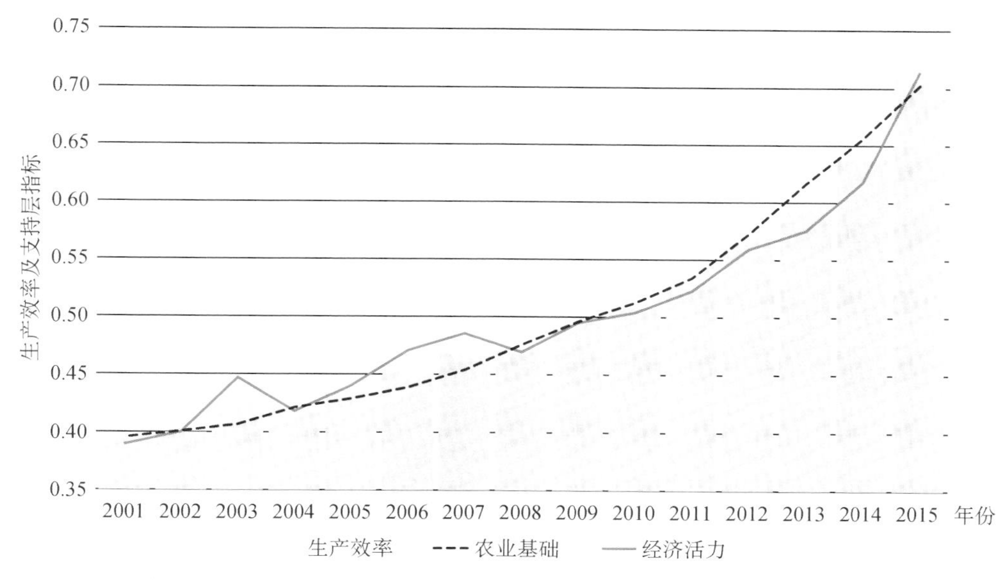


图 7-5　云南省乡村生产效率系统水平及各支持层指标动态演变

从指标的阶段特征以及支持层指标增长率的变化来看（图 7-6），云南省生产效率水平的动态演变基本可分为 2001—2009 年和 2010—2015 年两个阶段。

① 在 2001—2009 年间，乡村生产效率指数的增长率波动较大，主要受到经济活力支持层指数剧烈变化的影响，相比较而言，农业基础指数反而受自然灾害影响不大，甚至在部分灾害年出现反向增长率提升的现象。

② 2010—2015 年，总体生产效率指数增长率较前一阶段呈现更加平稳的态势，近年来上升趋势明显。从两个系统的变化趋势比较来看，云南省农业基础发展相对平稳，呈现阶梯状逐步提升趋势；而乡村经济活力的增长则呈现较明显的波动演变特征。

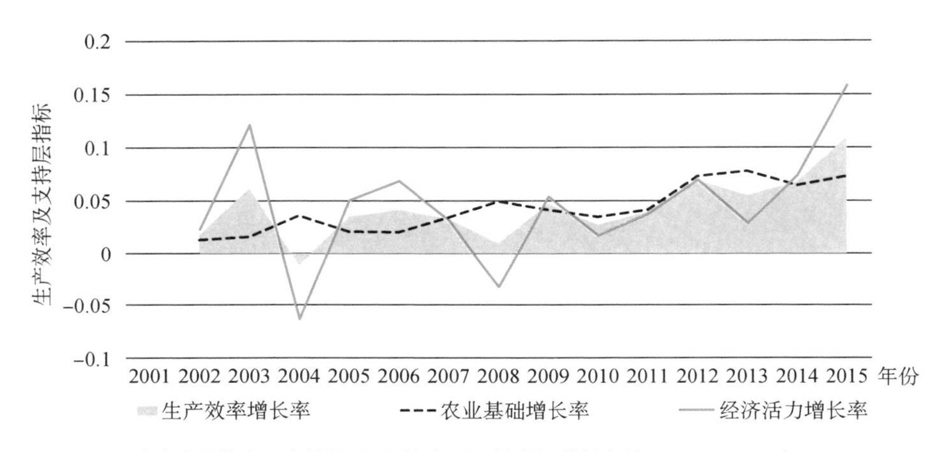


图 7-6 云南省生产效率及支持层(农业基础及经济活力)增长率情况(2002—2015)

### 7.2.3 2001—2015 年全省乡村人居环境动态演进特征

综合三大系统指标体系的变化来看，云南省乡村人居环境建设大致可分为三个发展阶段。

#### 1) 2001—2005 年(“十五”期间)：生态环境透支下的全面起步

“十五”期间，在国家实施西部大开发、扩大内需的发展机遇下，云南省经济总量保持较快增长，国内生产总值、固定资产投资、城乡居民收入等主要指标均高于同期全国平均水平。工业化进程开始提速，新农村建设开局良好。其中，2004 年受到“非典”疫情的影响，全省农业生产效率指数首度出现下挫(图 7-7)。

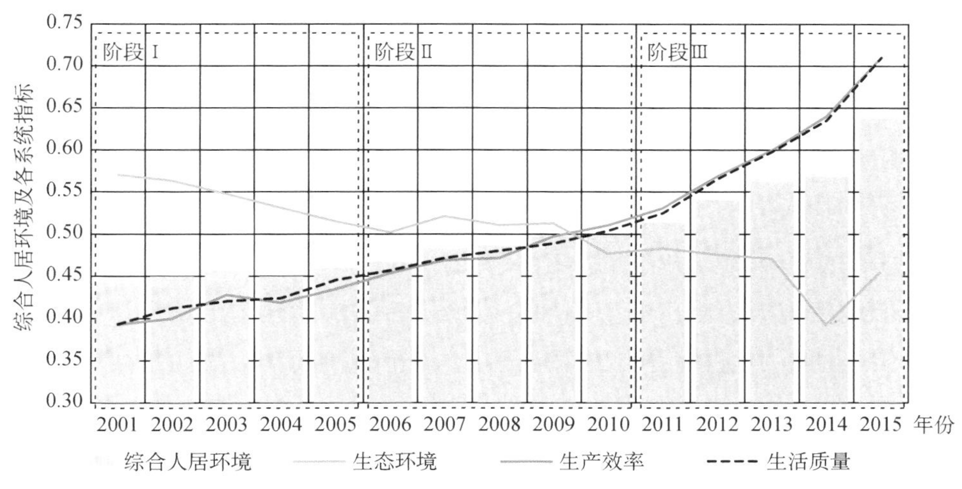


图 7-7　云南省乡村人居环境建设及各系统的动态演变

然而，乡村经济社会全面提升的同时，人口与资源环境矛盾日益凸显。云南省山地和山区面积占 94%，坝区面积仅占 6%。经济增长和人民生活改善对资源环境的要求不断提高，但粗放的经济增长方式没有根本转变，土地、水、矿产、森林等主要资源支撑经济社会发展的压力持续加码。局部地区水土流失及水、大气污染的状况加剧，环境问题愈加尖锐。全省乡村生态环境问题日益凸显，治理速度明显赶不上污染速度，严重阻碍经济社会尤其是乡村经济的可持续发展。从云南乡村人居环境建设水平各支持系统的演变来看，2001—2005 年间的生态环境系统指数持续下降，降幅超过 25%。这一变化充分反映出在“十五”期间，全省经济社会发展开始全面起步、乡村生活水平得到显著提升的同时，粗放的发展建设模式也对自身生态环境造成了巨大破坏和资源透支。这也导致“十五”期间的乡村综合人居环境指数增长缓慢，2004 年甚至出现下降。

### 2）2006—2010 年（“十一五”期间）：相对均衡的逐步发展时期

“十一五”期间，云南省抓住中央扩大内需的有利时机，继续加大对乡村基础设施建设的投入力度，建成了一大批事关乡村发展全局、影响面大、群众受惠多的基础设施建设项目，乡村生产条件得到较大改善。这一时期，云南乡村的人居环境建设得到了持续而快速的建设。以乡村公路建设为例，“十一五”期间累计完成投资超过400亿元，是“十五”时期的11倍，2008—2010年连续三年完成投资超过100亿元，建成硬化里程近2万千米，公路建设实现了跨越式发展。尤其在建制村通达和乡镇通畅方面取得巨大进展，实现90%覆盖率的乡镇通油路和98%覆盖率的建制村通公路，全省乡村公路通车总里程名列全国前茅。

这一时期的生态环境建设和水土恢复工作得到了全面推进。“十一五”期间，全省启动实施了“森林云南”建设，推进以天然林保护、退耕还林、防护林建设、石漠化治理等为重点的生态环境建设，加大坡、耕地水土流失综合整治。2010年，全省完成造林面积2 939万亩，比“十五”末期的2005年增长44%；新增治理水土流失面积1.39万平方千米，实施水土保持生态修复保护面积2.3万平方米。生物多样性保护重点区域由5个市、自治州18个县级单元扩大到9个市、自治州44个县级单元。森林覆盖率达到52.9%，比“十五”末期的2005年增加了3.4个百分点。

从云南乡村人居环境建设水平各支持系统的演变来看，生产效率和生活质量支持系统指数总体保持稳步增长趋势。生态环境系统指数总体呈现先扬后抑态势，2007—2009年期间指数有所回升，但2010年又出现明显下滑，并且该年的生态环境系统指数开始低于生活质量系统指数。总体来看，与“十五”期间相比较，“十一五”期间的云南乡村人居环境建设更趋平衡，生态环境建设有所加强，但持续效果不显著。生态环境系统下滑趋势的总体改善，也使得“十一五”期间农村综合人居环境指数获得6.7%的增长，略高于“十五”期间的4.3%。

### 3) 2011—2015年(“十二五”期间)：经济社会建设的全面提速时期

“十二五”期间，云南省经济社会进入快速发展通道。全省农业经济总量较“十一五”末翻了一番，增长速度实现了“两个高于”，即高于同期全国乡村农业经济平均增速，高于全省经济发展平均增速。在村民生产生活水平方面，农业效益和村民收入也获得大幅提升。2015年，全省种植业亩均产值达2 045元，比2010年1 025.7元增加了1 020元，增幅达99.4%。按同口径计算，2015年全省村民人均纯收入达7 526元，比2010年3 952元增加了3 574元，增幅达90.4%，年均增长13.7%，增幅连续5年高于城镇居民收入。

与此同时，全省乡村基础设施与生活环境建设也不断加速。根据云南电网数据，“十二五”期间云南电网累计投入 262.1 亿元建设改造乡村电网，全省乡村户表改造率达到 98%，解决了 120 余万户 470 多万无电人口用电问题，实现了城乡同网同价，极大促进了村民减负和乡村发展。另外，“十二五”期间全省水务部门累计投入乡村饮水安全工程资金 70.8 亿元，建成了 4.29 万处集中式供水工程和 7.8 万处分散式供水工程，累计解决乡村 1 369.5 万人饮水安全问题。全省大规模开展防洪薄弱环节建设，洪涝灾害、干旱灾害年均直接经济损失占同期 GDP 比重均降低到 1.0%以下。

总体来看，“十二五”时期是全省全面建成小康社会的关键时期，乡村综合人居环境指数增幅较“十一五”时期更为突出，2015 年比 2010 年提升约 30%。三大支持系统中，生产效率和生活质量支持系统的指数增长较快，较“十一五”时期增速明显提升，2011—2015 年两系统指数增幅高达 40%，表明全省产业经济与乡村建设发展成绩突出。与之相比，生态环境系统指数依然呈现缓慢下降的态势。

## 7.3　村民收入与乡村人居环境建设

村民收入是“三农”问题的核心之一，也是乡村人居环境建设水平的重要衡量指标。党的十八大报告提出，在转变经济发展方式取得重大进展，发展平衡性、协调性、可持续性明显增强的基础上，确保到 2020 年实现国内生产总值和城乡居民人均收入比 2010 年翻一番的目标。这一目标被社会冠以中国版的“收入倍增计划”。在随后 2013 年中央一号文件中，第一次提出要建设“美丽乡村”，进一步加强乡村生态建设、环境保护和综合整治工作。而要抓好美丽乡村人居环境建设，经济环境与村民收入是基础。

“仓廪实而知礼节，衣食足而知荣辱”。2017 年中央农村工作会议更是明确提出，要进一步推进农村供给侧结构性改革，全面提升村民收入是农业供给侧结构性改革的真正目的。可见，乡村人居环境建设作为乡村供给侧结构性改革的重要抓手，既是村民收入提升的直接表现，也可以从生产环境建设、政策实施方面为村民增收提供物质基础。村民收入的提升必然依托良好的乡村人居环境，同时村民也会对人居环境的建设提出更高层次的要求。

## 7.3.1 村民收入整体特征

云南省地处我国西部，是典型的边疆民族山区省份，基础农业生产特征显著，资源条件依赖性较强。具体表现在以下几个方面。

① 第一产业比重高。近20年来，全省产业结构不断优化调整，第三产业增长迅速，但农业生产在全省经济总量中的比重依然较高。2015年，第一产业占全省生产总值比重较2001年从21.7%下降至15.1%，但依然高于全国平均水平(9%)。

② 全省的城镇化水平不高，乡村人口基数较大。2015年末，全省乡村总人口为2 687.2万，常住人口城镇化率为43.3%，排名全国倒数第四，大幅低于同年的全国平均水平(56.1%)。

③ 农业生产依然是大部分乡村人口的主要经济来源，第一产业就业人口从2001年的1 710万下降至2014年的1 591万人，年增长率仅为-0.6%，下降速度较缓，农业生产的人口规模比较稳固。

2006年全国农业税全面取消，2010年新一轮西部大开发战略拉开帷幕，2015年“一带一路”倡议的提出，作为边境桥头堡的云南获得跨越式发展的机遇。最近十年云南乡村居民人均纯收入保持了持续增长的良好态势。村民人均纯收入从2001年的1 533元增加到2016年的9 020元，增长了4.9倍，年平均增长速度为12.5%。2006年农业税全面取消后的2007—2014年期间，农民人均纯收入迎来大幅增长，平均增速达到16%，并一直高于同期城镇居民人均可支配收入的增长率。唯一例外的是2009年，云南省遭遇了百年一遇的严重旱灾，导致村民收入严重受损(图7-8)。

然而，总面积90%以上山区地貌的自然条件极大地制约了云南省的城乡交通联系，导致很多贫困山区至今交通闭塞、不便，极大影响了当地村民的生产与生活，区域不平衡现象严重。总体来看，目前云南乡村人口的收入状况存在以下问题。

首先，全省乡村人口的收入水平整体偏低，贫困人口基数较大。2015年云南乡村居民人均纯收入为8 242元，大幅低于全国11 422元的平均水平，位列全国

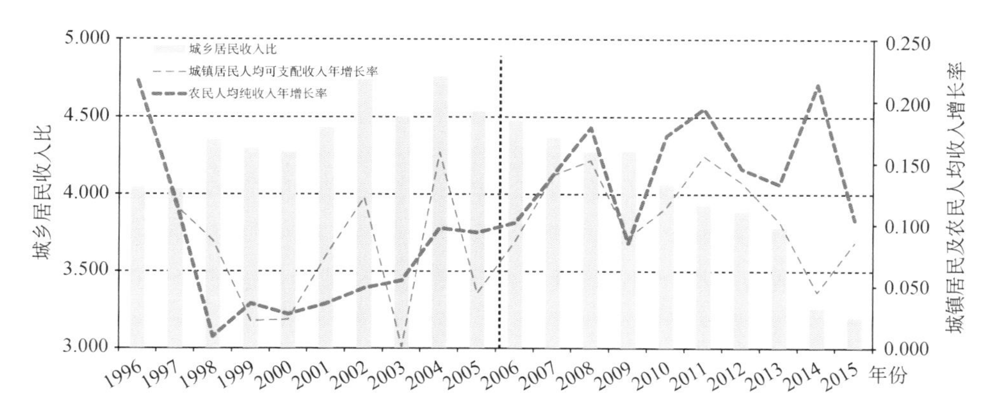


图 7-8　云南省 1996—2015 年城乡居民人均可支配收入的年增长率变化
资料来源：1997—2016 年《中国统计年鉴》。

倒数第三(图 7-9)。村民人均纯收入与全国平均水平的比值从 2001 年的 0.65 提升至 2016 年的 0.73，农业增收的压力依然较大。同时，由于省内各地区间发展严重不平衡，部分民族地区村民收入水平更低。尽管全省乡村贫困人口(包括绝对贫困人口)从 2006 年的 670 万降至 2015 年的 471 万，成绩斐然，但按照 2006 年和 2015 年我国农民低收入贫困标准，云南省的乡村贫困人口依然占到全省乡村人口的 15%。

其次，近十年云南省城乡收入差距持续缩小，但总体差距依然较大。2015 年，全国包括云南省在内的西部七省城乡居民收入比超出全国平均水平，其中云南省城乡居民收入比达到 3.2，位列全国第三，城乡二元经济结构问题相对突出。

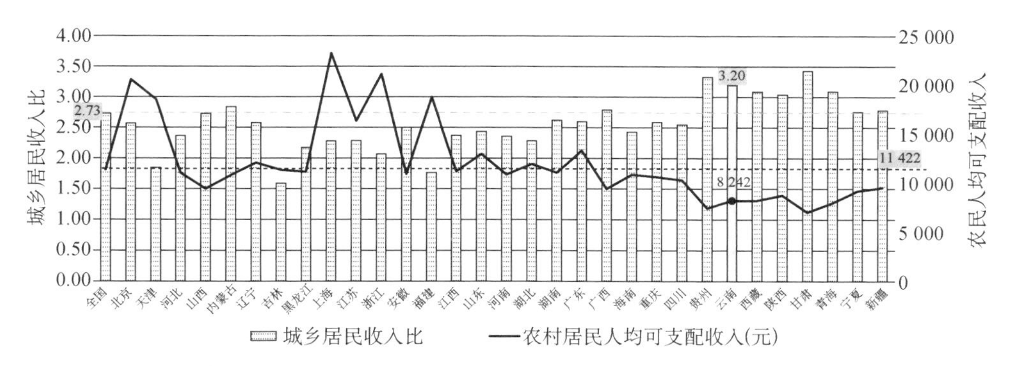


图 7-9　2015 年全国及 31 省市区城乡居民收入比与村民人均纯收入
资料来源：2015 年国家及各省市区国民经济和社会发展统计公报。

## 7.3.2 差异化阶段特征

从时间纵向比较来看，全国城乡收入比从持续上升转为持续下降的拐点出现在2008年，而云南省的城乡收入比拐点则早于全国，出现在2005年(图7-10)。根据国家及云南省统计局的国民经济和社会发展统计公报(1996—2016年)汇总数据，得出以下结论。

(1) 1996—2004年间，云南省的城乡收入差距持续扩大，2004年达到峰值，城镇集聚效应凸显，该时期的村民纯收入年增长率为7.2%。

(2) 2005年及2006年农业税取消以后，村民收入增速开始持续超过城镇居民，全省的城乡居民收入比不断下降，从2004年的4.76降至2014年的3.26，下降幅度约为全国降幅的两倍；2015—2016年期间的城乡收入比降幅开始明显趋缓，基本维持在3.2左右，村民纯收入增速也降至10%以下，与城镇居民收入增速接近。该时期的村民平均纯收入年增长率为14.0%。

两个时间段也完整覆盖了四个五年国民经济发展计划时期，村民收入增长率差异显著：1996—2000年的“九五”时期为7.9%，2001—2005年的“十五”时期为6.7%，2006—2010年的“十一五”时期为14.1%，2011—2015年的“十二五”时期为13.7%。

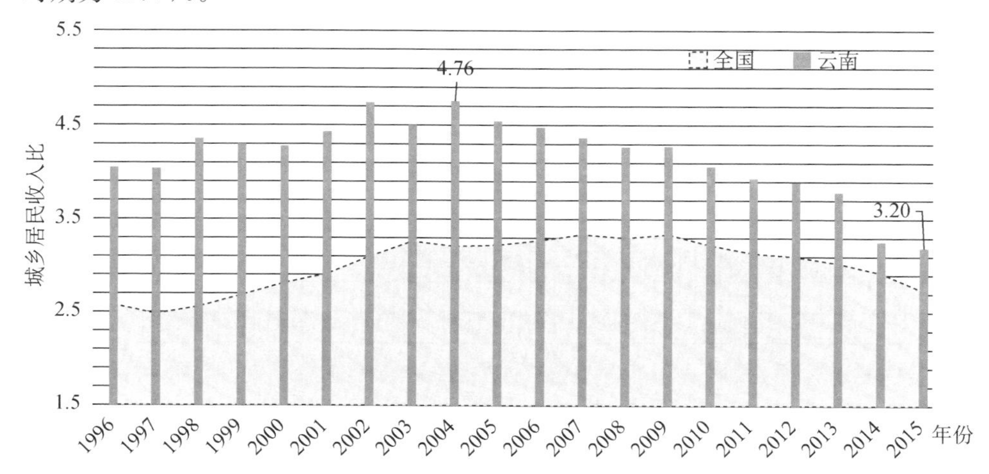


图7-10 全国及云南省1996—2015年城乡居民可支配收入比变化
资料来源：2001—2016年国家及云南省国民经济和社会发展统计公报。

为了更好地了解云南省乡村居民收入的差异化阶段特征，探讨可能的影响因素，我们将对 1996—2004 年和 2005—2015 年两个时间区段进行潜在因素的关联度分析，从而更好地判别不同经济社会时期村民收入增长的关联因素及综合特征。

## 7.4　村民收入的关联因素

### 7.4.1　关联因素选择

为保证指标的延续性和解释的全面性，在前述云南省乡村人居环境建设相关的 29 个三级指标(原有 30 个指标去除“村民人均纯收入”)基础上，增补村民收入结构指标(“家庭经营性纯收入”“财产性纯收入”和“转移性纯收入”)，并新增云南省产业结构(第一、二、三产业增加值占 GDP 比例)、农业科技(“农业自然科学独立机构科研人员规模”)和体现城乡发展关系的指标(“城镇化率”“农业占地方财政支出比例”和“农村固定资产投资占全社会固定投资比重”)，形成了 40 个关联输入变量。由于受指标体系延续性的制约，将“人均自然灾害受灾直接经济损失(元)”替换为“农业受灾面积(千公顷)”。研究假设各指标均在一定程度上与村民纯收入存在潜在关联性。

① 收入来源。随着乡村经济的不断开放，村民收入来源也发生变化，不同收入结构也影响村民的总体收入，具体体现在工资性收入、经商收入等的增加。本研究中收入来源主要包括村民的“工资性收入”“经营性收入”“财产性收入”和“转移性收入”4 个指标。

② 消费水平。消费水平在很大程度上取决于收入水平，收入的提高会带来消费规模的提升，并带来消费结构的变化。一般来讲，居民收入的提高会导致其生活必需品的支出减少，从而促进消费结构升级。因此，采用“村民人均消费支出”和“村民恩格尔系数”2 个指标表示村民的消费水平。

③ 个人就业。与收入结构类似，随着当地经济的发展和外出务工机会的增多，村民的就业类型呈现出不断多元化和非农化趋势，乡村地区的私营和个体经济比例不断提升。因此，就业因素主要包括云南省“第一、二、三产业就业人员比

例”“农村私营企业从业人员人数”“农村个体就业人数”“农村私营企业投资者人数”等 6 个指标。

④ 区域产业。乡村经济很大程度上受到所在区域的产业水平影响，全省不同区域的产业结构也决定了大多数当地村民选择非农就业和其他创收渠道的实现，进而影响收入水平。因此，产业发展要素可分为产业结构和产业效率两个方面，具体包括体现产业结构的“第一、二、三产业增加值占生产总值比重”3 个指标和体现产业效率的“人均农、林、牧、渔产值”指标。

⑤ 政府财政。纵观世界各国经验，农业的发展离不开政府财政的持续投入与政策支持，村民的收入很大程度上取决于政府投入的力度。因此，政府财政因素采用“人均农业财政总支出”和“农业占地方财政支出比例”2 个指标来表示。

⑥ 生态资源。生态资源条件对村民收入的影响存在较大的地区差异，根据前述分析可知，近 15 年云南省的生态资源条件总体呈现下降态势。因此，采用“森林覆盖率”“当年人工造林面积”“人均水资源量”“农药使用量”和“化肥使用量”等 5 个指标来衡量生态资源与村民收入的关联性。

⑦ 居住条件。整体上延续前述云南省乡村人居环境建设的相关指标，居住条件质量的好坏直接体现了村民收入水平的高低，收入的提高往往意味着村民对现有住房条件的大力改善。因此，人居环境要素包括“人均农村固定资产投资”“人均住宅建筑面积”“人均农村竣工住宅投资额”“农村农户竣工住宅造价”4 个指标。

⑧ 公共设施。收入的提高会提升村民对当地更高质量的公共服务设施方面的需求。因此，采用“每万人拥有病床床位数”“养老服务设施数量”“农村邮政投递线路长度”“自来水受益村比例”和“农村年人均用电量”等 5 个指标来表达。

⑨ 农业条件。农业生产是绝大多数村民的主要收入和生活物质来源，农业生产条件和生产设施水平的高低会影响农业生产效率，进而对村民的收入产生一定影响。因此，用“人均农业机械动力”“人均农、林、牧、渔业基本建设投资”和“水库总库容量”这 3 个指标来衡量。

⑩ 科技投入。科技是第一生产力，农业发展水平同样离不开科技的支撑。从长远来看，提高农业科技水平对增加村民家庭收入呈现出持续稳定的高效显著性正效应（范金等，2010）。因此，科技投入要素用“农业自然科学独立机构科

研人员规模”表示。

⑪ 城乡关系。各级城镇作为广大乡村地区腹地的服务、就业和交换的空间枢纽，为村民提供了广大的就业空间和增收渠道，但同时也存在由于发展失衡而带来的城乡收入差距加大的风险，且有可能不利于村民收入的持续提高。城乡之间不均衡的发展格局很大程度上也取决于乡村获得社会投资及政府财政比例的高低。因此，用“城镇化水平”“农业占地方财政支出比例”“农村固定资产投资占全社会固定投资比重”和“城乡居民收入比”等 4 个指标代表城乡关系。

⑫ 不可预知因素。农业生产受自然气候影响较大，自然灾害往往会对农业收入造成直接损失。因此，采用“农业受灾面积”来表示该指标与村民收入存在潜在的负相关性。

### 7.4.2　灰色关联度计算

以“村民人均纯收入”作为母数列（$X_0$），40 个关联因素为子数列（$X_1-X_{40}$），首先进行均值化无量纲处理，其次对呈现总体显著下降趋势的指标值进行相应倒数化处理，包括“恩格尔系数”“城乡居民收入比”“第一产业就业人员比例”“第一、二产业增加值占 GDP 比例”“人均水资源量”“农村固定资产投资占全社会固定投资比重”等 7 个指标。然后分别对 1998—2005 年和 2006—2015 年两个时间区段内的 40 个子数列进行灰色关联度计算，$\rho$ 精度值取 0.1。运算结果及排序见附表 3-9。

### 7.4.3　整体关联特征

所有子数列的关联系数平均值可以反映该子数列群的总体解释能力。从两个时间区段的关联度排序来看，1998—2005 年期间的平均关联度为 0.5195，子数列群的总体解释能力弱于 2006—2015 年间的 0.55。一定程度上反映出，随着时间的推移，影响村民收入变化的因素关联性有所加强，整体解释力提高。

随着子数列平均关联度和总体解释力的下降，高关联系数的影响因素也明显减少。根据村民收入母数列对22个子数列的关联系数计算值进行初步区分，以0.75～1区间作为强关联性因素，0.5～0.75区间作为中关联性因素，0.5以下视为弱关联性因素，强、中关联性因素可以共同视为显著关联性因素。结果显示，1998—2005年间村民收入的强关联性因素为4个，中关联性因素为18个，2006—2015年间强、中关联性因素分别变化为6个与14个。在指标整体解释力提高的同时，高关联性指标进一步增加，呈现一定的关联性指标收敛趋势。

### 7.4.4 关联因素变化的特征

关于关联系数的变化特征分析，主要针对强和中关联性的显著关联性因素在不同时间区段的分布进行比较（表7-3）。总体来看，1998—2005年间，除科技投入和不可预知因素两个维度外，影响云南乡村居民收入的强、中关联性因素覆盖了十大维度的22个关联指标，其中高关联性指标主要为经济产业类指标，包括收入来源、个人就业和地区产业发展。

1998—2005年间云南省农业发展基本处于脱贫阶段，村民收入尚未有效带动乡村的全面发展建设，收入提升的外溢效应有限，人居环境建设尚未跟上村民收入的提升速度。2006—2015年间，影响云南乡村居民收入的强、中关联性因素除了覆盖了前一时期的十大维度外，科技投入维度的指标首次成为与村民收入存在中强度关联性的指标，“农业自然科学独立机构科研人员规模”的关联系数从1998—2005年间的0.4677升至2006—2015年间的0.6138。高关联性指标除收入来源与地区产业外，还首次包含了消费水平、居住条件和公共设施，指标解释力的综合性明显加强。综合来看，1998—2005年间村民收入提高所带来的综合效应开始显现，收入来源的关联性持续增强，村民消费规模开始呈现强关联性，反映出收支关系和收支结构的不断改善。居住条件和公共设施等人居环境物质空间建设也逐渐跟上村民收入的增速，农业科技与村民收入关联性显著提高，城乡收入差距有显著改善。但不可否认的是，农业在全社会中的建设资源占比（财政支出和固定资产投资比例）依然明显滞后。

表 7-3　40 个关联因素与村民人均纯收入的关联系数排名对比

| 因素类型 | 因素名称 | 1998—2005 年 | | 2006—2015 年 | | 关联系数增幅 |
|---|---|---|---|---|---|---|
| | | 排名 | 关联系数 | 排名 | 关联系数 | |
| 收入来源 | $X_{01}$ 工资性收入 | 24 | 0.4742 | 3↑ | 0.8274↑↑ | +74.5% |
| | $X_{02}$ 经营性收入 | 2 | 0.8071 | 1↑ | 0.8871↑ | +9.9% |
| | $X_{03}$ 财产性收入 | 21 | 0.5173 | 27↓ | 0.4331↓ | −16.3% |
| | $X_{04}$ 转移性收入 | 37 | 0.3190 | 17↑ | 0.5973↑↑ | +87.2% |
| 消费水平 | $X_{05}$ 村民人均消费支出(元) | 14 | 0.5794 | 2↑ | 0.8302↑↑ | +43.3% |
| | $X_{06}$ 村民家庭恩格尔系数 | 25 | 0.4714 | 22↑ | 0.4787−− | +1.5% |
| 个人就业 | $X_{07}$ 第一产业就业人员比例 | 30 | 0.3744 | 35↓ | 0.3745−− | 0.0% |
| | $X_{08}$ 第二产业就业人员比例 | 35 | 0.3271 | 28↑ | 0.4145↑ | +26.7% |
| | $X_{09}$ 第三产业就业人员比例 | 1 | 0.8514 | 11↓ | 0.702↓ | −17.5% |
| | $X_{10}$ 农村私营企业从业人员人数 | 7 | 0.7046 | 32↓ | 0.402↓↓ | −42.9% |
| | $X_{11}$ 农村个体就业人数 | 29 | 0.3851 | 14↑ | 0.6341↑↑ | +64.7% |
| | $X_{12}$ 农村私营企业投资者人数 | 13 | 0.5805 | 31↓ | 0.405↓↓ | −30.2% |
| 区域产业 | $X_{13}$ 人均农林牧渔产值 | 4 | 0.7755 | 6↓ | 0.7513↓ | −3.1% |
| | $X_{14}$ 第一产业增加值占 GDP 比重 | 28 | 0.4614 | 33↓ | 0.3995↓ | −13.4% |
| | $X_{15}$ 第二产业增加值占 GDP 比重 | 33 | 0.3678 | 39↓ | 0.3248↓ | −11.7% |
| | $X_{16}$ 第三产业增加值占 GDP 比重 | 12 | 0.5829 | 18↓ | 0.5937↑ | +1.9% |
| 政府财政 | $X_{17}$ 农业占地方财政支出比例 | 31 | 0.3702 | 37↓ | 0.3351↓ | −9.5% |
| | $X_{18}$ 人均农业财政总支出(元) | 6 | 0.7263 | 15↓ | 0.6312↓ | −13.1% |
| 生态资源 | $X_{19}$ 森林覆盖率 | 3 | 0.7763 | 24↓ | 0.4647↓↓ | −40.1% |
| | $X_{20}$ 当年人工造林面积(千公顷) | 36 | 0.3193 | 38↓ | 0.3278↑ | +2.7% |
| | $X_{21}$ 人均水资源量(立方米/人) | 32 | 0.3689 | 36↓ | 0.3459↓ | −6.2% |
| | $X_{22}$ 农药使用量(万吨) | 9 | 0.6278 | 20↓ | 0.5309↓ | −15.4% |
| | $X_{23}$ 化肥使用量(万吨) | 19 | 0.5314 | 13↑ | 0.6433↑ | +21.1% |
| 居住条件 | $X_{24}$ 人均农村固定资产投资(元) | 20 | 0.5246 | 21↓ | 0.4979↓ | −5.1% |
| | $X_{25}$ 人均住宅建筑面积(平方米) | 18 | 0.5508 | 5↑ | 0.7587↑↑ | +37.7% |
| | $X_{26}$ 人均农村竣工住宅投资额(元) | 10 | 0.6277 | 19↓ | 0.5599↓ | −10.8% |
| | $X_{27}$ 农村农户竣工住宅造价(元/平方米) | 34 | 0.3430 | 25↑ | 0.464↑ | +35.3% |

（续表）

| 因素类型 | 因素名称 | 1998—2005年 | | 2006—2015年 | | 关联系数增幅 |
|---|---|---|---|---|---|---|
| | | 排名 | 关联系数 | 排名 | 关联系数 | |
| 公共设施 | $X_{28}$ 每万人拥有病床床位数（张） | 22 | 0.5048 | 8↑ | 0.7393↑↑ | +46.5% |
| | $X_{29}$ 养老服务设施数量（个） | 38 | 0.2872 | 30↑ | 0.4056↑ | +41.2% |
| | $X_{30}$ 农村邮政投递线路（万千米） | 39 | 0.2868 | 34↑ | 0.3913↑ | +36.4% |
| | $X_{31}$ 自来水受益村比例 | 16 | 0.5668 | 7↑ | 0.7406↑↑ | +30.7% |
| | $X_{32}$ 农村年人均用电量（千瓦·时） | 5 | 0.7317 | 4↑ | 0.8112↑↑ | +10.9% |
| 农业条件 | $X_{33}$ 人均农业机械动力（千瓦） | 11 | 0.6269 | 9↑ | 0.7231↑ | +15.3% |
| | $X_{34}$ 人均农林牧渔业基本建设投资（元） | 17 | 0.5663 | 26↓ | 0.4611↓ | −18.6% |
| | $X_{35}$ 水库总库容量（亿立方米） | 15 | 0.5718 | 23↓ | 0.4747↓ | −17.0% |
| 科技投入 | $X_{36}$ 农业自然科学独立机构科研人员规模 | 26 | 0.4677 | 16↑ | 0.6138↑ | +31.2% |
| 城乡关系 | $X_{37}$ 城镇化率（%） | 8 | 0.6561 | 10↓ | 0.7106↑ | +8.3% |
| | $X_{38}$ 农村固定资产投资占全社会固定投资比重 | 27 | 0.4618 | 29↓ | 0.4129↓ | −10.6% |
| | $X_{39}$ 城乡居民收入比 | 40 | 0.2150 | 12↑ | 0.6674↑↑ | +210.4% |
| 不可预知因素 | $X_{40}$ 农业受灾面积 | 23 | 0.4907 | 40↓ | 0.232↓↓ | −52.7% |

注：↑和↓符号分别表示2006—2015年关联系数排名和系数值较1998—2005年间的变化趋势。

关联维度发生变化的同时，各维度内各要素的关联系数也发生较大变化。

### 1）收入来源

村民收入来源依然是村民收入最稳定的结构性关联因素，村民对最强关联性因素——“经营性收入”的依赖性持续提升，并成为最强关联性因素。与此同时，“转移性收入”和“工资性收入”的关联性位序提升明显，系数提升幅度位列所有因素的第二、三位。

其中，“工资性收入”关联性的提升显示“打工”“自由职业”等非农工作形式正逐渐成为村民收入的主要来源。“转移性收入”关联性提升则显示出土地流转等显著改善了云南村民的收入结构。2006年及以前，云南乡村居民的转移性收入和财产性收入曲线较平稳，变化幅度不大；2007年开始，转移性收入和财产性收入都持续增加，转移性收入增加幅度趋大，增长率超过村民人均纯收入增长率，尤其2010年以来，云南省政府连续出台的强农、惠农、富农政策，大力推行土地流转，促进村民转移性收入实现较快增长。以2013年为例，云南乡村居民人均转移性收入达到了532元，占村民人均纯收入的9.00%，超过了国家8.82%的平均水平。“财产性收入”是云南村民收入构成中唯一出现关联性位序和指标双降的关联因素，反映出财产性收入虽然在村民收入中比例有一定提高，但不确定性和指标波动较大，结构稳定性不显著。

总结而言，村民的收入来源对村民收入构成结构性支撑，且关联系数整体增强，多元化收入来源变化明显，村民增收对“经营性收入”的单一依赖性正逐步转变为“经营性收入”和“工资性收入”双要素驱动模式，同时转移性收入的关联性也显著提升。

### 2）消费水平

村民消费水平持续改善，消费规模增速逐渐追平收入增速，关联性显著提高，跃升至2006—2015年间的第二位关联性因素。“十二五”期间，村民人均生活消费支出年均增长12.7%，高于城镇居民2.5个百分点；2010年云南乡村居民生活消费性支出与城镇居民消费性支出的比值为3.26∶1(农村为1)，2015年缩小为2.92∶1。与此同时，村民消费结构也明显改善，但恩格尔系数的波动略大，导致关联性并无增长。

综上，可以看出村民的收入提升已开始有效转化为消费能力，与收入增长开始形成良好的协同转化关系，消费结构也在持续改善，这是乡村经济提升至更高发展水平、村民消费需求多元化的体现。

### 3）个人就业

个人就业结构对村民收入的关联度整体呈现下滑态势，6个指标中有4个降为非显著性关联因素(关联系数低于0.5)，就业结构也出现一定变化。1998—2005年期间，第三产业从业人员比例、私营从业人员在乡村社会中的活力持续提高，与村民收入呈现较强的关联性，第三产业就业人员比例的关联系数高居第一。然而，2006—2015年间，两项指标下降幅度明显，尤其私营从业和投资人数指标；乡村个体就业人数的关联度则出现一定程度的增长。这表明近十年来，尽管个体及私营经济的发展已成为提高当地村民收入的重要途径，但随着就业选择多元化及村民改换工作的自由性提高，就业类变化并未呈现稳定的结构化趋势，除了个体就业人数指标外，其他就业指标没形成与村民收入的显著关联性。

#### 4）区域产业

在区域产业发展方面，产业结构优化调整幅度逐渐减缓，其中全省第三产业增加值占 GDP 的比例依然是影响村民增收的最主要行业因素，但排序下降，表明产业结构的优化空间收窄，对村民增收的持续关联性减弱。而体现产业效率的“人均农、林、牧、渔产值”则依然呈现为强关联因素，产业效率的不断提高对村民增收的关联性持续走强。综合来看，地区产业调整优化的进度逐渐减缓，与农业收入增长的关联度下降，但对农业产出效率的关联作用不断增强，反映出新时期云南区域经济进入产业深度调整阶段，产业质量与生产效率作用明显。

#### 5）政府财政

财政支持对乡村发展和村民收入的提升作用毋庸置疑，从财政维度的两个指标来看，两个时间段内的人均农业财政支出与村民收入增长始终保持中等关联性。与其他指标不同的是，人均农业财政支出的增长率远超同期村民收入的增长率，2006—2015 年间人均农业财政支出和村民收入增长率分别为 787％和 266％，一方面反映出云南省农业财政支出对当地“三农”发展的积极拉动作用与扮演的重要角色，另一方面也反映出农业财政支出更重要的社会基础保障作用，主要以扶贫兜底和灾后工作等为主，其波动性受自然灾害和政策落实进度影响较显著。

2008—2012 年间受自然灾害影响，乡村财政占地方比例明显提高，2013 年后又有所下降。这使得农业占地方财政支出比例指标具有显著波动性，与村民收入增长的关联性始终较弱。尽管财政支出指标与村民收入的短期阶段关联性并不强，但其重要的社会基础作用与长远效益依然是其他指标无可替代的，对促进农民长期增收的作用明显。例如，2014 年以来，云南省财政厅在宾川县、永仁县等贫困县开设新型农业社会化服务体系试点。结合当地贫困农户需求，引进、研发、推广先进种植技术，形成了“互联网 + 产业链 + 农户”的葡萄产业和“高原晚熟芒果特色种植+油橄榄种植+黑山羊特色养殖产业”的规模化、品牌化发展模式，实现了农业转型升级，带动农民持续增收，成效显著。

### 6）生态资源

生态资源维度中可以分为正面指标（森林覆盖率、当年人工造林面积和人均水资源）和负面指标（农药使用量和化肥使用量）两类。由于指标波动性和环境改善幅度的降低，正面指标与村民收入增长的关联度整体呈现下降趋势，2006—2015年间已转为非显著性关联指标，尤其是森林覆盖率的降幅最大，从1998—2005年间的第三位关联度指标，下降为非显著性关联指标。比较而言，负面指标依然保持中强度关联性，化肥使用量的关联系数上升21%，反映出农业生产对化肥、农药的依赖性仍然较高，与前述分析中得出的云南省总体生态环境水平呈下降趋势基本一致。

与其他省份的乡村农业现状相似，20世纪90年代村民对农业生产高度依赖。随着乡村劳动力转移加快，农户家庭收入逐年增加，但土地收益则不断下降，农户会加大化肥投入量。综上，由于云南省依然是农业大省，村民收入的增长对化肥、农药等负面生态要素的依赖依旧，这也在一定程度上影响了当地生态环境水平。

### 7）居住条件

居住条件是村民收入水平最直接的体现方面之一。四个反映居住条件的指标中，“人均住宅建筑面积”和“农村农户竣工住宅造价”的上升幅度较大（35%以上），尤其2006—2015年间人均住宅建筑面积的关联度指标上升至第五位，人均住房面积增加了10.6平方米，与村民收入增幅的关联程度趋强。除了村民自身收入水平提升带来的住房改善能力提高之外，“十二五”期间，云南省全面推进美丽乡村、农村危旧房改造、农村民居地震安居工程、扶贫安居、工程移民搬迁及灾区民房恢复重建等农村住房建设工作，道路、市政设施等建设持续推进，乡村住房及人居环境条件亦得到显著改善。综上，2006—2015年期间，乡村居住建设规模和建设质量显著提升，与村民收入增长、政策补助等形成了良好的转化关系。

### 8）公共设施建设

公共设施建设水平是人居环境建设的核心内容之一，也是村民安居乐业的物质基础和综合保障。公共设施建设是唯一全部指标的关联系数及排序提升的因素，其中“农村年人均用电量”从中强度关联性跃升为第五高强度指标，“每万人拥有病床床位数”和“自来水受益村比例”两个指标也接近高强度关联性。这三个指标都是乡村生活现代化水平的重要表征指标，家用电器普及、农业现代化机械的使用会提升农村年人均用电量；乡村卫生室和养老设施的普及会进一步提升乡村地区的医疗卫生条件；对于多山的云南省而言，自来水受益村比例提升也体现了村民生活水平的实质性改善。综上可以看出，2006—2015 年期间的云南乡村基础设施建设，呈现出稳定而持续的增长态势，有效满足了村民收入增长对乡村生活现代化水平的客观要求。

### 9）农业条件

从对前述第四维度（区域产业）的分析来看，农业生产效率依然是村民收入提升的显著关联因素之一，而农业条件则是体现农业生产效率的物质基础。根据国内外经验，农业机械化水平和先进的生产设施是现代农业生产的主要特征之一。因此，以“人均农业机械动力”和“人均农、林、牧、渔业基本建设投资”“水库总库容”作为主要代表性指标。

从三个指标值的变化来看，人均农、林、牧、渔业基本建设投资和水库总库容的指标增幅都大幅超过了村民收入增幅，从而使得 2006—2015 年度的关联系数有所下降。

两相比较，人均农业机械动力的增长与村民收入增长趋势接近，使得该指标的关联系数显著提高。人均农业机械动力是农业现代化水平的重要表征指标，表明农民收入提升与农业现代化水平提升间的紧密关系。总体来看，农业条件作为农业发展、农业效率提升和村民收入增长的关键因素，在不同发展阶段、不同指标方面体现了对村民收入增长的较显著关联性，前期更依赖于农业基础生产条件的投资改善，后期与农业生产现代化和效率提升相关的影响因素对农民增收将发挥更重要的作用。

#### 10）科技投入

随着农业生产效率和农产品质量要求的不断提高，以农业创新和信息化为目的农业科技发展作用越来越显著，这也代表着农业现代化的更高发展水平。从两个时间段的对比来看，“农业自然科学独立机构科研人员规模”与村民收入增长的关联系数显著提高，呈现中强度关联性。反映出新的发展时期农业科技的投入与发展对农业生产效率和产品创新的提升作用，正在一定程度上影响着当地村民收入的提高。

#### 11）城乡关系

对于城乡关系的理解主要体现在两个方面，一是现有的各类资源在城乡空间的不均衡分配，包括社会、政府多方面资源投入，因此首先采用“农村固定资产投资占全社会固定投资比重”“农业占地方财政支出比例”两项指标；其次是城乡居民的生活状态差异，很大程度上取决于城乡不均衡的资源分配，因此采用城镇化率和城乡居民收入比来衡量。

城乡不均衡的资源分配现象是我国经济社会发展不均衡的一个重要特征，城乡不平等关系从建国后的工业资源剪刀差时代初步形成，改革开放后随着城市体系的率先开放，城乡差距不断扩大。从第一方面的资源不均衡分配来看，1998—2005 年和 2006—2015 年两个时间区间内，农村固定资产投资和农业财政占全省的比例都有很大波动，总体表现出上升趋势，甚至农村固定资产投资在 2012—2015 年间保持在 25%～30%的高水平，大大高于总体 15%的平均水平。但由于指标波动性较大，且近五年提速较快，也直接影响到与村民收入增长的关联性强度。如以“十二五”期间为例进行单独灰度分析，农村固定资产投资占全社会比例的关联系数可升至 0.5039，具有中强度关联性。总体来看，乡村在对社会资源的吸引力方面虽然依旧明显弱于城市，但“十二五”期间出现了显著提升，且增幅较明显。

从反映城乡生活状态差异的城镇化率和城乡居民收入比看，两个时间段城镇化因素对村民收入提高的关联性都属于中强度，近十年来关联系数出现一定幅度上升，是村民收入提高的显著因素之一。但从 2015 年全国城镇化率水平来看，云南省依然属于城镇化水平较低的省份，低于全国平均水平近 13 个百分点

(图 7-11)。同时,尽管云南省城乡收入比持续降低,但依然处于全国高位水平。基于以上分析可以看出,云南省的城镇化当前依然处于快速提升阶段,随着近十年来云南产业多元化、村民增收途径不断丰富,“美丽乡村”建设与当地旅游业的发展都提供了大量乡村就业发展机会,城乡收入差距近十年来不断缩小,城镇化对云南省广大乡村地区发挥了较显著的综合带动作用。未来云南省除了加速城镇化率的提升,更需要重视从数量向质量的转变,注重深度(户籍)城镇化,通过城镇优势产业的发展和公共服务的升级完善,提高城镇化对广大乡村地区的收入带动能力和总体服务水平。

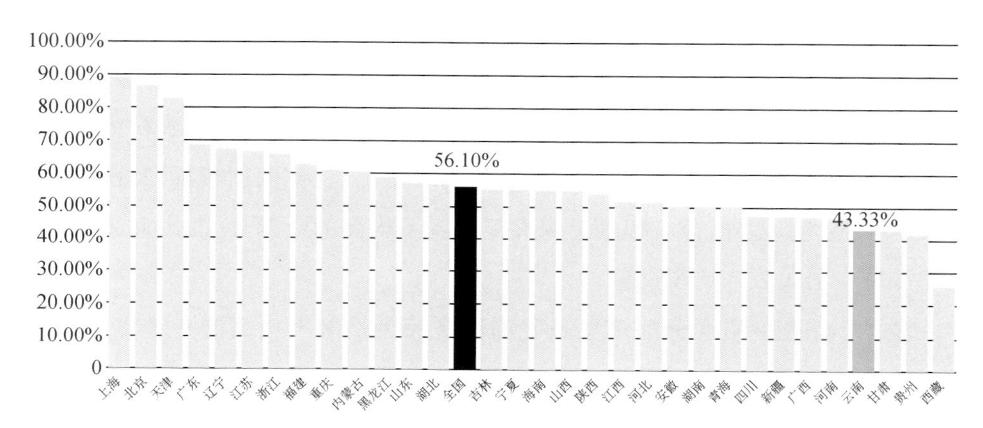


图 7-11　全国各省(自治区、直辖市)2015 年常住人口城镇化率水平

#### 12) 不可预知因素

“农业受灾面积”因素从 1998—2005 年间的非显著性关联因素降为 2006—2015 年关联系数的最后一位,显著性可以忽略。这表明 2006—2015 年间农业受灾面积因素对村民增收的关联系数下降,一方面反映出村民收入开源效果显著,另一方面也说明基于公共财政的全省农业生产抗灾害能力明显提升。

### 7.4.5　村民收入灰色关联因素的变化比较

乡村收入是确保乡村综合稳定发展的基石,也在一定程度上代表乡村人居环境建设可持续发展。尽管 2000 年以来,云南省村民收入提升显著,但由于全省乡村人口的收入水平整体偏低，贫困人口基数较大，2015 年云南乡村居民人均纯收入为 8 242 元，大幅低于全国 11 422 元的平均水平，位列全国倒数第三。

城乡居民收入差距在不断缩小的同时，2015 年云南省的城乡居民收入比依然高居全国第三。1998 年以来，云南省农民人均纯收入的变化主要可分为两个特征阶段：1998—2005 年期间，云南省的城乡收入差距持续扩大，2004 年达到峰值；2005 年及 2006 年农业税取消以后，村民收入增速开始持续超过城镇居民，全省的城乡居民收入比不断下降(图 7-12)。

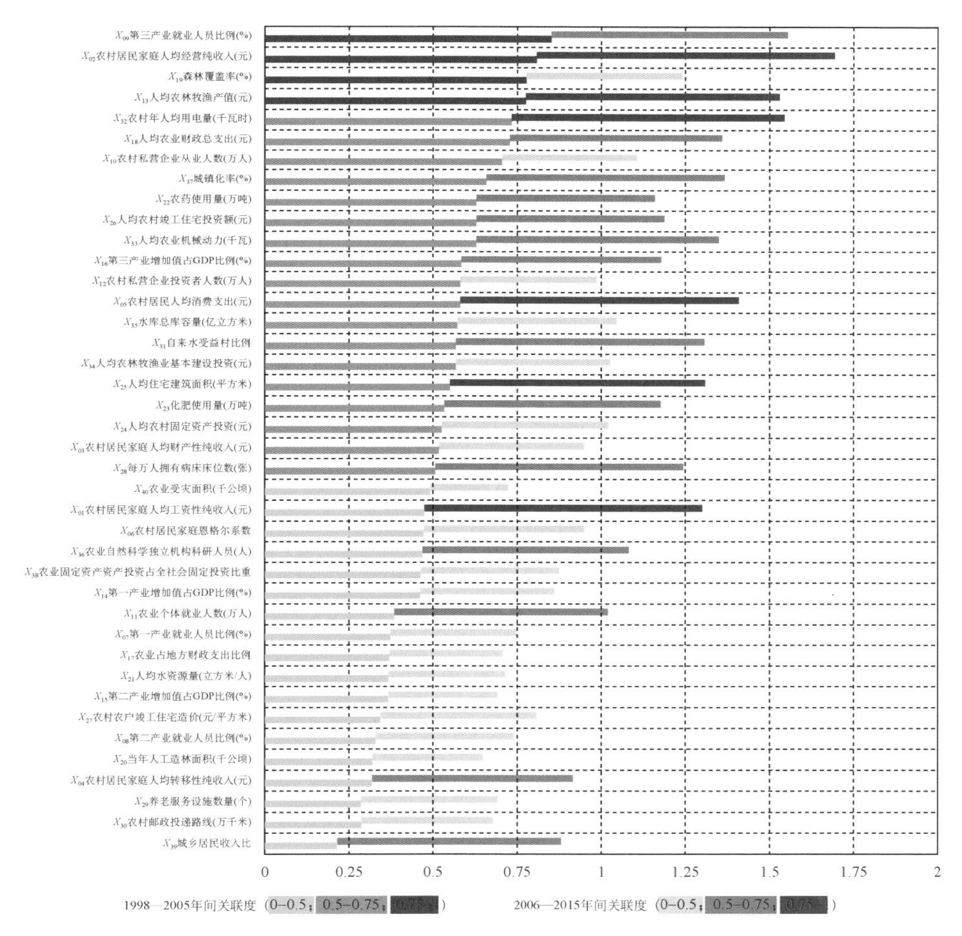


图 7-12　云南省 1998—2005、2006—2015 年间村民人均纯收入灰色关联因素变化对比

村民收入的增长受到诸多因素影响。2005 年为云南乡村居民收入变化的临界点。①1998—2005 年期间，云南乡村居民收入受到城镇化快速增长的推动，与

第三产业就业比例及占GDP比例、私营从业人数及投资人数、家庭经营性收入比例等灵活经济形态呈现强关联度关系，城镇化快速发展初期的溢出效应和乡村带动效果比较明显。②2006—2015年期间，村民收入增长更直接体现为自身居住生活条件的改善。生活水平和环境建设指标的作用凸显，主要包括人均消费、人均用电量、各项公共设施建设和人居住房面积等。与此同时，家庭工资收入指标的强关联度也进一步表明村民正逐渐融入城镇社会，深度城镇化、高品质乡村人居环境建设和产业高附加值化发展应成为未来村民收入提升的重要方向。

## 7.5 小结

本章通过分析云南省乡村人居环境建设的时序演变和村民收入与乡村人居环境建设的关联特征，进一步总结了云南省乡村人居环境建设的阶段性特征和人居环境建设与村民收入之间的演进关系。

2001—2015年期间，全省乡村人居环境建设水平发展经历了2001—2005年（“十五”期间）的生态环境透支下的全面起步阶段、2006—2010年（“十一五”期间）“生态回归”的相对均衡发展时期和2011—2015年（“十二五”期间）的经济社会建设全面提速时期三个特征阶段。“十五”期间，云南省乡村经济社会建设全面起步，粗放的地方发展建设模式对乡村地区生态环境造成了巨大破坏和资源透支，人口资源环境矛盾日益凸显。“十一五”期间，云南省进入乡村人居环境建设的起步期，乡村主要市政设施和公共利益项目得到了持续而快速的建设，生态环境建设和水土恢复工作得到了全面推进。“十二五”期间，随着新农村建设工作的广泛推进，全省乡村基础设施与生活环境建设进入全面加速时期。三大支持系统中，生产效率和生活质量支持系统的指数增长较快。但这一时期内一系列的严重自然灾害和环境过度开发、利用导致环境系统指数呈现持续下落趋势，生态环境改善成为核心问题。

村民收入的提升必然依托良好的乡村人居环境，同时也会对人居环境的建设提出更高的要求，关系着乡村人居环境建设的可持续发展。针对与村民纯收入有潜在关联性的11个方面、40个指标，对1998—2005年和2006—2015年两个不同阶段的灰色关联度分析显示，随着经济社会发展阶段、乡村人居环境建设水平、乡村居民收入水平的不断提升，显著影响村民纯收入的因素不断突破与之直接相关的收入来源、个人就业、区域产业等经济产业类因素，范围拓展至与乡村生活现代化、农业现代化紧密相关的人均用电量、人均住房建筑面积、每万人拥有病床床位数、自来水受益村比例、人均机械动力、科技投入等反映乡村生活和农业发展质量与效率的指标。进一步证明了未来的乡村人居环境建设与实现乡村生活现代化和农业生产现代化密切相关，进而与提升村民收入之间的深度绑定关系，而不再仅局限于对单纯物质环境建设进行投入。

# 第 8 章　基于本土认同的乡村发展动力机制

## 8.1　本土认同概念

从对村民一层、二层的目标型愿景分析(第 5 章)来看,虽然某些愿景存在一定的可解释性,但总体而言,村民对“乡村是否是理想居住地”及对未来自己和子女的居住意愿仍存在较大的不确定性,并表现出与乡村人居环境建设水平和综合满意度之间的弱相关趋势,即人居环境建设水平的高与低并不必然影响村民对理想居住地和下一代继续居住地的选择。甚至如前文所述,人居环境建设和生活质量水平越高的村庄,村民迁居离开村庄的意愿反而会越强烈。这反映出村民主观意愿的复杂性,既不同于人居环境建设水平的客观评价,又不同于对村民满意度的主观判断。即,村民基于本土人居环境的综合认可,继而上升至其未来的居住意愿,往往是一个模糊的判断过程。因此,如何通过多种目标愿景指标进行复合表述,形成可量化的指标体系来反映村民对村庄的价值认同和永居性(自己与子女)判断,是本章的研究目的所在。

贺雪峰(2013)提出 “村庄生活面向”的概念,试图描述“村民建立自己生活意义和生存价值的面向”,为了更稳定地反映村民对于本村人居环境的主观归属感和认同感,我们提出“本土认同指数($L$)”复合指标概念,尝试从更具体的复合指标角度、多层次生活愿景,定量化地阐释村民对本土生活的认同程度。

“本土认同指数($L$)”复合指标涵盖 4 个主观意愿指标:

$a$——理想居住地认同度,即“农村是理想居住地”比例;

$b$——迁居意愿,即“有迁出本村的打算”比例;

$c$——本人永久居住意愿,即“一辈子居住农村意愿”比例;

$d$——下一代居住意愿,即“希望子女继续居住农村意愿”比例。

这 4 个指标基本反映了村民对于本村人居环境的认可程度,以及对未来前景的信心。本土认同指数($L$)得分较高的话,意味着该村村民对村庄生活状态的认可度高,永居意愿越强,子女留居村庄的可能性也越高;得分越低则意味着村民离村生活的可能性越大,子女留居村庄的可能性也越低。

计算公式:

$$L = a \times (1 - b) \times (c + d) \tag{8-1}$$

式中,$a$、$b$、$c$、$d$ 分别对应以上 4 项指标解释。

本土认同度与综合满意度是两个主观评价体系,有必要分析两者之间的关联性。由于本土认同度与综合满意度并不存在显著的相关性,故采用指标象限分区来进行类别归纳。以本土认同指数和乡村人居环境建设满意度的中位数(0.6、0.5)为分界点,将 40 个村划入四个象限(图 8-1,表 8-1):

Ⅰ区——高认同度、高满意度;Ⅱ区——低认同度、高满意度;

Ⅲ区——高认同度、低满意度;Ⅳ区——低认同度、低满意度。

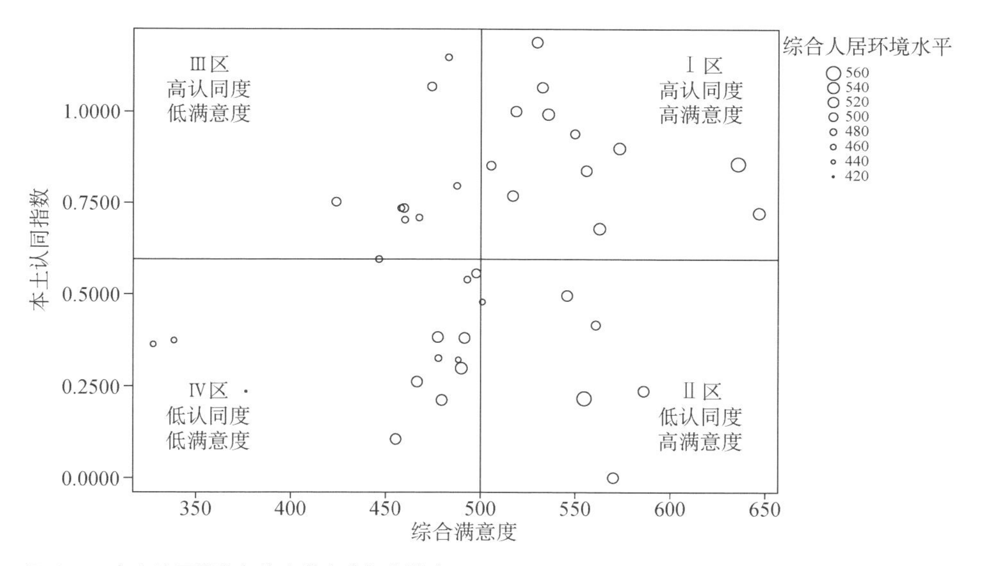


图 8-1　本土认同指数与综合满意度组合散点图

Ⅰ区,共计 12 村,基本特征:该象限内村庄乡村人居环境水平较高,人居Ⅰ阶和人居Ⅱ阶各占村庄数量的 50%。

Ⅱ区,共计 6 村,基本特征:该象限内村庄乡村人居环境水平也较高,人居Ⅰ阶占村庄数量的 60%,人居Ⅰ阶和Ⅲ阶分别占 20%。低认同度反映出较好的人居环境建设与村民满意度依然不足以提升村民本土认同度。其中，在作为人居Ⅰ阶村庄的大庄村，却没有一位村民愿意一辈子在本村居住，有迁居打算的村民占样本村庄的54%，远超总体平均水平(10%)。该象限村庄的特征属性有待进一步分析，从而对低认同度的成因进行判断。

Ⅲ区，共计9村，基本特征：该象限内村庄乡村人居环境水平中等，以Ⅱ阶和Ⅲ阶村庄为主。尽管人居环境和满意度都属于中等或偏低，但村民对本村的认同指数普遍较高，反映出比较显著的地方价值认同。

Ⅳ区，共计13村，基本特征：该象限内村庄乡村人居环境水平差异较大，三阶村庄都有一定比例。

从本土认同指数与综合满意度的象限分区来看，不同特征区的村庄适宜采用不同的发展对策。Ⅰ区内高认同度—高满意度的村庄可以继续保持发展态势，向人居环境特色化方向引导；Ⅱ区内低认同度—高满意度的村庄应注意人居环境建设的平衡性，注重教育环境、文化传承等村庄软实力的提升，加强本土文化的代际传承；Ⅲ区内高认同度—低满意度村庄则应明确短板，集中资源对人居环境进行有针对性的建设；Ⅳ区低认同度—低满意度的村庄则应作为地方乡镇政府重点关注地区，进行村庄适宜性判断，必要时可以进行迁村并点，有必要保留的应进行人居环境的全面提升和特色产业策划。

表8-1 基于本土认同度指数与综合满意度的调研村庄分类

| 村庄分类 | | 综合满意度 | |
|---|---|---|---|
| | | 低 | 高 |
| 本土认同指数 | 高 | — | 龙王塘村、大营、银桥村、马街村、中庄村、绿溪村 |
| | | 打黑村、插朗哨村、曼嘎村、班中村、山黑坡村 | 老鲁寨村、黑尔村、薛官堡村、洱滨村、埔佐村、响水河村 |
| | | 黄草哨村、自羌朗村、楚场、海螺 | — |
| | 低 | 科麻栗村 | 前所社区、大庄、新寨 |
| | | 甲村、塘子边村、麻栗坪村、洞波村、海界村、那哈村、者宁村 | 云南驿村、龙潭村 |
| | | 那长村、黄草坝村、南北村、竜山村、朝阳 | 马背冲村 |

注：深蓝—天蓝—浅蓝色区分别代表乡村人居环境水平的人居Ⅰ阶、人居Ⅱ阶和人居Ⅲ阶。

## 8.2 “本土认同”相关因素识别

### 8.2.1 分析方法

鉴于“本土认同指数”与乡村人居环境建设和综合村民满意度水平均无显著相关性，且受到多种潜在因素影响，为更好地分析影响目标型愿景的相关因素和可能成因，采用多元线性回归方法分析 40 个潜在关联指标与本土认同指数的相关性。其中，40 个潜在关联指标包括 36 个乡村人居环境指标和生态、生活、生产、社会维度 4 个满意度指标。对相关负向指标进行了标准化处理。

### 8.2.2 分析结果

通过数据处理，去除非显著性相关因素，最终得到如下关于本土认同指数的线性回归模型（表 8-2、表 8-3），包含了 7 个自变量。

$$L = 0.35 + 0.077X_1 + 0.483X_2 - 0.217X_3 - 0.394X_4 + 0.259X_5 + 0.07X_6 + 4.267X_7 \quad (8-2)$$

式中，$L$ 为本土认同指数；$X_1$ 为村中休闲农业和服务业开发进展；$X_2$ 为恩格尔系数（食品开销比例）；$X_3$ 为网络安装比例；$X_4$ 为所在县/县级市人均 GDP；$X_5$ 为房屋外立面粉刷比例；$X_6$ 为村庄历史文化属性；$X_7$ 为生产效率满意度。

表 8-2　多元线性回归模型汇总

| $R$ | $R^2$ | 调整 $R^2$ | 标准估计的误差 |
|---|---|---|---|
| 0.896 | 0.803 | 0.738 | 0.0683 |

表 8-3　本土认同指数多元线性回归模型参数

| 自变量 | 系数值 | 系数标准误差 | 标准系数 | $t$ | Sig. |
|---|---|---|---|---|---|
| （常量） | 0.35 | 0.145 | | 2.417 | 0.021 |
| $X_1$ | 0.077 | 0.018 | 0.458 | 4.216 | 0.000 |
| $X_2$ | 0.483 | 0.141 | 0.4 | 3.431 | 0.002 |

（续表）

| 自变量 | 系数值 | 系数标准误差 | 标准系数 | $t$ | Sig. |
|---|---|---|---|---|---|
| $X_3$ | −0.217 | 0.041 | −0.64 | −5.287 | 0.000 |
| $X_4$ | −0.394 | 0.096 | −0.522 | −4.111 | 0.000 |
| $X_5$ | 0.259 | 0.093 | 0.37 | 2.791 | 0.009 |
| $X_6$ | 0.07 | 0.033 | 0.231 | 2.112 | 0.022 |
| $X_7$ | 4.267 | 2.276 | 0.284 | 3.103 | 0.023 |

从模型的汇总信息可以看出，调整后判定系数为0.738，说明这7个自变量一起可以解释因变量73.8%的变异，拟合优度较好，模型解释程度可以接受。根据模型的容差和膨胀因子（VIF）的值来看，容差都大于0.5且接近于1，膨胀因子的值都小于2，说明模型中的7个指标因素之间几乎不存在共线性，此回归模型有效。从模型方差分析来看，方程显著性检验概率为0，小于显著性水平0.05，表示回归线性模型成立。从标准化残差P－P图可以看出，原始数据与正态分布之间不存在显著差异，残差满足线性模型的前提要求（图8-2）。

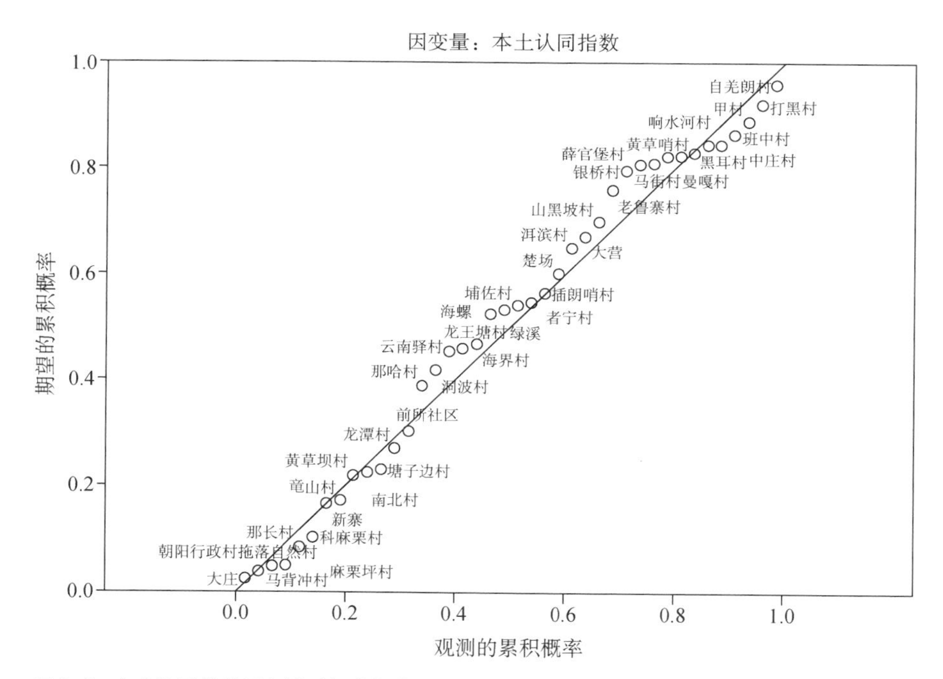


图8-2 本土认同指数回归模型标准化残差的标准P-P图

本土认同指数得分的高低受多种可能因素的影响，正相关因素会形成“内聚趋势”，而负相关因素会形成“离心趋势”，合力的方向会决定村民的本土认同程度。下面将对7个显著相关因素进行具体分析。

## 8.3　乡土内聚趋势：正相关因素

本次多元线性回归方程中的正相关因素有5个，按反映某一因素相关性程度的标准系数值自高至低排序为：“村中休闲农业和服务业开发进展”(0.458)、“恩格尔系数”(0.4)、“房屋外立面粉刷比例”(0.37)、“生产效率满意度”(0.284)和“村庄历史文化属性”(0.231)。

### 1）休闲农业和服务业的发展程度

从本次回归模型结果来看，村中休闲农业和服务业的发展程度成为了与本土认同指数相关程度最高的正相关因素。云南省作为传统的农业大省，近10年来旅游产业的蓬勃发展对当地农业结构的拉动作用明显，以休闲农业为主要载体的乡村新经济形态也使得当地村民的就业和收入结构更加多元化。2015年云南省的乡村个体就业比例达到8.15%，高于全国平均水平(6.43%)，排名全国第7。前述关于云南乡村居民收入的灰度分析结果也表明，1998—2015年间，“第三产业就业人数比例”始终是当地村民收入增长的一个显著关联性因素，在2006—2015年间，“农村个体就业人数”也成为显著关联因素之一。

但目前云南省的休闲农业和服务业依然有很大提升空间。从对村民及村主任或村支书调研结果来看，仅35%的村庄正在发展休闲农业和服务业，而且水平不一。在没有休闲农业和服务业发展的村庄，69.7%的居民支持发展“农家乐和民宿”，64.3%的居民表示愿意参与经营建设，均高于调研村庄平均水平。

因此，在云南农业整体升级发展的大背景下，村民对于村庄内休闲农业和服务业发展程度的关切程度较高，反映出村民对更高收入和村庄产业发展水平的向往。随着近10年来云南城乡居民收入差距不断缩小，能提供更高收入的工作机会越来越受到村民的关注，而传统农业形态的村庄显然缺乏足够吸引力。

### 2) 恩格尔系数

恩格尔系数被用来衡量一个国家或地区民众的生活水平和贫困程度，是国际通用的重要经济指标之一，也是我国统计部门用于衡量居民生活水平变化的重要指标之一。从全省范围来看，云南乡村地区的恩格尔系数从1996年的61.5％下降至2015年的41.5％，依然高于同年全国平均水平37.1％，总体反映出云南乡村地区的经济发展水平在不断提升，居民生活质量明显改善，但在全国范围内仍属于相对落后的地区(图8-3)。

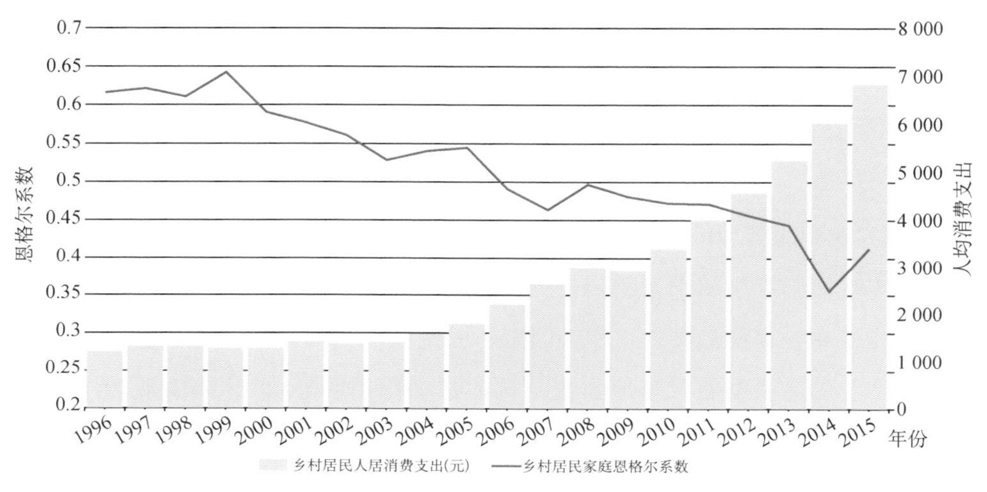


图8-3 1996—2015年云南乡村居民人均消费支出及恩格尔系数变化趋势

尽管对恩格尔系数的纵向分析具有一定验证性，但横向比较却存在较大出入，不存在简单的规律解释。首先，从40个样本村庄情况来看，平均恩格尔系数达到61.3％，大幅低于云南省的统计水平，导致这一情况的原因与村庄个体的特殊性和村民口述记录的误差都存在一定关系。恩格尔系数最低的村庄是富宁县剥隘镇者宁村(21.1％)，最高为晋宁区六街镇大营村(90.1％)，两者分别是乡村人居Ⅱ阶和乡村人居Ⅰ阶，高恩格尔系数的村庄并没有显著的低阶人居特征，及高阶人居环境的村庄也会出现高食品消费现象。另外，恩格尔系数与乡村人居建设水平和村民人均收入等反映地区经济发展水平的指标之间并不存在显著相关性，即样本无法得出"恩格尔系数反映当地社会经济水平"的结论。

从本次回归模型结果来看，恩格尔系数是与本土认同指数的第二正相关因素。进一步对恩格尔系数进行相关分析发现：恩格尔系数与村庄居民的综合满意度、生活满意度、污水处理设施水平、垃圾处理设施水平、所在地级市的人均GDP呈显著正相关，而与人均硬化道路长度和地区地形特征呈显著负相关。基于以上可以看出，在40个村庄中，恩格尔系数反映了村民的一种“静态安居”的生活状态。云南地区恩格尔系数低的原因可能是由于偏远山区地形条件闭塞、村民自给自足，并不需要额外的食物消费，因而表现出恩格尔系数较之其他生活水平更高地区反而低的现象，所以恩格尔系数与人均硬化道路长度和地区地形特征呈显著负相关。

### 3）房屋外立面粉刷比例

回归结果显示，“房屋外立面粉刷”是本土认同指数的第三正相关因素。一般来讲，房屋外立面的粉刷是建筑主体结构完成后的外装饰环节，属于非必要项目且不影响实际居住使用，村民会根据自身经济条件和审美需求决定外立面处理方式。因此，房屋立面粉刷比例的高低往往反映了居民生活水平的高低。40个样本村庄差异较大，剥隘村、大营村和龙王塘村的住宅外立面粉刷比例达到100%，而最低的联珠镇埔佐村仅9.1%。

进一步相关分析也发现：房屋立面粉刷比例与村民纯收入、耕地每亩年收益、户均住房面积、所在地级市的人均GDP、乡村人居环境水平和综合满意度等指标呈显著正相关，其中与村民纯收入的相关性最突出，不存在显著负相关性指标。当然，并非所有无立面粉刷的住户或粉刷比例低的村庄就等同于经济收入水平较低，但总体反映了收入水平越高的村民对房屋立面粉刷需求越显著的基本趋势。

不可忽视的是，近年来外部行政力量干预对房屋外立面粉刷比例的影响。从农村危房改造政策来看，按照《农村危险房屋鉴定技术导则（试行）》鉴定为C级或D级危房，国家给予农户9 000元建房补助，并在此基础上对贫困地区每户增加1 000元补助，加上省级财政的相关配套补助，农户可获得1.2万～2.0万元的建房补贴。从实际的走访来看，实际建房成本往往是建房补助的2～3倍，贫困农户往往难以承担额外的建房费用，而为了获得建房补助，只能将房屋主体架构完成便停止施工，有的连砖墙都未完成，更不用谈墙面粉刷（图8-4）。这种撒胡椒面式的危房改造补助政策在某些情况下无法全面解决贫困农户的实际居住问题，实际获益人群可能主要是具有一定建房需求和能力的村民，而非真正的贫困户。因此，危房改造政策扮演的角色往往犹如“锦上添花”而非设想中的“雪中送炭”。另外，云南省“十二五”期间结合省级重点村、市级和县级示范村等施行的“美丽乡村”建设工作，对很多村庄的房屋立面进行了统一的粉刷修饰，如文山县追栗街镇塘子边村。

基于以上分析可以看出，除了个别由于美丽乡村建设进行全村粉刷的村庄外，房屋外立面粉刷比例在一定程度上反映了村民自身收入和生活水平的高低，也从侧面反映出村民收入水平和生活水准越高，其本土认同程度越高。

(a) 富宁县那哈村

(b) 大理州祥云县插朗哨村

图 8-4　云南两个村庄的房屋墙体裸露室内外现状

### 4) 村庄历史文化属性

传统文化、工艺和传统民居是云南省乡村历史传统文化的最主要形式。从村民对“村庄在今后的发展中，需要保留传承的东西”的回答来看，40.8%的村民认为有“传统文化、工艺”，如饮食文化、戏曲、灯谜、祭祀活动、剪纸、陶瓷、酿酒等非物质文化需要传承；21.8%的村民认为“传统民居”和“石墙、石路”具有传承价值；4.1%的村民认为“农田景观”值得保留传承，还有近35%的村民认为没有什么值得传承，而全国则有45.8%的村民认为本地没有具有保留价值的东西。云南省总体要优于全国水平。

乡村的振兴离不开文化的引领，离不开传统的土壤。云南省作为民族文化大省，有着丰富的文化资源和村寨传统习俗，很多村寨也主动发挥着历史传承的作用。比如曲靖市师宗县龙庆乡黑尔村，其村名“黑耳”是因在1869年黑耳大寨张天学带领壮族同胞扮成回民军混进杜文秀兵营帮云南巡抚岑毓英解围而得名。为了避免传统文化的流失，黑尔村组建了自己的舞蹈队及壮歌队，师宗县壮学会在2012年12月还组织编撰了《黑耳神韵》一书，详细地记载了包括黑耳地貌、历史、民俗、节日、歌曲、民居等在内的黑耳壮族民俗传统。黑尔村2014年被评为云南省30大最美乡村之一。

回归模型显示,“村庄历史文化属性”是本土认同指数的第4正相关因素。将40个村庄分为中国传统村落名录村庄(2个)、省级历史文化名村(3个)、一般传统村落(17个)和非传统村落(18个)四类,正相关性表示传统文化与历史价值越高的村庄,村民的本土认同度越高。显然,当地村民对自身村庄文化的认同感、归属感会影响其未来的永居性,历史文化特色越鲜明、传统价值传承越好的村庄,村民和其子女长期居住的可能性就越高。

**延伸材料:“土风计划”**

2002年开始酝酿实施的云南“土风计划·文化传承示范村”(简称“土风计划”),是基于云南村寨文化多样性的现实,由著名音乐人陈哲倡导提出,经云南省委批准、省文化厅文产办组织实施、全程委托专家指导组开展相关指导工作的乡土传承基层文化工程,旨在坚定云南乡村文化自觉、打牢云南文化根基、壮大云南文化成果;培养云南乡土文化人才、维系云南民族精神纽带、打造云南乡村文化品牌。“土风计划”在“十二五”期间,分批在全省选择和建成50个各具特色、富有活力的文化传承示范村。2011年首批确定了30个示范村并挂牌试行,2012、2013年分别确立10个示范村,2014年验收合格后,整体推出50个文化示范村,全面涉及云南16个州市。

2012年9月13日,首批“土风计划示范村”启动培训会在石林召开,明确实施“土风计划”有关事宜,全面启动“土风计划”示范村并授予首批牌证。确立文化传承示范村创建点的标准是:文化样式独特、具备“四有”、坚持“三以”、体现“三性”并形成配套。所谓“样式独特”,就是在音乐、舞蹈、绘画、曲艺、文学、竞技、民俗、节庆、工艺、建筑等文化领域,从单项或综合的角度看,具有特色鲜明的完整体系和传承价值。所谓“四有”,就是有人教、有人学、有自组织系统、有阵地和成果。所谓坚持“三以”,就是坚持以村寨为轴心、以传承为重心、以创新为目标。所谓体现“三性”,就是体现民族特有性、全省代表性、发展持续性。所谓“形成配套”,就是项目所在市、自治州、县(自治县、区)配套提供适当经费支持等。

#### 5）生产效率满意度

回归模型显示，“生产效率满意度”是本土认同指数的第5正相关因素。生产效率满意度反映了村民对近年乡村建设和村庄经济发展水平的满意度，反映在硬环境（生产条件）和软环境（经济发达程度）两方面。研究表明，村民的生产效率满意度越高，本土认同指数也越高。

进一步的相关分析，也印证了生产效率满意度指标的内涵：村民的生产效率满意度与耕地每亩年收益、人均年收入、非农就业比例、所在地级市的人均GDP和在县/镇有房比例等经济发达程度指标呈显著相关性，同时也与中学（及以上）人口比例、垃圾/污水处理设施建设水平、网络普及率、路灯建设水平、文化娱乐设施和老年活动中心等乡村公共建设水平指标呈显著相关性，其中村民纯收入和中学（及以上）人口比例的正相关性最高。

综合而言，村民对于生产效率满意度的理解是一个关于生产水平和生活配套相结合的整体判断，即生产需要以最终改善和提高当地居民生活水平为目标，忽视居住及公共设施建设的单一生产发展是难以被居民认可的。“非农就业比例”和“中学（及以上）人口比例”的显著相关性也在一定程度上反映出村民对当地富有活力和更高文化素质的人口结构的认同。可见生产效率满意度并不局限于生产效率指标本身。

因此，基于生产效率满意度的正相关性和指标内涵，可以认为，经济生产水平越高、居住与公共服务设施越完善、职住关系越好和人口结构越有活力的村庄，本地居民的永居性就越高；而一味抓生产建设却忽视公共服务短板的村庄，往往难以吸引村民永居。

## 8.4 乡土离心趋势：负相关因素

多元回归方程中的负相关因素有2个，反映该因素相关性程度的标准系数值自高至低排序为：“网络安装比例”（-0.64）和“所在县（自治县）/县级市人均GDP”（-0.522）。

#### 1）网络安装比例

网络安装比例是村民居住条件的主要评价标准之一。在一定程度上，网络、空调和冲水厕所等非普遍必需设施的安装比例，可以反映农户的家庭生活水平。从全国与云南乡村居民住房的生活配套设施比较来看，云南省的厨房配置比例接近全国发达水平，洗浴设施和水冲厕所比例居于全国中等水平，而空调配置比例（1.2%）和网络配建比例（11.7%）则大幅低于全国平均水平，甚至落后于全国落后村庄的平均水平（表 8-4）。

表 8-4　全国及云南乡村居民住宅生活配套设施比较

| 范围 | 村庄发达程度 | 有空调比例 | 有网络比例 | 有水冲厕所比例 | 有洗浴比例 | 有独立厨房比例 |
|---|---|---|---|---|---|---|
| 全国范围 | 发达 | 68.7% | 54.6% | 75.9% | 84.7% | 94.4% |
| | 中等 | 34.3% | 33.1% | 37.9% | 63.9% | 89.1% |
| | 欠发达 | 25.1% | 22.6% | 34.3% | 48.3% | 87.1% |
| | 落后 | 15.4% | 17.0% | 23.4% | 42.4% | 81.5% |
| 云南省范围 | 全省 | 1.2% | 11.7% | 37.8% | 64.3% | 92.4% |

从云南省 40 村的比较来看，各村的住宅网络安装比例差异较大，其中 50% 村庄的网络安装率为 0，最高的晋宁区六街镇大庄村为 53.9%。进一步的相关分析发现以下几个问题：

① 住宅网络安装比例与“户均住房面积”“水冲厕所比例”等住房类指标和污水/垃圾处理设施水平、“中学（及以上）人口比例”、路灯等公共配套设施呈现显著正相关，共同体现较好的生活水平和公共服务质量；

② 在经济生产类指标方面，与“非农就业比例”“村民人均收入”呈显著正相关性、与“人均耕地面积”呈显著负相关性、与亩产年收益不存在相关性，则表明网络安装比例高的村庄非农经济特征明显；

③ 值得注意的是，网络安装比例还与“镇区或县城有房比例”呈显著正相关，表明网络安装比例高的村庄居民收入水平较高，外地购房比例也较高；

④ 与综合满意度、生活质量满意度、生产效率满意度等均呈显著正相关，反

映出村民对本地人居环境的认可程度较高。

可以看出，较高的住宅网络安装比例，反映出村民的生活水平和满意度均较高，当地非农经济比例较高。另外，住宅网络安装比例较高的村庄，村民前往外地购房的意愿也更强烈，这也与前述关于“迁居意愿”和“希望下一代居住村庄意愿”分析相一致，即网络安装比例较高的村庄，村民自己的迁居意愿和希望下一代居住到城镇的意愿也更加强烈，这也是网络信息化带给村民更多外界信息和树立更好生活目标的体现。

综上，网络化社会是信息时代的重要特征，网络化会加速村民与城市生活的对接，加速城乡间的信息、资源流动。较高的住宅网络安装比例既体现了当地村民相对较高的生活水平和非农经济比例，也进一步促进了村民追求更高生活质量。去城镇购买住宅是最直接的体现，也进一步增加了村民自身迁居的可能性和下一代子女居住地选择城镇的意愿。因此，网络安装比例提高了村民获取信息的能力，加速了城乡融合与城镇化进程，也在一定程度上削弱了村民的本土认同，成为当地村居的离心力。

### 2）所在县（自治县）/县级市人均 GDP

乡村作为城市的外围腹地，受到其所在城市的直接辐射，所在城市的经济发展水平也决定了辐射强度的高低，即城市对周边乡村人口的吸引力。“所在县（自治县）/县级市人均 GDP”指标反映了不同城市的经济实力，经济实力高的城市对村民来讲意味着更多的就业机会和更好的居住水平，也是乡村城镇化的基本动力。

回归模型显示，“所在县（自治县）/县级市人均 GDP”是本土认同指数的第 2 显著负相关因素，即所在县（自治县）/县级市的经济实力越强，村民的本土认可指数越低，所在城市对村庄的吸引力导致村民迁居意愿增强。进一步的相关分析也发现，“所在县（自治县）/县级市人均 GDP”在显著提升村庄“人均年收入”和“每亩年收益”的同时，也同步导致“常住/户籍人口比例”的下降，即本地人口外流趋势明显。

当然，乡村人口的外流趋势也在发生变化。调研发现，近年来乡村中年轻人的流出比例虽然依旧较大，且年轻人有强烈的离开乡村的意愿，但部分乡村已经出现人口回流现象,尤其城市中中老年进城务工的村民有较为强烈的返乡意愿。这一方面是由于城市收入与吸引力在下降,另一方面也是因为乡村就业与发展机会不断多元化。

综上,村庄所在城市的经济发展水平越高,对村民的吸引力就越大,村民的城镇化意愿也就越强烈,以期提高自己的收入水平。周边城市在一定程度上成为了乡村永居性的外围离心力。城市经济实力决定了城镇化吸引力,继而影响到村民的本土认同指数。

## 8.5 人居环境建设的动力机制解析

从影响本土认同的内聚—离心双趋势来看,云南乡村的本土认知程度依然存在不可预知性,未来乡村的发展取决于内聚—离心双趋势的主次关系。这也反映出乡村振兴过程中存在双趋势要素的现实矛盾。比如城镇化的推进是否在一定程度上制约乡村振兴对资源及机会的获取?各类乡村发展要素应如何体现为乡村的发展动力?其行为主体如何呈现内聚或离心的实际作用?

自从2006年新农村建设开展以来,各级政府组织、社会力量通过自上而下与自下而上多种模式相结合的方式开展乡村建设,为我国乡村人居环境建设做出了突出的贡献,但也形成了一定的经验教训。如地方的简单化运动式推动、村民自发的无序建设行为、规划的城市技术操作方式等,往往无法细致考虑和体现村民的真实需求和主观意愿。而即使是村民自发的建设行为,往往也受到自上而下的制度和政策牵制,导致自身建设行为和目的变形,在一定程度上影响到村民的认同感和满意度,并造成不必要的公共资源损耗和权益分配失衡等问题。因此,有必要对云南乡村建设实践进行分析,辨析现状建设和发展中存的在问题与可能影响,并基于前述本土认同、村民意愿的成因分析,提出相应的改善方向和应对措施。

行为主体作为组织乡村建设活动的主要角色,是影响乡村建设成效的关键因素,更是形成乡村发展驱动力的特征表现因素。乡村人居环境建设的行为主体一般包括以下四类:

① 村民，包括村干部、普通村民和本村能人等；村庄自治组织，包括村民委员会、村监督委员会、经济合作社等；

② 各级地方政府——与村庄规划建设关系密切的上级政府，通常是县或镇一级，也包括具体政策和建设规则制定的省级政府；

③ 商业开发企业——代表社会资本，主要指外来的商业开发公司，也包括村民委员会发起并控股的村庄建设开发公司；

④ 技术精英——包括所有村外的各技术领域人才或团队，如农业科研组织、规划师、建筑设计师等。

以下将重点对村民和地方政府两个主体类型展开分析，而由于样本村庄的发展条件所限，商业开发企业与技术精英发挥的作用不足，因此仅作简要分析，并结合云南省域范围内总体情况做补充性综合介绍。

基于不同行为主体间的关系与建设实践方式，学者们提出了不同的乡村建设模式分类。比如叶强和钟炽兴（2017）将农村建设实践类型分为五类：政府主导型、资本主导型、技术团队型、乡村精英型和多元主导型。丁国胜和王伟强（2014）从建设主体的区别角度将乡村建设实践类型分为政府主导型、农民内生型和社会援助型。与之类似的是潜莎娅等人（2016）从多元主体参与模式角度将乡村建设实践分为政府主导型、村庄自治组织主导和开发公司主导型。屠爽爽等（2015）则基于乡村发展动力源与行为主体选择的差异性，将其分为外援驱动型、内生发展型和内外综合驱动型。从以上研究可以看出，行为主体是分析乡村人居环境建设的核心要素，也是解析建设中存在问题的关键维度。

基于西南地区的调研实践，提出由公共力、本土力和外源力构成的乡村人居环境建设动力机制框架，公共力、本土力和外源力都会对以本土认同为基础的乡村人居环境建设产生不同面向（内聚或离心）的作用（图 8-5）。在多行为主体的有效协同下，公共力、本土力和外源力都会产生有效的内聚推动趋势，但如果发挥不当，尤其是城乡差异难以短期内消除，就难免会对乡村造成一定的离心化影响。

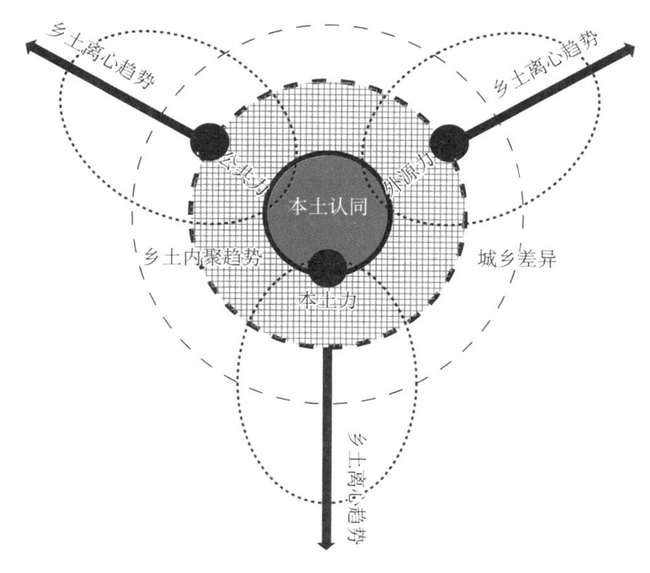


图 8-5　乡村人居建设动力机制框架

## 8.5.1　公共力:国家政策导向与地方政府推动

公共力具有显著的政策导向。从国家至地方,乡村振兴是各级政府全力推动的发展大计,具有比较强烈的内聚趋势。2006 年农业税的取消彻底改变了国家与农民的制度性关联,国家通过“以工补农”方式向乡村输入资源,其方式主要有三种:一是针对各地村民的各类补贴,如危房改造、青苗补贴等;二是以项目的形式供给公共服务;三是通过转移支付给基层组织的运转经费(王德福等,2015)。随着各级政府的大量公共资源投入,云南乡村人居环境的整体水平得到了实质性提升,公共服务设施和市政设施的覆盖率得到显著提高。但在实地调研过程中我们也发现,当地乡村规划建设中存在的一些问题和现象,一定程度上产生了局部的离心化扰动。

### 1) 全面规划——全省村庄(寨)规划

村庄(寨)规划是村庄建设的基础性前提工作。2010—2013 年期间,云南省各级政府住建部门按照省政府关于“守住红线、统筹城乡、城镇上山、农民进城”

的重要工作安排和部署，结合统筹城乡、整体推进、优化布局、分类指导、典型示范的要求，把村庄规划与新农村建设、乡村产业发展、农村危房改造等专项工作相结合，按照“行政村规划两图一公约（现状分析图、总体规划图和规划说明书）”和“自然村规划三图一公约（现状分析图、规划建设总平面图、建筑意象图和村民公约）”的基本编制要求，采取县乡领导干部、专业技术人员、村民代表相结合的“三结合”组织模式高效推进。

为完成村庄规划编制任务，全省 2010—2013 年间共投入省、市/自治州和县（自治县、区）三级财政共同配套资金 4.29 亿元、130 家省内外规划编制机构以及 10 万余名具体设计人员，完成 131 533 个村庄的现状分析图、建设规划图、住房建筑方案图累计近 50 万张。从住建部的村庄规划汇总数据来看，2013 年末，云南全省 79%的县区单元的行政村规划覆盖率超过 90%，规划覆盖率低的区县主要位于省内外围边远地区和省会昆明市周边（图 8-6）。2015 年，云南省完成了村庄规划全覆盖。

图 8-6 村庄规划案例——大理市太邑彝族乡栗子园村建设规划示意图

实事求是的村庄规划需要规划设计师在扎实、充分的田野调查基础上，基于对本地乡村社会发展的深度认知，提出技术可行的规划方案设计，并通过公众参与的方式增强规划的在地性和可实施性。然而实际工作中的村庄规划建设往往采用自上而下的实施模式，政府通过对发展目标层层分解、控制和分层实现的方式（潜莎娅等，2016），高效快速地完成既定规划任务，其中不可避免地出现调研工作走过场、照搬城镇建设模式，从而产生不切合当地乡村生活生产实践需要的客位立场式方案。

所谓“客位立场”，就是站在局外人的立场来看待所研究的文化（施红，2011）。在村庄规划与建设指导过程中，容易存在客位立场的行为主体，包括各级政府官员、建筑师、规划师和开发机构等乡村地域以外的群体。为提高村庄规划及集中危改的质量，《中共云南省委 云南省人民政府关于加快推进全省农村危房改造和抗震安居工程建设的意见（2015 年）》明确提出由省住房和城乡建设厅牵头会同相关部门编制 2015 至 2019 年全省农村危房改造和抗震安居工程建设规划，指导全省工作科学有序开展。尤其要做好村庄风貌管控和特色民居设计，注重在建筑形式、细部构造、室内外装饰等方面延续传统民居风格，体现民风民俗和生产生活方式的传承；避免形成夹道建房、一味追求横平竖直，统一贴瓷砖、统一装卷帘门的“军营”式建房模式。然而，在我们实地调研中，依然发现很多机械规划和单一审美的痕迹。

(a) 外墙实景一

(b) 外墙实景二

图 8-7 云南省文山州追栗街镇塘子边村民居的白族外墙风格

比如，近年来随着云南旅游市场的不断升温，白族独特的民族风格逐渐成为云南省的旅游名片，这也使得很多云南当地的村庄规划建设及整治工作中出现了单一的白族风格——清一色的白墙青瓦和山墙彩绘。在追栗街镇的塘子边村走访时，我们发现尽管村庄中是汉族、苗族、彝族、壮族混居，但外墙及民居建筑都是白族风格，只在墙绘中加入部分其他民族的人物服饰（图 8-7）。这样的案例不在少数，沿着高速公路经常可以看到成片统一规划建设的白族风格村庄。

造成“客位立场”式规划建设现象的原因主要有以下几点：

首先，规划经费严重不足、成果模式化、技术支援弱。虽然国家明确规定地方政府调拨村庄规划专项资金，但很多地方政府财政资金安排有限，导致规划费用很低。从本次调查走访中了解到，云南省大部分村庄规划经费仅有上级政府划拨的3 000元，这就造成设计单位在严控成本的情况下压缩工作投入，一些资质较高的规划单位不屑于承接村庄规划任务，而大部分村庄规划任务的承担单位要么资质较低，人员技术能力不强；要么简化调研工作和规划设计投入，直接造成了最终规划成果质量较低的局面。

其次，由于云南省的村庄数量庞大，编制任务紧迫，每个规划单位平均都要承担至少几十个甚至上百个村庄的规划任务，在这种情况下，规划人员往往容易形成思维惰性，套用某一规划模板，造成成果模式化和雷同化。尤其在地形复杂的云南山区，很多规划方案呈现出机械的兵营式布局，缺乏在地性和地形适应性，脱离村民的生活习惯。

最后，基础资料的缺乏也大大制约了村庄规划工作的开展，很多基础资料都已年代久远，新资料的出现则使得规划工作不断反复。从2011年红河州的村庄规划工作政府总结来看，由于省级补助资金和部分县市配套资金无法及时全面落实，导致地形测绘、购买卫星照片或无人机航拍的现状基础资料都较难实现。即使尝试在弥勒、建水等地开展航拍工作，也会受到特殊部门的空管制约，手续繁琐、周期长，很大程度上影响了地形测绘成图时间，一定程度上导致了村庄规划编制工作进展缓慢。由于基础资料缺乏，大部分规划编制单位只能进行略显粗糙的基地分析与方案制作，成果质量大打折扣，可实施性较差。

### 2）示范项目——新农村省级重点建设村项目

为更好地发挥建设示范作用，云南省于2009年开始实施以自然村为单元的社会主义新农村省级重点建设村工作。根据《云南省社会主义新农村省级重点建设村省级补助资金建设项目考核验收办法》，每村获得补助15万元省级建设资金，2013年补助提升为30万元，2014年补助提升至60万元。根据2011年云南省社会主义新农村省级重点建设村工作会相关要求，新农村省级重点建设村项目的主要建设方向为：大力发展乡村特色优势产业，每个村要着力打造 1～2 个带动面广、增收效果突出的主导产业，着力转变农业发展方式；要以改善民生为目的，加强农业基础设施和农村公共服务体系建设，围绕产业发展抓好山、水、林、田、路综合治理，推进义务教育，适度集中办学，合理布局卫生站所，建立村级社会综合服务站点，为农民生产生活提供更加便利的服务。

此外，新农村省级重点建设村项目要以建设新村庄为抓手，大力推进乡村环境综合治理，从根本上改善农民生活环境，鼓励和引导农民开展多种形式的文化体育活动等。2009—2011 年，全省新农村省级重点建设村项目平均每年启动 1 500 个，年均省级补助资金为 2. 25 亿元，整合各级各部门投入、社会资源和群众投入超过 15 亿元。例如，剑川县 2013 年重点村建设项目涉及 3 个实施乡镇共 9 个自然村，受益农户 1 417 户 5 960 人。项目总投资 736 万元，其中，省级补助资金 270 万元，群众自筹 11 万元，投工投劳折资 104 万元，整合其他资金 350 万元。

同时，云南省计划至 2020 年重点开展"万村示范"工作。一是自 2015 年起，云南省连续 5 年每年实施 500 个省级规划建设示范村，给予每个村庄 200 万元贷款补助建设资金，截至 2017 年已经实施 1 000 个；二是自 2016 年起连续 3 年每年实施 1 000 个以上省级易地扶贫搬迁集中安置新村；三是结合云南省沿边三年行动计划工作要求，2016—2018 年实施 3 800 余个沿边村寨规划。通过示范带动作用，全面推动云南省村庄提升改造工作，逐步引导消化"空壳村"。

村庄物质形态空间是由生活、生产、文化及自然空间组成，各部分空间有机联成的一个整体。村庄的规划建设应该对其生产、生活及自然空间作整体规划，统筹考虑，做到有利生产、方便生活，其内生联系逻辑不同于城市。然而"客位立场"及以城市为中心的知识体系的局限性导致了自上而下的村寨建设规划中存在视野狭窄、目标导向错位等现象，普同性的"学院知识"往往忽视了对各民族多样性聚落营造中"地方性知识"的认同和学习（施红，2011）。因而，在实际建设过程中，难免出现忽视民族在地性特征、不了解生产生活习惯和忽视当地村民最紧迫实际需求等问题。比如前述的用白族风格简单统一地替代其他民居特色，以及现代建筑材料大量代替传统材料等问题。要解决规划建设的供给侧重问题，必须通过规划学习和自下而上的参与模式来掌握“地方性知识”和本地需求，包括从选址、村落布局、民居建造等方面都有一套适应、利用和改造自然生态环境的经验、技术体系和隐含于村规民约、仪式活动、观念信仰等的活动逻辑体系。从而形成一个多元主体参与下的乡村有机更新建设模式（潜莎娅等，2016）。

在调研中，位于文山市追栗街镇的科麻栗村嘎谷二组新村，其建设让人印象深刻（图 8-8）。该新村位于行政村东边，是易地扶贫开发项目，建设时间集中于 2009 年后，在统一规划设计之下，由国家提供建房补贴再加农民自己贷款共同建成。村庄内主要道路是水泥路，由政府出款 40%、民众筹款或出劳动力 60% 的形式建设，以这种建设模式建设道路得到的民众反响较好。在整个规划设计和建设施工过程中，村民的参与度很高，每个环节都体现了村民的智慧与经验：新建农宅多数取自当地材料，选址也都是由每户根据规定面积商量确定，道路的坡度更是基于村民的实际生产需要，即牛力车所能接受的合适坡度，并充分结合地形坡度变化而确定的。可以看出，好的规划设计能提高村民的参与感，进而提升本土认同，使公共力呈现出内聚主导趋势。

(a) 村庄卫星地图

(b) 村庄风貌一

(c) 村庄风貌二

图8-8　文山市追栗街镇科麻栗村嘎谷二组新村航拍影像图与空间实景

### 3) 托底扶贫工程——易地搬迁和危房改造

“易地扶贫搬迁”是我国打赢脱贫攻坚战的“头号工程”，是指将生活在缺乏生存条件地区的乡村贫困人口搬迁安置到其他适宜地区，着力解决居住在“一方水土养不起一方人”地区贫困人口的脱贫问题，通过改善安置区的生产生活条件、建设新村、调整经济结构和拓展增收渠道，帮助搬迁人口逐步脱贫致富。

云南省作为全国最贫困的省份之一①和地质灾害最为严重的省份之一，贫困发生率较高，且主要分布在自然条件特别恶劣的高寒山区、半山区和边境多民族地区，大部分地区降水集中，雨季暴雨频繁，滑坡、泥石流等地质灾害频发。由于地震、滑坡、泥石流、塌方等地质灾害在云南年年发生，造成了严重的生命财产损失，大量人口因灾返贫。因此，云南省是全国“易地扶贫”工作的重要核心组成部分，也是2001年国家易地扶贫搬迁工作启动的试点省份。

根据云南省扶贫办的公开数据，2011—2014年期间，云南全省共实施易地扶贫搬迁7.79万户、35.72万人，安排专项扶贫资金22.42亿元，其中包括省扶贫办安排扶贫专项资金6.9亿元，实施搬迁2.88万户、12.6万贫困人口，省发展改革委安排资金15.52亿元，实施搬迁4.91万户、23.12万人。同时，云南省也逐年提高了财政专项扶贫资金人均补助标准：2011—2012年，每年人均补助5 000元；2013年以来，财政专项扶贫资金年投资由1.5亿元增加到1.8亿元，人均补助标准6 000元。易地扶贫搬迁与新村建设项目极大改善了搬迁贫困群众的生存和发展环境，为贫困群众实现脱贫致富奔小康夯实了基础。例如，在永仁县的火把

① 2015年，云南全省总人口4 741.8万人，截至2015年年底全省有471万建档立卡贫困人口、88个贫困县、4 277个贫困村，贫困发生率12.7%(见《云南省脱贫攻坚规划(2016—2020年)》)。

新村安置点离集镇仅 500 米，65 户 270 多人贫困人口集中搬迁到此地后，从传统农业生产向商业、运输、就地务工等工作转变，从“输血式”向“造血式”转变，人均收入从搬迁前的不到 2 000 元提高到 6 000 多元。

2016 年 9 月 22 日，国家发改委对外发布了《全国“十三五”易地扶贫搬迁规划》，计划五年内对近 1 000 万建档立卡贫困人口实施易地扶贫搬迁①。云南省也进一步明确了工作指标并制定了《云南省易地扶贫搬迁三年行动计划》：2016 年至 2018 年全省计划易地搬迁 30 万户 100 万贫困人口，其中，建档立卡贫困户 20 万户 65 万人。行动计划提出了“五不选六靠拢”原则：有地质灾害隐患不选、无发展后劲不选、基础设施改善难不选、就医和就学不方便不选、群众不满意不选，向旅游交通环线靠拢、向产业聚集区靠拢、向工贸旅游园区靠拢、向县城规划区靠拢、向乡集镇靠拢、向中心村靠拢。并要求扎实有效推进安置区规划选址，着力抓好村寨布局、村寨详规和民居设计，提升了村寨和民居整体建设水平。

同时，以保证水利设施建设和恢复生态建设为目标的移民搬迁工作也极大地提升了当地的农业基础设施发展水平和被迁移村庄村民的生活质量。“十二五”期间，云南省共完成水利水电移民搬迁安置 28.34 万人，移民总数达 107.5 万人；完成移民投资 726 亿元，保障和促进水电工程完成投资 3 040 亿元。为全省新增水库蓄水库容 21.69 亿立方米，新增供水能力 26 亿立方米，水电装机容量比“十一五”期间增长 159.7%。本次调查的剥隘镇者宁村（属于人居环境Ⅱ阶）下辖的自然村——索乌移民新村（图 8-9），就是由于当地富宁水库的建设而整村集体迁移至高地建设的壮族村。

---

① 《全国“十三五”易地扶贫搬迁规划》中要求的主要迁出区域包括四类地区：一是深山石山、边远高寒、荒漠化和水土流失严重，且水土、光热条件难以满足日常生活生产需要，不具备基本发展条件的地区，这类因资源承载力严重不足需要搬迁的建档立卡贫困人口 316 万人，占建档立卡搬迁人口总规模的 32.2%。二是《国家主体功能区规划》中的禁止开发区或限制开发区，这些地区需要搬迁的建档立卡贫困人口 157 万人，占建档立卡搬迁人口总规模的 16%；三是交通、水利、电力、通信等基础设施，以及教育、医疗卫生等基本公共服务设施十分薄弱，工程措施解决难度大、建设和运行成本高的地区，这类地区需要搬迁的建档立卡贫困人口 340 万人，占建档立卡搬迁人口总规模的 34.7%。四是地方病严重、地质灾害频发，这些地区需要搬迁的建档立卡贫困人口 114 万人，占建档立卡搬迁人口总规模的 11.6%。从地区分布看，西部 12 省（区、市）建档立卡搬迁人口约 664 万人，占 67.7%；中部 6 省建档立卡搬迁人口约 296 万人，占 30.2%；东部河北、吉林、山东、福建 4 省建档立卡搬迁人口约 21 万人，占 2.1%。从政策区域看，搬迁对象主要集中在国家和省级扶贫开发工作重点地区。其中，集中连片特殊困难地区县和国家扶贫开发工作重点县内需要搬迁的农村人口占 72%；省级扶贫开发工作重点县内需要搬迁的农村人口占 12%；其他地区占 16%。

（a）鸟瞰风貌

（b）街景风貌

图 8-9　富宁县剥隘镇索乌新村风貌

除整村搬迁和新村建设之外，以农村家庭为单位的危（旧）房改造也是提升乡村人居生活水平的重要方式。2011 年 6 月财政部出台的《中央农村危房改造补助资金管理暂行办法》中，补助支持对象为“居住在危房中的农村贫困户”，“优先支持农村分散供养五保户、低保户、贫困残疾人家庭等贫困户”的危房改造。危房改造（包括抗震安居工程）以农户自筹资金建设为主、中央和地方政府补助帮扶为辅。按照《农村危险房屋鉴定技术导则（试行）》鉴定为 C 级或 D 级危房[①]，国家给予农户 9 000 元改造建房补助，并在此基础上对贫困地区每户增加 1 000 元补助。省级财政按中央补助标准 1∶0.5 进行配套，各市/自治州和滇中产业新区及县（自治县、区）进行相应配套补助。对于无建房自筹能力的特困农户，由县（自治县、区）筹措资金帮助建设 40～60 平方米的基本安全住房，并积极探索开展农村廉租房建设试点。从危房改造建设方式来看，C 级危房只能进行加固改造，达到抗震要求；D 级危房中通过加固改造可以达到抗震要求的应当采取加固改造方式，经认定通过加固改造达不到抗震要求的，进行拆除重建。

2017 年云南省住建厅提出《关于加强全省脱贫攻坚 4 类重点对象农村危房改造的意见》，明确建造标准，即 D 级危房拆除重建后的新房面积原则上 1～3 人户控制在 40～60 平方米内，且 1 人户不低于 20 平方米、2 人户不低于 30 平方米、3 人户不低于 40 平方米；3 人以上户人均建筑面积不超过 18 平方米，不得低于 13 平方米。综合来看，自筹资金建房或加固改造的农户一般可获得 1.2～2.0 万元

① 整体性（D 级）危房指承重结构已不能满足正常使用要求，房屋整体出现险情，构成整幢危房；局部性（C 级）危房是指部分承重结构不能满足正常使用要求，局部出现险情，构成局部危房。截至 2015 年 3 月 20 日，全省录入全国农村住房信息系统农村危房约 500 万户，其中，D 级 250 万户，占全省农户比例为 26.3%；C 级 250 万户，占全省农户比例为 26.3%（见《中共云南省委 云南省人民政府关于加快推进全省农村危房改造和抗震安居工程建设的意见（2015 年）》）。

的综合建房补贴。根据云南省财政厅的最新公布数据，2017 年云南乡村危改标准有了显著提高，农户户均补助达到 2.3 万元。2009 年至 2014 年，全省共投入资金 147 亿元，带动乡村危房改造建设投资 1 690 亿元，使 238 万户、920 多万人的住房条件得到改善。

自乡村危房改造项目实施以来，在很大程度上改善了乡村群众的住房条件。云南 40 个村中，2010 —2014 年期间新建住房总量为 3 598 户，村均新建 90 户左右。如曲靖市陆良县马街镇薛官堡村，2010—2014 年期间新建的住房总量为 83 套，超过目前总房屋数的 30%，一改以往破旧的瓦顶老宅，村民居住条件明显提高。但是，危改工程仍然存在难以真正帮扶到最困难村民群众的问题。即使每户都可以获得 1.2 万～2 万元的政府补助资金，也有地方政府的兜底措施，但这部分群众依然很难通过自身能力建起住房，调研中我们发现此类最困难群众在各乡镇都普遍存在，进而导致了另一独特现象：村民为了获得危改补助，在自身资金条件不足的情况下只能勉强开工建设，产生很多简易施工住宅，甚至是未完工、未封顶无法入住的半成品住宅(图 8-10)。

比如普洱市澜沧县糯扎渡镇的竜山村，村庄总体发展水平处于全镇中下水平，以农业种植业为主。竜山村内 60%的农户住宅是 20 世纪 80 年代建的，基本都是一层泥砖瓦房，有很大的安全隐患，只有 30%是 2000 年以后新盖的房子。2003—2004 年间，国家开展“茅草房改造”，对符合条件的农户补助一定的物资让农民自建，但没有进行圈梁浇灌，不符合抗震要求而仍属于危房。即使现在推行危房改造工程，很多农户依然没有重新盖房子，主要原因在于即使有了补助，剩余资金仍然难以筹集。

另外，部分村庄内劳动力供需矛盾突出，由于贫困户家庭外出务工人员相对较多，留守在家庭的大多数为老人、妇女和儿童，大大影响了危房改建进度。

(a) 在建的危改住房

(b) 停建的危改住房

图 8-10 曲靖市师宗县黑尔村在建和停建的危改住房

#### 4）综合建设——美丽宜居行动和幸福农村等

除以上专项乡村建设项目外，还有整合以上多类型项目，结合地方特色和实际需求制订方案并推行综合型农村建设实践。首先，在全省层面，基于“十二五”期间村庄规划全域覆盖，云南省政府制定了《云南省美丽宜居乡村建设行动计划（2016—2020年）》，提出了未来“十三五”综合建设目标：从2016年开始，用5年时间，省、州（市）、县（市、区）三级共同努力，以县级为主体整合各级各类新乡村试点示范项目和相关涉农资金，通过点、线、片、面整体推进，每年推进4 000个以上美丽宜居乡村建设，其中包含1 000个美丽宜居乡村典型示范村，到2020年全省建成2万个以上美丽宜居乡村，其中包含5 000个美丽宜居乡村典型示范村，乡村人居环境明显改善，村民生活质量明显提高，加快形成城乡发展一体化新格局。

其次，云南各州（市）、县（市、区）也基于自身发展水平、急需解决的问题与地方资源条件制定了各有侧重的乡村综合建设项目。比如，2012年7月昆明市政府于禄劝县翠华镇兴隆村启动了全市的“幸福农村建设工程”，在全市范围内全面开展实施第一批25个宜居农房、411个省市重点贫困村、28个新农村示范村、10个都市农庄共计4个层次的幸福农村建设工程。

另外，2008年农村综合改革以来，云南省财政厅通过农村综合改革资金，积极提升贫困地区乡村人居环境基层组织建设，重点培育贫困村的产业发展和自身“造血”功能，从根本上消除“空壳村”。例如，2016年云南省财政厅安排中央财政资金1亿元，在中缅边境集中打造了46个富有云南特色示范作用的“宜居、宜业、宜游”美丽乡村，破解了边境地区农村经济社会发展滞后难题。

### 8.5.2 本土力：村干部、能人/富人和普通村民

本土力的行为主体以乡村原居民为主，包括部分有地缘、血缘关联的村外居民。随着城镇化进程的推进和村内劳动力的流失，我国乡村的本土力正面临严峻挑战，原有的社会自组织正逐渐减弱，尤其自改革开放以来，本土力的离心趋势明显。随着乡村振兴战略的提出和一系列乡村发展配套政策的实施，村庄逐渐呈现出更大的吸引力，乡村能人也找到了更适合自己的平台，创业与就业空间

的增加也让更多的普通村民回归到乡村建设与发展中，本土力正逐渐从离心趋势向内聚趋势转变。

#### 1）村干部

村干部是乡村基层干部队伍的主要组成部分，是乡镇政府以下建立的中国最基层乡村行政单元——"行政村"的重要领导力量。一般来讲，村党支部和村委会是村级组织的两驾马车，村干部主要是经过村内民主选举产生的党支部书记、村委会主任。两者之间有明确的职责分工。而广义的村干部还包括村民小组长，（即原"生产队"，一个自然村由 1～2 个村民小组组成）、驻村干部、选聘的大学生村干部等。

由于村干部是区别于国家公务员的特殊群体，处于国家行政编制以外，因此村干部主要是通过领取政府补助的形式获取报酬。较低的补助收入一直以来都是抑制村干部工作积极性的重要因素之一。从 40 个调研村的情况来看，村干部的每月补助大致在 1 000～2 000 元不等，经济条件较好的地区待遇会相对高一些，反映了地区经济发展的不平衡性。由于村内各项事务汇于一身①，偶尔村干部的个人收入还会用于垫付村内公事支出。

2006 年农业税费的取消将村干部从繁重的税费征收任务中解脱出来，村干部有了更多的"清闲时间"。村干部们在应对村内杂务的同时，可以兼顾自己家中的农业生产，公私兼顾、大小家平衡是村干部们的基本生活状态。然而，在云南省的大部分乡村地区，由于村内资源少、发展水平落后，村干部一职缺乏吸引力，年轻且有能力、有想法的村民往往都不愿意参与村干部选举，"生活上没盼头、政治上无奔头"。在很多村民眼中，村干部的工作只是一种纯粹的奉献，成为村干部只会浪费时间影响自己的副业生产，根本谈不上去谋划村子的长远发展和集体致富事业。

调研发现，有的山区村庄由于很少有人报名竞选村民委员会主任一职，常年

① 苏文苹等（2017）对云南农村干部学院 2014—2015 年参加村干部培训的 1 290 名学员进行了调查，结果表明云南省村干部所做的工作按其重要程度由高到低大致为：①带领村民群众搞好本村经济发展工作，帮助村民脱贫增收致富；②加强村级组织建设；③接待上级领导的检查、视察工作；④农村各种基础设施建设；⑤提高村干部自身综合素质；⑥宣传科技知识、科教兴农；⑦村医疗卫生及各种福利工作；⑧村基础教育发展工作；⑨维护村民利益，向上级反映村民意见和建议等。

只能是几个老村干部通过抓阄的方式轮流上岗，现有村干部老龄化现象普遍，村庄管理队伍后继乏人(图8-11)。苏文苹等(2017)对云南农村干部学院2014—2015年参加村干部培训的1 290名学员的调查表明，30岁以下人群只占云南省村干部总人数的2.20%。近年来，随着大学生村官队伍的发展，云南省村干部队伍的年龄结构得到了一定程度优化，但大学生村官的本土融入程度、工作周期和个人积极性有限，村庄管理的实际效果一般。

(a) 富宁县那长村

(b) 祥云县黄草哨村

图8-11　村干部访谈

为了改善基层村干部的生存局面，进一步夯实我国的基层执政基础，云南省各级政府的有关村干部待遇的有利政策陆续制定出台。2015年省委组织部、省民政厅、省财政厅联合下发了《关于适当提高全省村(社区)干部补贴的通知》，要求从2015年1月1日起，在原有基础上每人每月再提高100元，确保村干部、社区干部补贴标准分别不低于每人每月1 400元、2 000元。2014年12月，昆明市委常委会审议通过《关于提高村(社区)干部岗位补贴和生活补贴的方案》对村委会干部岗位补贴和生活补贴，分别按“一肩挑”、正职(书记、主任)、副职(副书记、副主任)每人每月不低于2 000元、1 700元、1 600元发放。

2) 能人/先富人群

改革开放以来，迅速涌现的乡村经济与治理能人逐渐介入乡村生活，形成了独特的“能人现象”(王任朋，2010)或“富人治村现象”(欧阳静，2011；陈柏峰，2016)。能人或富人治理，是指由经济能人主导村庄公共资源、治理权力结构与实际运作过程的村庄治理现象(裘斌，卢福营，2011)。从各地实践来看，能人治理在一定程度上给乡村发展注入了活力，带来发展资源并带动了当地发展，为普通村民带来了众多利益。陈柏峰(2016)将之区分为经营致富型、资源垄断型、项目分肥型、回馈家乡型等四种类型。实际上,能人/先富人群治村或参与当地发展的现象并非仅仅出现在商业化、工业化的沿海发达地区,如江阴华西,在于农业为主导的中西部乡村地区也越来越普遍,只是由于这些先富人群及能人的影响程度或参与程度不及发达地区,而不易引起社会关注。

一般来讲,能人或先富人群主要有两类:一是本地的村干部或族长,作为乡土社会的管理核心,村干部、族长等构成的能人阶层是乡村典型的权威,其言行举止在当下仍然深刻影响村民的思想和行为决策。需要注意的是,尽管村干部是村内择优推选①,但村委会主任等村庄管理者未必是真正的经济能人或先富人群,也未必能带动全村致富与发展。尤其是西部落后地区的村干部岗位缺乏吸引力,老人管村现象较为普遍。真正管理村庄的往往是另一类,即返乡的经济强人,他们在外面奋斗或创业成功后,带着资源、方案和愿景返乡发展,具有较强的实践经验和商业头脑。

从全国 480 个村的调查来看,有 74.4%的村干部认为村里有能人,且能人的作用突出并得到被访村民的普遍认可。在云南省 40 村,62.5%的村干部认为村里有能人,其中 88%的村干部认为能人发挥了带动大家致富的作用。从前文的村民永居性分析来看,村内能人的带动作用越明显,村民的村内永居意愿也越强,能人对村民自身的本土归属感培养具有一定的积极作用。但从实际建设指标来看,村内能人对乡村人居环境建设的带动效果并不显著,具体表现为:村内能人带动程度与村庄的 36 项人居环境建设指标不存在显著相关性。

以上充分说明,在云南省的广大乡村地区,尽管当地整体经济发展水平不高,能人依然扮演着普遍而重要的引领者角色,但也存在阻力与不可预知因素。比如,在曲靖市师宗县龙庆乡黑尔村,村中能人积极推广村民种植经济价值较高的老品种糯米,以及冬季补充种植油菜花,一方面提高农业生产收益,另一方面也为村庄未来发展旅游产业打下基础。这使得黑尔村近年来发展较好,农民经

① 吸引经济能人、致富能手为村干部是 20 世纪 90 年代以来中央基层党建工作的基本思路,目的是通过把经济能人、致富能手培养成村干部,带领群众发家致富,实现先富带动后富,最终共同富裕的目标。《村党组书记管理暂行办法》中第六条:村党组书记主要从本村现任村干部、致富能手、农民经纪人、农民专业合作组织负责人、复员退伍军人、外出务工返乡人员和大学生村官等优秀党员中选拔。本村暂时没有合适人选的,可从县乡机关优秀党员干部中选派,也可动员机关和企事业单位退休干部职工回原籍村任职。

济收入处在庆龙乡前列。当然，能人在带动村落发展的同时往往也需要当地政府的支持，黑尔村的农产品创新也离不开地方政府的支持(图 8-12)。在其他村庄，也时常可以看到各村能人经营的农家乐经营场所和特色农业生产项目(图 8-13)。

(a) 受访的年轻能人村支书或村主任

(b) 黑尔村的稻田风貌

图 8-12　能人村支书或村主任带领下的黑尔村

图 8-13　调研团队与竜山村村庄能人合影

村庄发展仅靠村子和能人自身的力量是难以实现的。部分保守村民对新事物和创新行为的抵触也会成为能人开展工作的阻力，尤其村内部分老人思想相对固化，导致能人主导的一些改革难以进行，因此如何充分利用能人、发挥能人的优势和能力带动全村发家致富，依然是云南乡村发展的一个重要议题。同时很多学者也意识到能人现象可能隐含的局限性，如能人/富人村干部过于注重个人财富的增长和村庄经济效率，而忽视乡村公共品供给和伦理秩序方面的积极作用(欧阳静，2011)。

### 3）普通村民

党的十八大召开以来，我国乡村建设开始步入改革的新阶段，重点强调农民利益在乡村建设中的主体性和重要性，随着规划行政管理体制改革深化，明确提出“建立人民群众满意的服务型政府”的要求，对新时期乡村建设提出新的挑战，村民的主动性得到了极大释放。建设“美丽乡村”就是为了改善乡村人居环境、提高当地村民生活质量、增加农业可持续发展潜力，提高乡土认同感，最终的受益者是广大村民。所以说，村民和乡村不可分割的关系决定了普通村民在我国乡村人居环境建设中的重要主体地位。

由于云南省“三农”建设历史欠账较多，目前阶段的乡村人居环境建设投入仍然以各级政府财政投入占据主导，资金和物资要落实到具体乡村并通过当地村民的参与建设得以实现，这一参与方式最普遍的就是通过计算劳力工时筹资筹劳，既解决了外包用工成本高的问题，也提高了当地村民对本土建设的参与感。

云南省各地方通过广泛宣传国家《村民一事一议筹资筹劳管理办法》《云南省村级公益事业建设一事一议财政奖补试点实施意见》《农业部关于规范村民一事一议筹资筹劳操作程序的意见》等相关政策，充分激发基层村干部和村民对开展公益事业的热情，调动村民主人翁的积极性，主动投身到村级公益事业、一事一议筹资筹劳建设项目中来。根据云南省省财政厅的农村建设数据，2013—2015 年期间，全省的“美丽乡村”建设共投入 101.5 亿元资金，其中中央和省级财政资金 21.5 亿元，州、县、乡投入和整合各类资金 60 亿元，引导社会投入和群众筹工筹劳折资 20 亿元。

从调研来看，云南省村民对本地村庄的公共环境建设的整体关注度和参与度较高。79.36％的村民表示很关注或关注村内景观环境，高达 96.06％的村民表示愿意参与建设美丽乡村，这反映出云南省当地村民对村内公共环境建设参与意愿和积极性非常高。从具体的环境建设参与内容来看，62.91％的村民曾经清扫道路，21.68％曾经植树种草，18.83％曾经修建道路，15.98％曾经修葺村内房屋外墙，还有 5.85％曾经修建水利设施。对于村内的经济活动建设，村民的积极性和信心程度则有所下降，比如仅 60％的村民认为愿意参与当地农家乐建设，44.15％ 的村民认为村内有农家乐建设潜力。这也反映出村民对于主要以劳动力为主的参与建设方式比较容易接受，但对于涉及投资成本较高的经济项目则会有更多顾虑。

另外，不同生活水平的村民对村内公共事务的关注与参与程度存在差异。根据40个村调查，家庭收入越高的村民对村内景观环境的关注度和对农家乐等经济建设的参与程度越高(图8-14)。

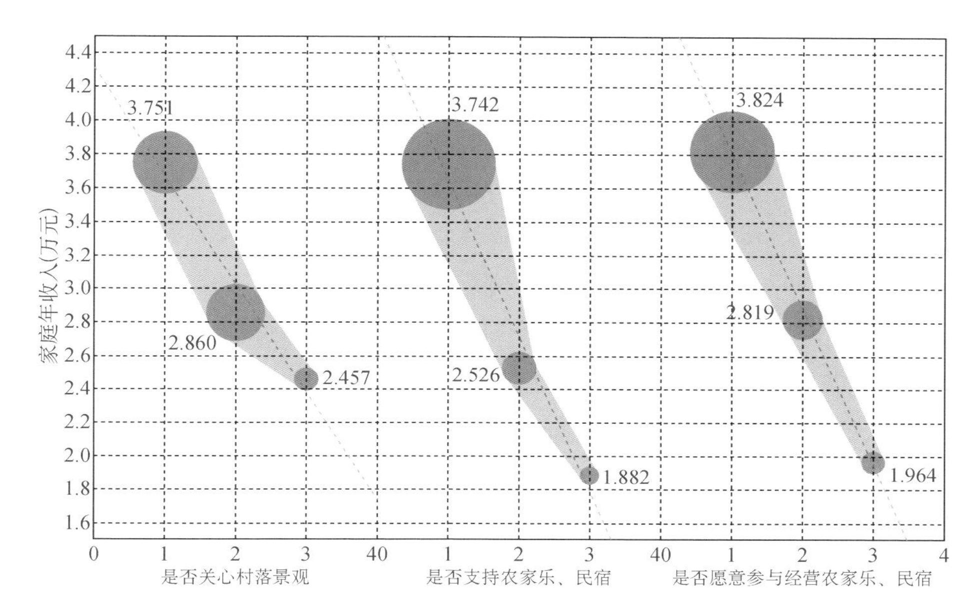


图8-14　基于村民问卷的家庭收入水平与村落景观关心度、农家乐支持度和经营农家乐意愿的关系图
(端点圆半径代表样本数量；关心村落景观：1—非常关心，2—关心，3——般，4—不关心，5—完全不关心；支持农家乐程度：1—是，2—说不清，3—否；参与经营农家乐意愿：1—是，2—说不清，3—否)

## 8.5.3　外源力：市场资本投入

无论城市还是乡村，其发展都离不开外源力——市场资本的投入，公共力与内源力都需要外源力参与，才能实现乡村的持续发展。新型城镇化、美丽乡村等国家战略的提出，使得"市场"因素在城乡建设中发挥着越来越重要的作用，尤其是外部资本(主要指农村系统外的社会资本，包括城镇中的国际资本、国有资本及民营资本)介入乡村地域的趋势越发明显，为传统的、相对封闭式的村庄建设与运行机制增添了新的驱动力(宋寒等，2014)。"外源性动力"的投入，对重整乡

村社会资本、促进乡村规划建设、基本公共服务供给及政策有效实施，唤醒和发挥村民的自主性、合作精神与乡村力量等“内源性动力”，有着积极的推动作用（魏成等，2016）。

当前主要的投资领域不仅包括农业生产环节，也包括有别于传统村庄的新发展逻辑与新形态，如“田园综合体”等乡村旅游新概念。云南 40 村调研显示，35％的村庄开发了农家乐等形式的乡村休闲产业。如普洱市墨江县联珠镇埔佐村，墨江因“盛产”双胞胎而闻名遐迩，国际双胞文化园、墨江双胞小镇就坐落在埔佐村，每年五月初举行的墨江双胞胎节，是国内规模最大的双胞胎节聚会，届时来自世界各地上千对双胞胎欢聚在著名的云南旅游景点—墨江双胞小镇共度属于自己的节日，并通过各种表演来展示自己的才艺，共度双胞胎节。村里有两眼神奇的古井叫“双胞井”，保存完好，双胞井里的水一年四季充盈，清冽甘美，冬暖夏凉（图 8-15）。依托村内的北回归线标志园和国际双胞文化园两个旅游特色景点，二十多家农家乐，经济效益较可观。正在建设的墨江双胞小镇还配备集购物、住宿、餐饮等功能于一体的商业街。另外，也有个别临近城区的村庄，利用自身的自然种植条件和区位优势，引入社会企业开展了农产品的深加工和品种优化种植工作。但总体来看，云南省大部分样本村庄引入社会资本的程度不高，地区差异较大，在进一步提高村民文化素质、完善市政设施、尤其是道路建设的前提下，村内产业未来发展空间较大。

（a）双胞井

（b）双胞胎雕塑

图 8-15 墨江县联珠镇埔佐村双胞小镇

但同时必须注意到，市场资本具有典型的逐利性，如果不加以合理引导与规范，外源力会对乡村系统造成难以预料的负面影响，甚至是破坏，从而导致外源力对村民本土认同带来离心化影响。有一部叫做《心花路放》的电影，曾让云南大理瞬间成为全国关注的旅游胜地，各路资本随之涌入这座白族古城。2013—

2016 年，大理的餐饮客栈出现“井喷”，大理最核心的自然资源——洱海流域核心区一度有将近 2 500 家餐饮客栈。2017 年年初，不堪重负的洱海，终于亮起了“水质警示灯”，蓝藻集中爆发（图 8-16）。站在洱海水质拐点的“十字路口”，大理政府迅速启动了抢救模式，洱海流域核心区的餐饮客栈全部暂停营业。

（a）建筑师承包农户住宅自主设计并经营的建筑

（b）洱海边刚建好的度假建筑

（c）富营养化的洱海水体

图 8-16　洱海周边村落及洱海水环境

在资本无序扩张、破坏当地生态资源的同时，原居民的生活也受到了极大干扰，物价的飙升让农业生产失去吸引力，原有的乡村生活环境被肆意地进行商业化改造，周边乡村地区的农业环境受到极大破坏。合理有序地引导市场资本，在发展的同时保护本土文化和自然资源，既把握市场机会，又不至于寅吃卯粮，这些将是很多云南乡村地区面临的现实挑战。

# 结　语

乡村人居环境的建设，是一项具有极强地域差异、需要持续投入的综合性社会系统工程。乡村人居环境建设水平受到生态环境水平、生活质量水平、生产效率水平和社会文化水平等四个子系统方面的综合影响。我们的初步研究也表明，乡村人居环境建设水平与村民的综合满意度呈现显著的正相关性。当然，某些地区的乡村人居环境建设水平与综合满意度也呈现出一定的负向特征。这也进一步说明，不同地区的人居环境建设需要在不同的子系统方面进行针对性改善，而非不分地域、无差别性地进行整体性资源投入。

村民的综合满意度是乡村人居环境建设水平的效果指标，也是人居环境建设质量的使用性评价。对综合满意度的深入分析，可以有效甄别乡村人居环境水平存在的显著问题与主要关联要素，从而更有效、更有针对性地提升人居环境建设水平。从我们的分析来看，综合满意度与乡村人居环境水平中的生活质量和社会文化两大子系统的指标水平具有显著正相关性。通过进一步归纳，将综合满意度的相关指标含义归纳为“三个水平＋一个软实力”：家庭生活水平、村庄公共生活水平、城镇发展潜力水平和文化教育机会。这也反映了村民从小家到大家、从现实到未来、从自身到下一代的发展考虑，进而影响其对综合满意度的判断。其中，对村庄软实力的考量，即下一代的文化教育机会与水平，正越来越显著地影响村民对综合满意度乃至对未来生活的判断。

人类的活动都是基于某种预期或目标而进行的。村民对自身未来生活的向往和判断，对村庄各方面的更高诉求，在很大程度上决定了乡村的未来发展。我们用“生活愿景”来衡量村民对未来生活的判断，反映村民对乡村人居环境的个人诉求和未来选择。生活愿景是一个村民的生活面向问题，即村民是愿意留在农村还是愿意去往城市。对生活愿景方面的问题进行基本分析，体现人群特征与地区差异。村民的生活愿景主要分为两个类型：改善型愿景和目标型愿景。

村民的目标型愿景直接决定了乡村的未来可持续发展。目标型愿景反映了居民对人居环境的综合判断及对未来生活目标的展望，在一定程度上反映了村民对乡村人居环境的认同感和对乡村未来发展前景的个人判断，受内生高层次需求影响为主。具体体现为四个主观意愿：①从理想居住地认同度来看，村庄的“外部(公共)生活环境”是村民对农村理想居住地的基本判断，外部生活环境包括了公共服务设施、非农产业发展和就业、社会人际关系等三个方面，而并非住房建设和农业生产。②从离村(迁居)可能性来看，乡村人居环境的综合改善，在一定程度上也为村民进一步通过城镇化来提升生活质量准备了物质基础，在城乡差距的现实面前，村民们会更加向往(大)城市的生活、较高工资收入和子女的未来发展，这些都是当下村庄所难以提供的。但农村固有的自然环境、人情社会和风土文化却是村民永远的精神依托，也是很多村民不适应城市生活和不愿迁居的主要原因。未来乡村产业的繁荣发展与否，将成为能否留住村民的重要因素。③从“永居性意愿”来看，人居环境水平和满意度的提升，不会必然导致村民永居可能性的提高。反而在一定程度上，包括网络安装率、水冲厕所等在内的家庭生活水平指标在提升的同时，会降低村民的永居性，形成前往城镇的“推力”，这在一定程度上与村民的迁居性存在高度相似性。当然，由于城乡就业机会和生活成本的差异，要留住村民并提高他们的永居意愿，还是需要产业留人，通过发展乡村特色产业，并借助村内的能人效应，实现地方经济和个人生活水平的全面提升。只有能够“乐业”，方能考虑永久性“安居”。④从“后代世居意愿”来看，村民的永居意愿无法有效传递出下一代的世居意愿。而且随着时间的推移，越年轻的村民越倾向迁居，放弃永居意愿，(村民)永居与(下一代)世居都选择农村的村民仅占总样本数的12.1%，小城镇则更无吸引力。而且，在下一代的居住地选择上，即使年长的村民也倾向于更大的城市。在我国进入城镇化下半场的历史阶段，不能轻视对下一代乡村建设者的培育，更不能以乡村的衰退为代价推动城镇化。

从村民生活愿景的形成机制来看，可分为以下四个方面：①村民的理想居住地认可程度与综合满意度高度统一。②迁居意愿往往是在自身生活环境达到一定水平后的改善性愿望，很大程度上也是城乡间与生俱来的二元关系导致的心理向往。③(非)永居意愿和迁居意愿具有一定的相似性，家庭生活水平指标的提升会在降低村民的永居性的同时提高迁居可能性。村民都是为了三个方面：更好生活水平、工作收入和后代发展。城乡的生活成本差距成为很多选择永居村民的最主要考虑因素。④对其子女是否继续居住本村则一定程度上受到本村的经济发展情况的影响，也可以看出村民对子女的未来就业和个人发展更加看重，能有一份理想的工作是绝大多数普通村民对子女最大的期望。从这一角度，更说明了村庄产业经济发展的重要性，它决定了能否留住村庄的未来。

为了更稳定地反映村民对本村人居环境的主观归属感和认同感，我们提出“本土认同指数(L)”复合指标概念，尝试从更具体的复合指标角度，多层次生活愿景、定量化地去阐释村民对本土生活的认同程度。主要包括以下两点：①本土认同指数与综合满意度的交叉分区是判断村庄发展问题与策略重点的有效方法，不同特征区村庄适宜采用不同的发展对策。高认同度—高满意度Ⅰ区村庄可以继续保持发展态势，打造特色化村庄；低认同度—高满意度Ⅱ区村庄应注意人居环境建设的平衡性，注重教育环境、文化传承等村庄软实力的提升，加强本土文化的代际传承；高认同度—低满意度Ⅲ区村庄则应明确短板，集中资源对人居环境进行有针对性的建设；低认同度—低满意度Ⅳ区村庄则应作为地方乡镇政府重点关注地区，进行村庄适宜性判断，必要时可以进行迁村并点，有必要保留的应进行人居环境的全面提升和特色产业策划。②基于“本土认同”相关要素，影响村民本土认同的要素呈现内聚与离心的双趋势特征，乡村的发展取决于内聚—离心双趋势的主次关系。内聚与离心趋势的实现，主要是通过三力——公共力、本土力和外源力的具体面向和最终呈现。每个维度都存在内聚与离心的可能，因此，应针对不同的村庄“认同度—满意度”类型，来具体观察公共力、本土力和外源力存在的问题，以确定改善的方向。

# 参 考 文 献


[ 1 ] Audirac I. Rural sustainable development in America[M]. New York: John Wiley and Sons Ltd. ,1997: 191-223.

[ 2 ] Njoh A J. Municipal councils, international NGOs and citizen participation in public infrastructure development in rural settlements in Cameroon[J]. Habitat International,2011,35(1):101-110.

[ 3 ] Thomas D S J. The rural transport problem[M]. London: Rout-Ledge & Kegan Paul Ltd. ,1963.

[ 4 ] Woods M. Performing rurality and practicing rural geography[J]. Progress in Human Geography,2010,34(6):835-846.

[ 5 ] Woods M. Rural geography:blurring boundaries and making connections [J]. Progress in Human Geography,2009,33(6):849-858.

[ 6 ] 白露. 新生代农民工城镇化意愿分析——以六枝县为例[J]. 现代农村科技, 2019(3):101-103.

[ 7 ] 白南生,李靖,辛本胜. 村民对基础设施的需求强度和融资意愿——基于安徽凤阳农村居民的调查[J]. 农业经济问题,2007,28(7):49-53.

[ 8 ] 曹惠敏,骆华松. 云南农村贫困人口空间结构分析[J]. 云南地理环境研究, 2012(2):68-74.

[ 9 ] 陈柏峰. 富人治村的类型与机制研究[J]. 北京社会科学,2016(9):4-12.

[10] 陈兰. 不同村庄类型的农村居民点整理研究[D]. 重庆:西南大学,2011.

[11] 陈锡文,赵阳,陈剑波,等. 中国农村制度变革 60 年[M]. 北京:人民出版社,2009.

[12] 程海帆. 云南民族聚落的人居环境及空间转型重构探讨[J]. 西部人居环境学刊,2019,34(6):58-65.

[13] 程连生,冯文勇,蒋立宏. 太原盆地东南部农村聚落空心化机理分析[J]. 地理学报,2001,56(4):437-446.

[14] 邓磊. 贵州少数民族地区山地人居浅析[J]. 规划师,2005(1):101-103.

[15] 丁国胜,王伟强. 现代国家建构视野下乡村建设变迁特征考察[J]. 城市发展研究,2014,21(10): 107-113.

[16] 杜双燕. 城镇化带动背景下的贵州农民城镇化意愿分析[J]. 贵阳市委党校学报,2013(1):25-29.

[17] 范金,任会,袁小慧. 农民家庭经营性收入与科技水平的相关性研究:以南京市为例[J]. 中国软科学,2010(1):67-77.

[18] 费智慧,王成,李丹,等. 基于加权 Voronoi 图与农户愿景的农户搬迁去向研究——以整村推进示范村重庆市合川区大柱村为例[J]. 中国土地科学,2013,27(8):19-25+97.

[19] 高倩,赵秀琴. 黔东南地区苗族、侗族民居建筑比较研究[J]. 贵州民族研究,2014,35(9):52-55.

[20] 甘枝茂,岳大鹏,甘锐,等. 陕北黄土丘陵区乡村聚落土壤水蚀观测分析[J]. 地理学报,2005,60(3):519-525.

[21] 顾姗姗. 乡村人居环境空间规划研究[D]. 苏州:苏州科技学院,2007.

[22] 贺雪峰. 新乡土中国[M]. 北京:北京大学出版社,2013.

[23] 贺雪峰. 治村[M]. 北京:北京大学出版社,2017.

[24] 黄耘. 西南少数民族人居环境研究的文化人类学视野——以泸沽湖摩梭人人居为例[J]. 中外建筑,2012(12):46-49.

[25] 霍强,王丽华. 农村贫困地区公共文化服务的满意度及供需偏差研究——基于云南农村贫困地区 239 户家庭的调查[J]. 江苏农业科学,2019,47(5):342-346.

[26] 李伯华,刘沛林,窦银娣. 乡村人居环境系统的自组织演化机理研究[J]. 经济地理,2014,34(9):130-136.

[27] 李伯华,刘沛林,窦银娣. 转型期欠发达地区乡村人居环境演变特征及微观机制——以湖北省红安县二程镇为例[J]. 人文地理,2012,27(6):56-61.

[28] 李伯华,曾菊新. 基于农户空间行为变迁的乡村人居环境研究[J]. 地理与地理信息科学,2009(5):84-88.

[29] 李伯华,曾菊新,胡娟. 乡村人居环境研究进展与展望[J]. 地理与地理信息科

学,2008(5):70-74.

[30] 李强,罗仁福,刘承芳,等.新农村建设中农民最需要什么样的公共服务——农民对农村公共物品投资的意愿分析[J].农业经济问题,2006,27(10):156-156.

[31] 李伟,徐建刚,陈浩,等.基于政府与村民双向需求的乡村规划探索——以安徽省当涂县龙山村美好乡村规划为例[J].现代城市研究,2014(4):16-23.

[32] 李云,陈宇,卓德雄.乡村居民的就地城镇化意愿差异特征——基于两省21村的调查[J].规划师,2017,33(6):132-138.

[33] 李云,郑浩钦,张亚男,等.云南省农村人居环境建设与村民满意度关联性研究——以40村调研为例[J].住区,2019(6):72-85.

[34] 李琬,孙斌栋."十三五"期间中国新型城镇化道路的战略重点——基于农村居民城镇化意愿的实证分析与政策建议[J].城市规划,2015,39(2):23-30.

[35] 刘春艳,李秀霞,刘雁.吉林省乡村人居环境满意度评价与优化[J].天津师范大学学报(自然版),2012,32(3):54-59.

[36] 刘伟,张玲,张梅芬.云南省城市规模分布演变及其空间特征[J].价值工程,2017(7):15-18.

[37] 刘学,张敏.乡村人居环境与满意度评价——以镇江典型村庄为例[J].河南科学,2008,26(3):374-378.

[38] 刘泽云,胡文斌.贫困农村地区小学教育普及情况分析——以云南省为例[J].北京大学教育评论,2012(3):124-135.

[39] 龙花楼.中国农村宅基地转型的理论与证实[J].地理学报,2006,61(10):1093-1100.

[40] 鲁瑞丽,徐自强.民族地区农村老年人养老意愿分析与政策绩效考察——基于贵州G乡苗族村落的调查数据[J].贵阳市委党校学报,2014(1):1-5.

[41] 孟莹,戴慎志,晓斐.当前我国乡村规划实践面临的问题与对策[J].规划师,2015(2):143-147.

[42] 闵师,王晓兵,侯玲玲,等.农户参与人居环境整治的影响因素——基于西南山区的调查数据[J].中国农村观察,2019(4):94-110.

[43] 聂弯,王宾,于法稳.新型城镇化背景下民族农民进城意愿影响因素:以云南省峨山县为例[J].贵州农业科学,2017,45(7):154-158.

[44] 欧阳静.富人治村:机制与绩效研究[J].广东社会科学,2011(5):197-202.

[45] 彭震伟,陆嘉.基于城乡统筹的农村人居环境发展[J].城市规划,2009,33(5):66-68.

[46] 乔路,李京生.论乡村规划中的村民意愿[J].城市规划学刊,2015(2):72-76.

[47] 潜莎娅,黄杉,华晨.基于多元主体参与的美丽乡村更新模式研究——以浙江省乐清市下山头村为例[J].城市规划,2016,40(4):85-92.

[48] 裘斌,卢福营.论能人治理下普通村民公共参与的非均衡性[J].天津社会科学,2011(3):55-58.

[49] 栾峰,奚慧,杨犇.美丽乡村·贵州省相关政策及其实施调查[M].上海:同济大学出社,2016:26.

[50] 施红.云南民族村庄规划面临困境的人类学分析[J].思想战线,2011,37(4):135-136.

[51] 宋寒,魏婷婷,陈栋.外部资本介入乡村地域及规划应对研究——以屈家岭管理区为例[C]//中国城市规划学会.城乡治理与规划改革——2014中国城市规划年会论文集(14小城镇与农村规划).北京:中国建筑工业出版社,2014:11.

[52] 苏文苹,汪善荣,顾泽鑫,等.民族地区村干部队伍建设现状调查与思考[J].湖南农业科学,2017(3):105-108.

[53] 唐明.血缘·宗族·村落·建筑——丁村的聚居形态研究[D].西安:西安建筑科技大学,2002.

[54] 唐小丽.农民建房行为研究[D].大连:东北财经大学,2013.

[55] 田双清,谢皖东,陈磊,等.城镇近郊区空心村整治农户意愿及影响因素分析——以成都市5个县(市、区)17个村为例[J].水土保持研究,2017(5):305-313.

[56] 屠爽爽,龙花楼,李婷婷,等.中国村镇建设和农村发展的机理与模式研究[J].经济地理,2015,35(12):141-148.

[57] 王成新,姚士谋,陈彩虹.中国农村乡村聚落空心化问题实证研究[J].地理科

学,2005,25(3):257-262.
[58] 王德福,陈锋. 论乡村治理中的资源耗散结构[J]. 江汉论坛, 2015(4): 35-39.
[59] 王沐栩,南芳,路华,等. 云南高原山地下的生态景观和人居适应性研究[J]. 山西建筑,2020,46(4):40-42.
[60] 王任朋. 新农村建设背景下乡村能人的作用发挥机制探析[J]. 安徽农业科学,2010,38(24):13549-13551.
[61] 王思远,刘纪远,张增祥,等. 近10年中国土地利用格局及其演变[J]. 地理学报,2002,57(5):523-530.
[62] 魏成,韦灵琛,邓海萍,等. 社会资本视角下的乡村规划与宜居建设[J]. 规划师,2016,32(5):124-130.
[63] 文若愚,任啸科. 中国地理世界地理一本通[M]. 北京:中国华侨出版社,2011.
[64] 武晓静,韦素琼,刘静. 基于模糊综合评价的农村人居环境建设满意度研究——以安溪县为例[J]. 台湾农业探索,2013(5):64-69.
[65] 邬志辉,李静美. 农民工随迁子女在城市接受义务教育的现实困境与政策选择[J]. 教育研究,2016,37(9):19-31.
[66] 夏永久,储金龙. 基于代际比较视角的农民城镇化意愿及影响因素——来自皖北的实证[J]. 城市发展研究,2014,21(9):12-17.
[67] 谢丹,刘小丽,刘毅,等. 云贵可持续发展定位挑战与对策[J]. 环境影响评价,2014(2):29-31.
[68] 薛冰,洪亮平,徐可心. 长江中游地区乡村人居环境建设的"内卷化"与"原子化"问题研究[J]. 华中建筑,2020,38(7):1-5.
[69] 薛力. 乡村聚落发展的影响因素分析——以江苏省为例[C]//中国城市规划学会. 城市规划面对面——2005城市规划年会论文集(上). 北京:水利水电出版社,2005:10.
[70] 杨大禹. 云南民居[M]. 北京:中国建筑工业出版社,2009.
[71] 杨曙辉,宋天庆,欧阳作富,等. 云南省农村生态环境问题解析[J]. 农业现代化研究,2010,31(5):543-548.

[72] 叶强,钟炽兴. 乡建,我们准备好了吗——乡村建设系统理论框架研究[J]. 地理研究,2017,36(1):1843-1858.

[73] 殷冉. 基于村民意愿的乡村人居环境改善研究——以南通市典型村庄为例[D]. 南京:南京师范大学,2013.

[74] 曾菊新,杨晴青,刘亚晶,等. 国家重点生态功能区乡村人居环境演变及影响机制——以湖北省利川市为例[J]. 人文地理,2016(1):81-88.

[75] 张东升,丁爱芳. 基于问卷调查的山东省农村居民点发展趋势研究[J]. 小城镇建设,2015(6):19-24.

[76] 章莉莉,陈晓华,储金龙. 我国乡村空间规划研究综述[J]. 池州学院学报,2010,24(6):61-67.

[77] 张明龙,周剑勇,刘娜. 杜能农业区位论研究[J]. 浙江师范大学学报(社会科学版),2014,39(5):95-100.

[78] 张明龙. 杜能农业区位论研究[J]. 浙江师范大学学报(社会科学版), 2014(39):95-100.

[79] 张乾. 聚落空间特征与气候适应性的关联研究——以鄂东南地区为例[D]. 武汉:华中科技大学,2012.

[80] 张元博,黄宗胜,陈旋,等. 贵州石漠化区布依族传统村落人居环境适宜度[J]. 应用生态学报,2019,30(9):3203-3214.

[81] 张兆曙,王建. 城乡关系、空间差序与农户增收——基于中国综合社会调查的数据分析[J]. 社会学研究, 2017(4):46-69.

[82] 赵婷. 重庆市 DG 镇农村人居环境治理的问题与对策研究[D]. 重庆:西南大学,2020.

[83] 钟静,卢涛. 基于地形起伏度的中国西南地区人口集疏格局演化研究[J]. 生态学报, 2018,38(24):8849-8860.

[84] 周晓芳,周永章,欧阳军. 基于 BP 神经网络的贵州 3 个喀斯特农村地区人居环境评价[J]. 华南师范大学学报(自然科学版),2012,44(3):132-138.

[85] 周游,周剑云. 农村人居环境改造与提升的策略研究——以广东省为例[C]//中国城市规划学会. 城乡治理与规划改革——2014 中国城市规划年会论文集(14 小城镇与农村规划). 北京:中国建筑工业出版社,2014:12.

[86] 周政旭,王训迪,刘加维,等.山地乡村空间格局演变特征研究——以贵州中部白水河谷地区为例[J].城市发展研究,2018,25(7):97-105.

[87] 朱彬,张小林,尹旭.江苏省乡村人居环境质量评价及空间格局分析[J].经济地理,2015,35(3):138-144.

[88] 朱炜.基于地理学视角的浙北乡村聚落空间研究[D].杭州:浙江大学,2009.

[89] 朱武,何辉.云南省农村饮水工程存在的问题及巩固提升对策探讨[J].水利发展研究,2016(5):17-20.

# 附　　录

## 附录 1　村主任/村支书问卷

| 问卷指标/问题 | | 现在或 2014 年情况 | 2010 年情况 | 2000 年情况 |
|---|---|---|---|---|
| 总体概况 | 行政村面积(公顷) | | | |
| | 行政村户籍人口 | | | |
| | 行政村常住人口 | | | |
| | 行政村户数 | | | |
| | (大于 10 户的)居民点数量 | | | |
| | 所有居民点的占地总面积(公顷) | | | |
| | 最大的居民点用地规模(公顷) | | | |
| | 最大的居民点人口规模(人) | | | |
| 经济功能 | 耕地面积(亩)及总收益(万元) | | | |
| | 林地面积(亩)及总收益(万元) | | | |
| | 牧草地面积(亩)及总收益(万元) | | | |
| | 鱼塘面积(亩)及总收益(万元) | | | |
| | 工业用地面积(亩)及总收益(万元) | | | |
| | 行政村的集体收入(万元) | | | |
| | 村中有哪些资源(如矿产资源、历史建筑等)可开发? | | | |
| | 住房空置户数是?是否考虑过利用这些存量资产? | | | |
| | 村中是否已经开发休闲农业和服务业?进展如何? | | | |
| | 2010—2015 年政府累计拨款多少万元? | | | |
| 生活质量 | 总住房建筑面积(平方米) | | | |
| | 宅基地总面积(平方米) | | | |
| | 2010 年以来年新建住房总量(套数,面积) | | | |
| | (宽度大于 3 米的)村庄道路用地面积(平方米) | | | |
| | 本行政村是否配备有卫生室? | | | |
| | 本行政村是否有配备有图书馆? | | | |
| | 本行政村是否有配备娱乐活动设施? | | | |
| | 本行政村是否有配备有老年活动中心? | | | |

（续表）

| 问卷指标/问题 | | 现在或 2014 年情况 | 2010 年情况 | 2000 年情况 |
|---|---|---|---|---|
| 生活质量 | 本行政村是否配备有公共活动空间（广场，公园等）？ | | | |
| | 本行政村是否通了镇村公交车？ | | | |
| | 本行政村是否 90%以上的家庭有通自来水？ | | | |
| | 本行政村是否 90%以上的家庭有通电？ | | | |
| | 本行政村是否 90%以上的家庭有通电话？ | | | |
| | 本行政村是否 90%以上的家庭有燃气或液化气供应？ | | | |
| | 本行政村是否 90%以上的家庭有通有线电视？ | | | |
| 生态环境 | 5 千米内是否有污染型工业？（主要为水、气污染） | | | |
| | 本行政村是否有污水收集、处理设施？ | | | |
| | 本行政村污水设施是否正常运行？有何困难？ | | | |
| | 本行政村是否有垃圾收集设施？ | | | |
| | 本村的气候特点（宜人？灾害多？干旱？等等） | | | |
| | 本村空气环境质量（按 1—5 分进行评分，1 为差，2 为较差，3 为一般，4 为较好，5 为很好） | | | |
| | 本村水环境质量（按 1—5 分进行评分，同上） | | | |
| | 环境卫生状况（按 1—5 分进行评分，同上） | | | |
| 农村社会 | 村内人际关系总体上（按 1—5 分进行评分，同上） | | | |
| | 村中是否有能人？ | | | |
| | 能人是否发挥了带动大家致富的作用？ | | | |
| | 您认为现在村中的人口年龄结构是否合理？ | | | |
| | 这样的人口结构是否影响到了村子的健康发展？ | | | |
| | 您认为未来村子会持续繁荣还是继续衰败？ | | | |
| | 村里 2010 年以来每年大约有多少外出务工者返乡？多数是老年人、中年人还是年轻人？ | | | |
| | 您认为村里今后是否会有一定数量的外出人口返回？ | | | |
| | 是否存在村民自治组织或者村民自发团体？如存在，请告诉我们具体的活动。 | | | |
| | 村民对政府在村落中实施的政策和项目的总体评价？ | | | |
| | 您觉得现在村里最需要政府提供哪些帮助？ | | | |
| | 村里的其他特殊情况注释 | | | |

# 附录 2　村民问卷

尊敬的村民：

您好！为更好地倾听民意，建设好新农村，促进乡村人居环境的改善和提升，我们希望通过村民问卷和访谈调查了解您对您所居住的村庄的建设、环境、道路、设施等的意见。本问卷完全匿名，由________大学直接发放并回收，只做总量统计，保证您个人信息不会被泄露。谢谢配合！

建设部村镇司委托，同济大学和________大学承办。

2015 年 7 月

## 一、个人及家庭情况

您在本村居住的时间：________年；户口所在地：A. 本村　B. 非本村；户口上有________人；常住家中的有________人；

您到您的耕地的距离________千米；如果您还从事一些非农工作，您到工作地的距离________千米；如果您有非农工作，您从居住地到工作地方便吗？A. 方便　B. 较方便　C. 一般　D. 不太方便　E. 很不方便；

请填写您家中成年人的年龄、性别以及其他情况（请将合适的选项填入表格），包括您本人、妻子（丈夫）、住在一起的父母、子女、兄弟姐妹等。

| 与您的关系 | 年龄 | 性别 | 民族 | 文化程度<br>A. 小学以下<br>B. 小学<br>C. 初中<br>D. 高中或技校<br>E. 大专及以上 | 从事工作<br>A. 企业经营者<br>B. 普通员工<br>C. 公务员或事业单位<br>D. 个体户<br>E. 务农<br>F. 半工半农<br>G 在家照顾老人小孩<br>J. 其他 | 务工地点<br>A. 本镇<br>B. 其他镇<br>C. 本市<br>D. 省内其他城市<br>E. 省外地区 | 务工时间<br>A. 常年在外<br>B. 农闲时外出<br>C. 早出晚归，住在家里<br>D. 主要务农，偶尔外出打零工<br>E. 常住家中，不外出<br>F. 其他 | 税后个人年收入（元） | 农业收入占比 | 非农收入占比 |
|---|---|---|---|---|---|---|---|---|---|---|
| | | | | | | | | | | |
| | | | | | | | | | | |
| | | | | | | | | | | |

## 二、日常生活与公共服务设施情况

您家中小孩的就学情况(请将合适的选项填入表格):

| 子女年龄 | 就读学校 | 上学地点 | 就学模式 | 交通方式 | 单程时间 | 距家多远 | 是否满意 |
|---|---|---|---|---|---|---|---|
| | A. 幼儿园<br>B. 小学<br>C. 初中<br>D. 高中或技校<br>E. 大专及以上 | A. 本村<br>B. 镇区<br>C. 其他镇<br>D. 县城<br>E. 市区<br>F. 其他 | A. 每日自己往返<br>B. 每日家长接送<br>C. 住校,每周回家<br>D. 住校,每月回家<br>E. 住校,很少回家 | A. 步行<br>B. 自行车或电动车<br>C. 公交车<br>D. 校车<br>E. 私营客车 | ____分钟 | ____千米 | A. 满意<br>B. 较满意<br>C. 一般<br>D. 不太满意<br>E. 很不满意 |
| | | | | | | | |
| | | | | | | | |
| | | | | | | | |

您认为本镇(村)的学校最急需改善的是哪方面? A. 减小班级规模　B. 更新教育设施　C. 提高教师质量　D. 降低就学成本　E. 增加学校数量,缩短与家的距离　F. 改善周边环境　G. 其他________

您对村卫生室的服务满意吗? A. 满意　B. 较满意　C. 一般　D. 不太满意　E. 很不满意

您对镇卫生院意吗? A. 满意　B. 较满意　C. 一般　D. 不太满意　E. 很不满意

您认为镇卫生院(医院)最急需改善的是哪方面________;村卫生室最急需改善的是哪方面________

A. 改善交通可达性　B. 更新医疗设备　C. 提升医师水平　D. 降低就医成本　E. 增加布点　F. 延长服务时间　G. 其他________

您愿意在哪里养老:A. 家里　B. 村养老机构　C. 镇养老机构　D. 县及以上养老机构　E. 子女身边　F. 其他________

您对村里的娱乐活动等设施满意吗________;体育健身设施满意吗________;村容村貌、卫生环境满意吗________

A. 满意　　B. 较满意　　C. 一般　　D. 不太满意　　E. 很不满意

您对本村的公共交通的评价:A. 满意　B. 较满意　C. 一般　D. 不太满意　E. 很不满意(没有公交经过)

您认为村庄建设最需加强的公共服务设施为(请填写你觉得最急需的三项)：A. 幼儿园 B. 小学 C. 文化娱乐设施 D. 体育设施和场地 E. 商业零售设施 F. 餐饮设施 G. 卫生室 H. 公园绿化 I. 养老服务 J. 其他________

## 三、养老情况(60岁以上(1954年12月31日以前出生)回答)

对您来说，生活中最困难的事(可以多选，至多三项)：A. 起居自理(穿衣、梳洗、行走等) B. 日常家务 C. 做饭 D. 外出买东西 E. 看病 F. 干农活 G. 无人陪伴，无事可做 H. 照顾孙辈 I. 其他__________________________

您子女对您关心吗？A. 经济上和精神上都很关心 B. 经济上很支持，但日常关心较少 C. 日常关心较多，但经济支持很有限 D. 经济和精神上都不关心 E. 其他__________________________

您每月领取________元养老金，对此满意吗？A. 满意，够用 B. 不够用，做农活赚钱 C. 太少，须靠子女或其他来源补贴

您是否会选择在养老机构(托老所、养老院)养老？A. 是，每月心理价位________元 B. 不，自己能照顾自己 C. 不，子女可以照顾我 D. 不，别人可能会看不起 E. 不，支付不起费用 F. 不，不习惯离开家

您对镇里或村里的老年活动中心及相关组织满意吗？A. 满意 B. 一般 C. 不满意 D. 无活动中心 E. 不常去，不知道

您村里有社区养老服务吗________；您是否听说过有"志愿帮助老年人"的组织________；您在日常生活(买菜、做农活、就医)上是否有过被社区或志愿者组织"无偿帮助"的经历________A. 有 B. 没有

如果村里组织村民养老互助，您愿意参与吗？A. 愿意 B. 没想过 C. 不愿意，因为：________________________________

## 四、住房和村庄建设

请填写您农村住房的基本情况：

| 建成年 | 层数 | 建筑面积(平方米) | 宅基地面积(平方米) | 最近一次翻修是哪一年? | 外观(有粉刷/砌砖/裸露) | 空调(有/无) | 网络(有/无) | 出租(有/无) | 水冲厕所(有/无) | 洗浴(有/无) | 厨房(有/无) | 炊事燃料 |
|---|---|---|---|---|---|---|---|---|---|---|---|---|
| | | | | | | | | | | | | |

您对现有住房条件是否满意________；村庄居住环境是否满意________ A. 满意 B. 较满意 C. 一般 D. 不太满意 E. 很不满意

您家庭在镇区有住房吗________；在城区有住房吗________ A. 有 B. 没有

您认为村里最需加强的基础市政设施是(请填写你觉得最急需的三项)：A. 环卫设施 B. 道路交通 C. 给水设施 D. 电力设施 E. 燃气设施 F. 污水设施 G. 雨水设施 H. 防灾设施 I. 其他________________________________________

您对村落景观(风貌，街景等)是否关心？A. 非常关心 B. 比较关心 C. 不太关心 D. 完全不关心

如果政府给予一定支持，您愿意参与到美丽农村建设中吗？A. 愿意 B. 不愿意 C. 说不清

您是否为了村落景观的维护做过一些力所能及的事(多选)？A. 清扫道路 B. 修葺房屋外壁，院落等 C. 修建道路 D. 修建水利设施 E. 植树种草 F. 清理小广告，海报 G. 没有做过 E. 其他________________________

请选择您认为村庄在今后的发展中，需要保留传承的东西(多选)：A. 传统文化、工艺(食文化，戏曲，灯谜，祭祀活动，剪纸，陶瓷，酿酒等非物质文化) B. 传统民居 C. 石墙、石路 D. 传统街市 E. 农田景观 F. 没啥有价值的东西 G. 其他________

## 五、经济和产业

您家拥有耕地________亩，林地________亩，每亩年收入________元；谁来耕种？A. 自己或家人 B. 亲友 C. 流转 D. 抛荒 E. 雇人

您家庭年纯收入大约为：________万元，其中：农林牧渔业________元；非农务工收入________元；子女寄回________元；房屋出租________元；社保等补助________元；其他________元

您家庭一年最大的开销是________和________：A. 吃穿用度 B. 看病就医 C. 子女学费 D. 外出打工生活费 E. 接济子女或孙辈 F. 照顾老人 G. 其他________；扣除常规花销，您家庭每年可以存款：________万元

您认为本村是否有潜力开发农家乐、民宿等休闲旅游产业？A. 是 B. 否 C. 说不清楚

您对本村的农家乐、民宿等休闲旅游产业，是否支持？A. 是 B. 否 C. 说不清楚

您是否愿意参与民宿或农家乐的经营，以获得额外的收入？A. 是 B. 否 C. 说不

清楚

您对近几年的本村建设是否满意________;镇上建设是否满意________A. 很满意 B. 基本满意 C. 一般 D. 不太满意 E. 很不满意

您对您目前的生活状态满意吗? A. 很满意 B. 基本满意 C. 一般 D. 不太满意 E. 很不满意

## 六、迁居意愿及经历

您理想的居住地:A. 农村 B. 集镇 C. 县城或市 D. 省城、大城市或直辖市 E. 其他________

考虑现实生活条件,您是否有迁出本村到城镇定居的打算? A. 有 B. 没有 C. 说不清楚

如果是,原因(可多选):A. 工作机会多、就业收入高 B. 子女教育质量高 C. 医疗条件优 D. 卫生环境好 E. 设施完善、生活便利 F. 政府政策优惠 G. 本村有潜在的自然灾害风险(泥石流、洪水等) H. 城市生活丰富 I. 其他______________

如果否,原因(可多选):A. 城里工作不好找 B. 城里消费水平高 C. 我舍不得农村 D. 城镇空气环境质量差 E. 城镇生活不习惯 F. 买不起房子 G. 农村收入尚可,我满足了 H. 其他________

您认为下列设施用地对村庄是否必要:绿化公园________,路灯________,垃圾收集和保洁设施________A. 必要 B. 没必要

您觉得村里________和周边乡镇上________还缺少哪些商业设施、休闲娱乐设施?

A. 公园 B. 电影院 C. 歌厅(KTV) D. 网吧 E. 高档餐厅 F. 大超市 G. 其他

您对生活在村里的经济条件满意吗? A. 满意 B. 一般 C. 不满意

您家在村里的亲友多吗? A. 很多 B. 不多不少 C. 很少

您家与村里亲友邻里来往关系怎么样? A. 往来密切 B. 仅在年节或婚丧时有往来 C. 很少有往来

您认为村里房子住得舒服,还是城里楼房住得舒服? A. 村里 B. 城里

为什么? ______________________________________________________________

您打算一辈子在村里生活吗? A. 是 B. 否

如果否,原因(可多选):A. 工作机会多、就业收入高 B. 子女教育质量高 C. 医疗条件优 D. 卫生环境好 E. 设施完善、生活便利 F. 政府政策优惠 G. 本村有潜在的

自然灾害风险(泥石流、洪水等)　H. 城市生活丰富　I. 其他________________

如果是,原因(可多选):A. 城里工作不好找　B. 城里消费水平高　C. 我舍不得农村　D. 城镇空气环境质量差　E. 城镇生活不习惯　F. 买不起房子　G. 农村收入尚可,我满足了　H. 其他________

如果是,您认为"农活太苦太累"是影响您迁出农村生活居住的主要原因吗? A 是　B 否

如果想离开农村,打算到镇上,还是到城市生活:A. 镇　B. 城市

为什么? ________________________________________________

如果想离开农村,何时可以实施:A. 一年以内　B. 一至五年　C. 五到十年　D. 十年以上

您希望下一代生活在哪里:A. 农村　B. 集镇　C. 县城或市　D. 省城、大城市或直辖市　E. 其他________

为什么? ________________________________________________

在农村生活,您最不喜欢什么? ________________________________

最喜欢什么? ____________________________________________

假如您在城里工作,交通条件足以满足每天回到农村的家里居住,您会选择每天回家吗:A. 是　B. 否

为什么? ________________________________________________

迁移、转职经历

家庭成员1:本人

| 时间(____年至____年) | 地点 | 工作及收入 | 换工作或换居住地点的原因及评价 |
|---|---|---|---|
| | | | |
| | | | |
| | | | |
| 为何返乡(无外出经历者可填写为何不外出) | | | |

家庭成员 2：

| 时间(____年至____年) | 地点 | 工作及收入 | 换工作或换居住地点的原因及评价 |
| --- | --- | --- | --- |
| | | | |
| | | | |
| | | | |
| 为何返乡(无外出经历者可填写为何不外出) | | | |

家庭成员 3：

| 时间(____年至____年) | 地点 | 工作及收入 | 换工作或换居住地点的原因及评价 |
| --- | --- | --- | --- |
| | | | |
| | | | |
| | | | |
| 为何返乡(无外出经历者可填写为何不外出) | | | |

注：如有其他成员信息可继续添加。

# 附录 3　各章附表

附表 3-1　乡村人居环境建设水平评价指标体系、指标取值或计算方式及指标权重

| 目标层 | 结构层 | 一级权重 | 支持层 | 二级权重 | 指标层 | 三级权重 | 取值或计算方式 | 数据来源 |
|---|---|---|---|---|---|---|---|---|
| 乡村人居环境建设水平 | 生态环境 A | 18.97% | 自然环境 A1 | 44.44% | A11 本村地形属性 | 45.43% | 平原:100%;丘陵:90%;山区平原:70%;山区:50% | ① |
| | | | | | A12 本村气候属性 | 54.57% | 亚热带:100%;暖温带:80%;中温带:50%;寒温带:20% | ① |
| | | | 负面因素 | 55.56% | A21 污水处理方式 | 28.15% | 集中处理:3;分户处理:2;无处理:0 | ⑤ |
| | | | 人工环境 A2 | | A22 垃圾处理方式 | 30.37% | 转运城镇:5;村内焚烧:4;村内简易填埋:3;露天堆放:2;自行处理或随弃:0 | ⑤ |
| | | | 负面因素 | | A23 5 千米内是否有污染型企业 | 41.48% | 无:2;有:1 | ③ |
| | 生活质量 B | 31.62% | 基础设施 B1 | 23.42% | B11 人均硬化道路(米) | 13.87% | 已硬化的村内道路长度/村庄常住人口 | ④⑤ |
| | | | | | B12 村内供水方式 | 17.55% | 城镇集中供水:3;村庄集中供水:2;无集中供水:0 | ⑤ |
| | | | | | B13 电话普及率是否超过 90% | 18.64% | 是:1;否:0 | ③ |
| | | | | | B14 是否有公交 | 16.91% | 有:1;否:0 | ③ |
| | | | | | B15 通宽带自然村的比例(%) | 16.37% | 通宽带自然村/行政村下辖自然村个数 | ③ |
| | | | | | B16 是否有路灯 | 16.66% | 均有:100%;部分有:50%;没有:0 | ⑤ |
| | | | 居住条件 B2 | 29.27% | B21 户均住房面积(平方米) | 16.09% | 村民问卷结果汇总 | ② |
| | | | | | B22 建筑质量(%) | 16.40% | 质量较好农房的套数/村内户籍农户总住房套数 | ④ |

（续表）

| 目标层 | 结构层 | 一级权重 | 支持层 | 二级权重 | 指标层 | 三级权重 | 取值或计算方式 | 数据来源 |
|---|---|---|---|---|---|---|---|---|
| 乡村人居环境建设水平 | 生活质量 B | 31.62% | 居住条件 B2 | 29.27% | B23 网络安装比例(%) | 14.94% | 村民问卷结果汇总 | ② |
| | | | | | B24 水冲厕所比例(%) | 15.76% | 村民问卷结果汇总 | ② |
| | | | | | B25 独立厨房比例(%) | 20.76% | 村民问卷结果汇总 | ② |
| | | | | | B26 房屋外立面粉刷比例(%) | 16.05% | 村民问卷结果汇总 | ② |
| | | | 公共服务 B3 | 21.29% | B31 子女小学就学单程平均距离(分钟) | 22.00% | 村民问卷结果汇总 | ② |
| | | | | | B32 有无文体公共活动场所 | 26.77% | 有:1;否:0 | ⑤ |
| | | | | | B33 有无娱乐活动设施 | 17.86% | 有:1;否:0 | ③ |
| | | | | | B34 有无老年活动中心 | 17.97% | 有:1;否:0 | ③ |
| | | | | | B35 每千人专职村庄保洁员人数(个) | 15.40% | 统计数据 | ⑤ |
| | | | 生活水平 B4 | 26.02% | B41 村民人均纯收入(元) | 34.92% | 统计数据 | ④ |
| | | | | | B42 镇区或县城有住房比例(%) | 30.49% | 村民问卷结果汇总 | ② |
| | | | | | B43 恩格尔系数(%) | 34.59% | 村民问卷结果汇总 | ② |
| | 生产效率 C | 22.32% | 农业基础 C1 | 44.44% | C11 耕地地均收益(元) | 49.04% | 村民问卷结果汇总 | ② |
| | | | | | C12 人均耕地面积(亩) | 50.96% | 村民问卷结果汇总 | ② |
| | | | 经济活力 C2 | 55.56% | C21 村中休闲农业和服务业开发进展 | 17.99% | 正在建设:40%,进展顺利:100%,初具规模:60%,进展一般:40%,经营困难:0%,准备开始:20%,没有:0% | ③ |
| | | | | | C22 村中常住/户籍人口比 | 21.99% | 村庄专职村庄保洁员数量/常住人口 | ⑤ |
| | | | | | C23 常住人口中劳动力年龄段比例(%) | 21.20% | 统计数据汇总 | ⑤ |

（续表）

| 目标层 | 结构层 | 一级权重 | 支持层 | 二级权重 | 指标层 | 三级权重 | 取值或计算方式 | 数据来源 |
|---|---|---|---|---|---|---|---|---|
| 乡村人居环境建设水平 | 生产效率 C | 22.32% | 经济活力 C2 | 55.56% | C24 非农就业比例(%) | 19.18% | 村民问卷结果汇总(关于收入来源的选项) | ② |
| | | | | | C25 2014 年所在县/县级市人均 GDP(元) | 19.64% | 各县市政府网站人均 GDP 数据 | ⑥ |
| | 社会文化 D | 27.09% | 社会关系 D1 | 52.38% | D11 村内亲戚好友数量 | 51.86% | 村民问卷结果汇总(很多:100%,不多不少:50%,很少:0%) | ③ |
| | | | | | D12 村内能人的带动作用 | 48.14% | a)有能人且发挥作用:100%,b)有能人但未发挥作用:50%,3)无能人:0% | ③ |
| | | | 地方文化 D2 | 47.62% | D21 中学及以上学历比例(%) | 50.63% | 村民问卷结果汇总 | ③ |
| | | | | | D22 村庄历史文化属性 | 49.37% | 中国传统村落名录:100%,省级历史文化名村:70%,一般传统村落:50%,非传统村落:0% | ③ |

资料来源:①课题组村庄基础汇总、数据,②村民问卷,③村主任问卷,④全国乡村人居环境数据和乡镇数据(2013),⑤全国乡村人居环境数据和乡镇数据(2014),⑥各县市政府网站。

附表 3-2 村民满意度评价指标体系、指标取值或计算方式以及指标权重

| 目标层 | 结构层 | 一级权重 | 支持层 | 二级权重 | 指标层(指标单位) | 三级权重 | 综合权重 | 取值或计算方式 |
|---|---|---|---|---|---|---|---|---|
| 乡村人居综合满意度水平 | 生态环境 A | 18.97% | 自然环境 A1 | 51.24% | 空气、水质量满意度(%) | 100% | 9.72% | 村主任问卷:本村空气环境质量(按 1—5 分进行评分,1 为差,2 为较差,3 为一般,4 为较好,5 为很好)评分 20% |
| | | | 人工环境 A2 | 48.76% | 环境卫生满意度(%) | 100% | 9.25% | 村民问卷:"村容村貌、卫生环境满意吗?"(按 1—5 分进行评分,1 很不满意,2 较不满意,3 一般,4 比较满意,5 很满意)满意度得分 20% |
| | 生活质量 B | 31.62% | 住房条件 B1 | 57.90% | 住宅满意度(%) | 49.97% | 9.15% | 村民问卷:"对现有住房条件是否满意?"(按 1—5 分进行评分,1 很不满意,2 较不满意,3 一般,4 比较满意,5 很满意)满意度得分 20% |
| | | | | | 村庄居住条件满意度(%) | 50.03% | 9.16% | 村民问卷:"村庄居住环境是否满意?"(按 1—5 分进行评分,1 很不满意,2 较不满意,3 一般,4 比较满意,5 很满意)满意度得分 20% |
| | | | 公共设施 B2 | 42.10% | 公共交通设施满意度(%) | 23.95% | 3.19% | 村民问卷:"对现有住房条件是否满意?"(按 1—5 分进行评分,1 很不满意,2 较不满意,3 一般,4 比较满意,5 很满意)满意度得分 20% |
| | | | | | 村卫生室满意度(%) | 26.03% | 3.47% | 村民问卷:"对村卫生室是否满意?"(按 1—5 分进行评分,1 很不满意,2 较不满意,3 一般,4 比较满意,5 很满意)满意度得分 20% |
| | | | | | 子女就学满意度(%) | 26.42% | 3.52% | 村民问卷:"对子女上学是否满意?"(按 1—5 分进行评分,1 很不满意,2 较不满意,3 一般,4 比较满意,5 很满意)满意度得分 20% |
| | | | | | 文体活动设施满意度(%) | 23.60% | 3.14% | 村民问卷:"对近年农村建设是否满意?"(按 1—5 分进行评分,1 很不满意,2 较不满意,3 一般,4 比较满意,5 很满意)满意度得分 20% |
| | 生产效率 C | 22.32% | 建设属性 C1 | 50.82% | 对近年农村建设满意度(%) | 100% | 11.34% | 村民问卷:"对近年农村建设是否满意?"(按 1—5 分进行评分,1 很不满意,2 较不满意,3 一般,4 比较满意,5 很满意)满意度得分 20% |
| | | | 经济属性 C2 | 49.18% | 村内经济条件满意度(%) | 100% | 10.98% | 村民问卷:"对生活在村里的经济条件满意吗?"(按 1—5 分进行评分,1 很不满意,2 较不满意,3 一般,4 比较满意,5 很满意)满意度得分 20% |
| | 社会文化 D | 27.09% | 社会文化 D1 | 100% | 社会关系满意度(%) | 100% | 27.09% | 村民问卷:"与村里亲友邻里来往关系?"*(往来密切,往来一般,偶有往来)往来密切选项比例 1 + 往来一般选项比例 0.5 |

* 注:由于本次研究中没有单独的社会文化维度的满意度,本次以邻里关系密切程度替代社会关系满意度。

附表 3-3　与满意度存在显著相关性的人居环境水平三级指标一览

| 相关指标 | | 综合满意度 | 生态满意度 | 生活满意度 | 生产满意度 | 社会满意度 |
|---|---|---|---|---|---|---|
| 乡村人居环境水平 | | 0.717$^{**}$ (0.000) | | 0.677$^{*}$ (0.000) | 0.653$^{**}$ (0.000) | 0.647$^{**}$ 0.000 |
| 生态环境 | 污水处理设施 | 0.507$^{**}$ (0.001) | | 0.502$^{**}$ (0.001) | 0.392$^{*}$ 0.012 | 0.399$^{*}$ 0.011 |
| | 垃圾处理设施 | 0.466$^{**}$ 0.002 | | 0.496$^{**}$ 0.001 | 0.428$^{**}$ 0.006 | 0.376$^{*}$ 0.017 |
| 生态环境水平 | | | | 0.332$^{*}$ 0.036 | | |
| 生活质量 | 人均硬化道路长度 | | | | −.315$^{*}$ 0.048 | |
| | 是否90%以上的家庭通电话 | 0.313$^{*}$ 0.049 | | 0.339$^{*}$ 0.032 | | 0.322$^{*}$ 0.043 |
| | 是否通宽带 | 0.489$^{**}$ 0.001 | | 0.569$^{**}$ 0.000 | 0.453$^{**}$ 0.003 | 0.382$^{*}$ 0.015 |
| | 路灯建设情况 | 0.496$^{**}$ 0.001 | | 0.500$^{**}$ 0.001 | 0.439$^{**}$ 0.005 | 0.380$^{*}$ 0.016 |
| | 户均住房面积 | 0.458$^{**}$ 0.003 | | 0.475$^{**}$ 0.002 | | 0.431$^{**}$ 0.006 |
| | 网络安装比例 | 0.419$^{**}$ (0.007) | | 0.380$^{*}$ (0.016) | 0.314$^{*}$ 0.049 | 0.431$^{**}$ 0.005 |
| | 是否水冲厕所 | 0.317$^{*}$ 0.046 | | | | 0.332$^{*}$ 0.036 |
| | 是否有独立厨房 | | | | 0.384$^{*}$ 0.015 | |
| | 房屋外观粉刷 | 0.503$^{**}$ 0.001 | | 0.452$^{**}$ 0.003 | 0.408$^{**}$ 0.009 | 0.428$^{**}$ 0.006 |
| | 小学就学单程时间 | −0.426$^{**}$ (0.006) | | −0.508$^{**}$ (0.001) | | −0.400$^{*}$ 0.011 |
| | 是否有配备有娱乐活动设施 | 0.542$^{**}$ 0.000 | | 0.557$^{**}$ 0 | 0.426$^{**}$ 0.006 | 0.416$^{**}$ 0.008 |
| | 是否有配备有老年活动中心 | 0.502$^{**}$ 0.001 | | 0.535$^{**}$ 0 | 0.475$^{**}$ 0.002 | 0.408$^{**}$ 0.009 |
| | 每千人专职村庄保洁员 | 0.331$^{*}$ 0.037 | | 0.359$^{*}$ 0.023 | 0.328$^{*}$ 0.039 | |
| | 村民人均年纯收入 | 0.576$^{**}$ 0.000 | | 0.504$^{**}$ 0.001 | 0.537$^{**}$ 0.000 | 0.485$^{**}$ 0.002 |
| | 镇区或县城有住房比例 | 0.340$^{*}$ 0.032 | | | 0.370$^{*}$ 0.019 | |
| | 恩格尔系数 | 0.367$^{*}$ (0.02) | | 0.378$^{*}$ (0.016) | | |

（续表）

| 相关指标 | | 综合满意度 | 生态满意度 | 生活满意度 | 生产满意度 | 社会满意度 |
|---|---|---|---|---|---|---|
| 生活质量水平 | | 0.661** (0.000) | | 0.651** (0.000) | 0.573** (0.000) | 0.586** (0.000) |
| 生产效率 | 每亩年收益 | 0.423** 0.006 | | 0.329* 0.038 | 0.444** 0.004 | 0.322* 0.043 |
| | 非农就业比例 | | | | 0.314* 0.049 | |
| | 所在县/县级市人均 GDP | 0.430** 0.006 | 0.322* (0.042) | 0.339* 0.032 | 0.366* 0.02 | 0.347* 0.028 |
| 社会文化 | 中学及以上学历比例 | 0.577** 0.000 | | 0.620** 0.000 | 0.571** 0.000 | 0.470** 0.002 |
| | 村庄历史文化属性 | | | | | 0.339* 0.032 |
| 社会文化水平 | | 0.584** 0.000 | | 0.508** 0.001 | 0.616** 0.000 | 0.618** 0.000 |

注：** 表示在 0.01 水平(双侧)上显著相关，* 表示在 0.05 水平(双侧)上显著相关；括号内为显著度。

附表 3-4　2015 年云南省调研 40 村人居环境建设水平与满意度(标准化指标)

| 村庄名称 | 乡村人居环境水平 | 综合满意度 | 生态环境质量 | 生态满意度 | 生活质量 | 生活满意度 | 生产效率 | 生产效率满意度 | 社会文化 | 社会文化满意度 |
|---|---|---|---|---|---|---|---|---|---|---|
| 班中村 | 0.488 | 0.460 | 0.110 | 0.088 | 0.156 | 0.151 | 0.099 | 0.092 | 0.113 | 0.129 |
| 插朗哨村 | 0.479 | 0.467 | 0.093 | 0.072 | 0.155 | 0.155 | 0.105 | 0.107 | 0.112 | 0.134 |
| 楚场 | 0.469 | 0.458 | 0.093 | 0.105 | 0.151 | 0.139 | 0.108 | 0.093 | 0.103 | 0.121 |
| 打黑村 | 0.500 | 0.474 | 0.095 | 0.105 | 0.163 | 0.145 | 0.112 | 0.105 | 0.113 | 0.120 |
| 大营 | 0.558 | 0.636 | 0.120 | 0.106 | 0.169 | 0.196 | 0.126 | 0.157 | 0.127 | 0.176 |
| 大庄 | 0.526 | 0.570 | 0.109 | 0.109 | 0.171 | 0.175 | 0.111 | 0.110 | 0.119 | 0.176 |
| 洞波村 | 0.508 | 0.479 | 0.112 | 0.096 | 0.165 | 0.144 | 0.104 | 0.101 | 0.118 | 0.139 |
| 洱滨村 | 0.517 | 0.530 | 0.103 | 0.105 | 0.174 | 0.177 | 0.112 | 0.113 | 0.114 | 0.135 |
| 海界村 | 0.512 | 0.477 | 0.110 | 0.064 | 0.168 | 0.177 | 0.103 | 0.109 | 0.121 | 0.127 |
| 海螺 | 0.466 | 0.446 | 0.106 | 0.114 | 0.152 | 0.145 | 0.113 | 0.082 | 0.085 | 0.106 |
| 黑尔村 | 0.497 | 0.550 | 0.097 | 0.096 | 0.158 | 0.166 | 0.114 | 0.126 | 0.114 | 0.163 |
| 黄草坝村 | 0.463 | 0.478 | 0.068 | 0.089 | 0.160 | 0.151 | 0.112 | 0.106 | 0.106 | 0.132 |
| 黄草哨村 | 0.464 | 0.487 | 0.087 | 0.096 | 0.155 | 0.146 | 0.101 | 0.111 | 0.107 | 0.134 |
| 甲村 | 0.500 | 0.498 | 0.097 | 0.105 | 0.165 | 0.135 | 0.099 | 0.101 | 0.128 | 0.158 |
| 科麻栗村 | 0.533 | 0.490 | 0.099 | 0.088 | 0.166 | 0.159 | 0.123 | 0.106 | 0.129 | 0.138 |
| 老鲁寨村 | 0.514 | 0.556 | 0.097 | 0.096 | 0.160 | 0.184 | 0.115 | 0.132 | 0.124 | 0.145 |
| 龙潭村 | 0.501 | 0.561 | 0.070 | 0.106 | 0.167 | 0.173 | 0.114 | 0.115 | 0.132 | 0.166 |
| 龙王塘村 | 0.532 | 0.647 | 0.113 | 0.114 | 0.172 | 0.196 | 0.112 | 0.149 | 0.119 | 0.188 |
| 竜山村 | 0.469 | 0.338 | 0.097 | 0.077 | 0.144 | 0.107 | 0.107 | 0.069 | 0.112 | 0.085 |
| 绿溪 | 0.519 | 0.518 | 0.087 | 0.088 | 0.171 | 0.159 | 0.110 | 0.134 | 0.135 | 0.138 |
| 麻栗坪村 | 0.517 | 0.491 | 0.097 | 0.096 | 0.161 | 0.137 | 0.121 | 0.113 | 0.120 | 0.146 |

（续表）

| 村庄名称 | 乡村人居环境水平 | 综合满意度 | 生态环境质量 | 生态满意度 | 生活质量 | 生活满意度 | 生产效率 | 生产效率满意度 | 社会文化 | 社会文化满意度 |
|---|---|---|---|---|---|---|---|---|---|---|
| 马背冲村 | 0.458 | 0.501 | 0.099 | 0.114 | 0.141 | 0.151 | 0.109 | 0.098 | 0.096 | 0.138 |
| 马街村 | 0.526 | 0.563 | 0.110 | 0.114 | 0.179 | 0.174 | 0.107 | 0.125 | 0.120 | 0.150 |
| 曼嘎村 | 0.470 | 0.460 | 0.087 | 0.105 | 0.166 | 0.149 | 0.104 | 0.075 | 0.103 | 0.131 |
| 那哈村 | 0.512 | 0.467 | 0.097 | 0.089 | 0.174 | 0.150 | 0.107 | 0.097 | 0.123 | 0.131 |
| 那长村 | 0.462 | 0.488 | 0.099 | 0.072 | 0.148 | 0.173 | 0.100 | 0.118 | 0.105 | 0.126 |
| 南北村 | 0.433 | 0.376 | 0.085 | 0.088 | 0.141 | 0.109 | 0.101 | 0.103 | 0.097 | 0.076 |
| 埔佐村 | 0.516 | 0.517 | 0.086 | 0.073 | 0.184 | 0.167 | 0.114 | 0.124 | 0.121 | 0.153 |
| 前所社区 | 0.532 | 0.586 | 0.095 | 0.102 | 0.191 | 0.179 | 0.105 | 0.145 | 0.127 | 0.161 |
| 山黑坡村 | 0.490 | 0.424 | 0.097 | 0.114 | 0.153 | 0.133 | 0.123 | 0.078 | 0.104 | 0.099 |
| 塘子边村 | 0.481 | 0.493 | 0.091 | 0.105 | 0.167 | 0.170 | 0.102 | 0.106 | 0.104 | 0.113 |
| 朝阳行政村拖落自然村 | 0.467 | 0.327 | 0.097 | 0.079 | 0.146 | 0.106 | 0.109 | 0.082 | 0.103 | 0.060 |
| 响水河村 | 0.479 | 0.505 | 0.091 | 0.088 | 0.150 | 0.158 | 0.116 | 0.118 | 0.113 | 0.141 |
| 新寨 | 0.556 | 0.555 | 0.109 | 0.094 | 0.187 | 0.181 | 0.117 | 0.120 | 0.127 | 0.160 |
| 薛官堡村 | 0.513 | 0.533 | 0.104 | 0.064 | 0.163 | 0.181 | 0.116 | 0.133 | 0.120 | 0.156 |
| 银桥村 | 0.539 | 0.573 | 0.110 | 0.102 | 0.179 | 0.169 | 0.110 | 0.130 | 0.126 | 0.172 |
| 云南驿村 | 0.516 | 0.546 | 0.095 | 0.098 | 0.176 | 0.173 | 0.100 | 0.126 | 0.131 | 0.148 |
| 者宁村 | 0.507 | 0.455 | 0.110 | 0.096 | 0.163 | 0.146 | 0.104 | 0.109 | 0.118 | 0.106 |
| 中庄村 | 0.538 | 0.536 | 0.113 | 0.102 | 0.182 | 0.182 | 0.111 | 0.136 | 0.119 | 0.116 |
| 自羌朗村 | 0.468 | 0.483 | 0.093 | 0.088 | 0.151 | 0.156 | 0.097 | 0.113 | 0.114 | 0.127 |

附表 3-5　初始标量信息一览表

| 初始变量 | 变量含义及输入变量 | 变量来源 |
| --- | --- | --- |
| 人口密度(人/平方千米) | (户籍人口+暂住人口)/村镇建设用地面积 | ① |
| 暂住/户籍(%) | 县区内农村暂住人口/户籍人口 | ① |
| 行政村平均人口规模(万人) | 县区内农村户籍人口及暂住人口之和/县区内行政村总数 | ① |
| 600人以上自然村比例(%) | 600人以上自然村数量/县区内自然村总数 | ① |
| 集中供水行政村比例(%) | 集中供水行政村占县区内行政村总数的比例 | ① |
| 行政村平均供水管道建设长度(千米) | 县区村镇供水管道总长度/县区内行政村总数 | ① |
| 用水普及率(%) | 县区村民使用集中供水的比例 | ① |
| 行政村平均道路建设长度(千米) | 县区村镇道路总长度/县区内行政村总数 | ① |
| 道路硬化率(%) | 硬化道路长度/村镇内道路总长度 | ① |
| 行政村平均排水管道长度(千米) | 县区村镇排水管道总长度/县区内行政村总数 | ① |
| 生活污水处理的行政村比例(%) | 生活污水处理行政村占县区内行政村总数的比例 | ① |
| 有生活垃圾收集点的行政村比例(%) | 有生活垃圾收集点的行政村占县区内行政村总数的比例 | ① |
| 对生活垃圾进行处理的行政村比例(%) | 对生活垃圾进行处理的行政村占县区内行政村总数的比例 | ① |
| 人均年垃圾清运量(吨) | 县区村镇垃圾清运总量/县区农村人口(户籍人口+暂住人口) | ① |
| 人均实有住宅建筑面积(平方米) | 实有住宅建筑面积/县区农村人口(户籍人口+暂住人口) | ① |
| 混合结构以上住宅建面比例(%) | 混合结构以上住宅建筑面积占总住宅建筑面积比例 | ① |
| 人均实有公共建筑面积(平方米) | 实有公共建筑面积/县区农村人口(户籍人口+暂住人口) | ① |
| 人均实有生产性建筑面积(平方米) | 实有生产建筑面积/县区农村人口(户籍人口+暂住人口) | ① |
| 村民人均纯收入(元) | 村民人均纯收入 | ② |
| 人均农业总产值(元) | 县区农业总产值/县区农村人口(户籍人口+暂住人口) | ①② |

资料来源:①2013年度住建部(县区单元)农村建设数据村,②云南省统计年鉴(2014)

附表 3-6　2013 年云南省县区单元乡村人居环境水平的聚类特征区的平均值与标准差

| 特征区分类 | 第 1 类 | 第 2 类 | 第 3 类 | 第 4 类 | 第 5 类 |
| --- | --- | --- | --- | --- | --- |
| 县区空间单元(个) | 19 | 13 | 18 | 52 | 24 |
| 第 1 主因子　平均值 | 1.500 | −0.146 | −0.398 | −0.130 | −0.528 |
| 标准差 | 1.638 | 0.346 | 0.191 | 0.183 | 0.199 |
| 变异系数 | 1.092 | 2.370 | 0.480 | 1.408 | 0.377 |
| 第 2 主因子　平均值 | 0.138 | 1.470 | 0.198 | −0.399 | −0.189 |
| 标准差 | 0.502 | 2.293 | 0.137 | 0.190 | 0.091 |
| 变异系数 | 3.638 | 1.560 | 0.692 | 0.476 | 0.481 |
| 第 3 主因子　平均值 | 0.558 | −0.168 | 0.218 | −0.080 | −0.340 |
| 标准差 | 1.157 | 1.316 | 0.865 | 0.616 | 0.668 |
| 变异系数 | 2.073 | 7.833 | 3.968 | 7.700 | 1.965 |
| 第 4 主因子　平均值 | 0.126 | 0.057 | 0.247 | −0.195 | 0.107 |
| 标准差 | 0.440 | 0.941 | 0.746 | 0.955 | 0.973 |
| 变异系数 | 3.492 | 16.509 | 3.020 | 4.897 | 9.093 |
| 第 5 主因子　平均值 | −0.019 | −0.165 | 0.020 | −0.041 | 0.179 |
| 标准差 | 1.295 | 0.779 | 0.910 | 0.716 | 0.829 |
| 变异系数 | 68.158 | 4.721 | 45.500 | 17.463 | 4.631 |
| 第 6 主因子　平均值 | 0.285 | 0.043 | 0.335 | −0.423 | 0.417 |
| 标准差 | 0.796 | 1.036 | 1.084 | 0.561 | 0.794 |
| 变异系数 | 2.793 | 24.093 | 3.236 | 1.326 | 1.904 |

附表 3-7　各主因子所含变量在各聚类特征区的平均值

| 初始变量 | 第 1 特征区 | 第 2 特征区 | 第 3 特征区 | 第 4 特征区 | 第 5 特征区 | 全省平均值 |
|---|---|---|---|---|---|---|
| 人口密度(人/平方千米) | 95.05 | 220.83 | 93.83 | 57.73 | 65.72 | 86.865 |
| 暂户比 | 0.048 | 0.074 | 0.018 | 0.015 | 0.010 | 2.605% |
| 行政村平均人口规模(万人) | 0.284 | 0.258 | 0.265 | 0.229 | 0.273 | 0.254 |
| 600 人以上自然村比例 | 0.180 | 0.304 | 0.255 | 0.062 | 0.237 | 16.602% |
| 集中供水行政村比例 | 0.719 | 0.702 | 0.757 | 0.602 | 0.687 | 65.254 % |
| 行政村平均供水管道建设长度(千米) | 5.221 | 3.565 | 5.003 | 3.628 | 6.129 | 4.535 |
| 用水普及率 | 0.834 | 0.670 | 0.715 | 0.641 | 0.632 | 66.599% |
| 行政村平均道路建设长度(千米) | 8.660 | 7.334 | 7.046 | 5.738 | 8.060 | 6.972 |
| 道路硬化率 | 0.405 | 0.177 | 0.201 | 0.206 | 0.174 | 22.611% |
| 行政村平均排水管道长度(千米) | 2.880 | 1.076 | 2.404 | 0.920 | 2.092 | 1.667 |
| 生活污水处理的行政村比例 | 0.300 | 0.049 | 0.017 | 0.012 | 0.003 | 5.687% |
| 有生活垃圾收集点的行政村比例 | 0.759 | 0.474 | 0.369 | 0.255 | 0.214 | 35.378% |
| 对生活垃圾进行处理的行政村比例 | 0.567 | 0.279 | 0.261 | 0.096 | 0.103 | 20.596% |
| 人均年垃圾清运量(吨) | 0.158 | 0.079 | 0.037 | 0.031 | 0.013 | 0.052 |
| 人均实有住宅建筑面积(平方米) | 35.414 | 33.755 | 38.722 | 35.392 | 36.145 | 35.012 |
| 混合结构以上住宅建面比例 | 0.397 | 0.265 | 0.355 | 0.239 | 0.345 | 30.214% |
| 人均实有公共建筑面积(平方米) | 1.466 | 1.104 | 1.862 | 1.019 | 1.434 | 1.295 |
| 人均实有生产性建筑面积(平方米) | 2.689 | 1.748 | 1.556 | 0.801 | 1.052 | 1.339 |
| 村民人均纯收入(元) | 8 054 | 7 199 | 6 763 | 5 657 | 5 599 | 6 367.840 |
| 人均农业总产值(元) | 19 322 | 10 694 | 11 062 | 10 824 | 8 962 | 11 771.491 |

附表 3-8 云南乡村人居环境评价体系

| 1 目标层 | 2 系统层 | 3 支持层 | 4 指标层 |
|---|---|---|---|
| 乡村人居环境建设水平 | 生态环境 A | 正面因素 A1 | A11 省域森林覆盖率(%)②<br>A12 省域人均水资源量(立方米)①<br>A13 每万人人造林面积(公顷)① |
| | | 负面因素 A2 | A21 人均农药使用量(千克)①<br>A22 人均化肥使用量(吨)①<br>A23 人均自然灾害受灾直接经济损失(元)① |
| | 生活质量 B | 基础设施 B1 | B11 人均农村固定资产投资(元)①<br>B12 人均农业财政总支出(元)②<br>B13 自来水受益村比例(%)③<br>B14 水库总库容量(亿立方米) |
| | | 居住条件 B2 | B21 人均住宅建筑面积(平方米)①③<br>B22 人均农村竣工住宅投资额(元/人)①<br>B23 农村农户竣工住宅造价(元/平方米)① |
| | | 公共服务 B3 | B31 每万农村人口卫生机构床位数(个)③<br>B32 养老服务设施数量(个)③<br>B33 农村邮政投递线路(万千米)① |
| | | 生活水平 B4 | B41 村民人均纯收入(元)②<br>B42 工资性收入占总收入(元)②<br>B43 村民人均消费支出(元)②<br>B44 村民恩格尔系数(%)①<br>B45 城乡居民收入比① |

（续表）

| 1 目标层 | 2 系统层 | 3 支持层 | 4 指标层 |
|---|---|---|---|
| 乡村人居环境建设水平 | 生产效率 C | 农业基础 C1 | C11 农村年人均用电量(千瓦时)①<br>C12 人均农业机械动力(千瓦)①<br>C13 人均农林牧渔总产值(元)①<br>C14 人均农林牧渔基本建设投资(元)① |
| | | 经济活力 C2 | C21 农村个体就业人数(万人)①<br>C22 农村私营企业就业人数(万人)①<br>C23 农村私营企业投资者人数(万人)①<br>C24 第二产业就业人员比例(%)①<br>C25 第三产业就业人员比例(%)① |

资料来源：①《中国统计年鉴》2001—2016 年，②《云南统计年鉴》2001—2016 年，③《中国农村统计年鉴》2001—2016 年。

附表 3-9　1998—2005、2006—2015 年间村民人均纯收入灰色关联度排序比较

| 1998—2005 年 | 最小差值 $\Delta_{min}=0.00006$ 最大差值 $\Delta_{max}=3.24872$ | | 2006—2015 年 | 最小差值 $\Delta_{min}=0.00014$ 最大差值 $\Delta_{max}=2.86228$ | |
|---|---|---|---|---|---|
| 排序 | 子数列 | 关联系数 | 编号 | 子数列 | 关联系数 |
| 1 | $X_{09}$ 第三产业就业人员比例(%) | 0.8514 | 1 | $X_{02}$ 村民家庭人均家庭经营纯收入(元) | 0.8871 |
| 2 | $X_{02}$ 村民家庭人均家庭经营纯收入(元) | 0.8071 | 2 | $X_{05}$ 村民人均消费支出(元) | 0.8302 |
| 3 | $X_{19}$ 森林覆盖率 | 0.7763 | 3 | $X_{01}$ 村民家庭人均工资性纯收入(元) | 0.8274 |
| 4 | $X_{13}$ 人均农林牧渔产值(元) | 0.7755 | 4 | $X_{32}$ 农村年人均用电量(千瓦时) | 0.8112 |
| 5 | $X_{32}$ 农村年人均用电量(千瓦时) | 0.7317 | 5 | $X_{25}$ 人均住宅建筑面积(平方米) | 0.7587 |
| 6 | $X_{18}$ 人均农业财政总支出(元) | 0.7263 | 6 | $X_{13}$ 人均农林牧渔产值(元) | 0.7513 |
| 7 | $X_{10}$ 农村私营企业从业人数(万人) | 0.7046 | 7 | $X_{31}$ 自来水受益村比例 | 0.7406 |
| 8 | $X_{37}$ 城镇化率(%) | 0.6561 | 8 | $X_{28}$ 每万人拥有病床床位数(张) | 0.7393 |
| 9 | $X_{22}$ 农药使用量(万吨) | 0.6278 | 9 | $X_{33}$ 人均农业机械动力(千瓦) | 0.7231 |
| 10 | $X_{26}$ 人均农村竣工住宅投资额(元) | 0.6277 | 10 | $X_{37}$ 城镇化率(%) | 0.7106 |
| 11 | $X_{33}$ 人均农业机械动力(千瓦) | 0.6269 | 11 | $X_{09}$ 第三产业就业人员比例(%) | 0.702 |
| 12 | $X_{16}$ 第三产业增加值占 GDP 比例(%) | 0.5829 | 12 | $X_{39}$ 城乡居民收入比 | 0.6674 |
| 13 | $X_{12}$ 农村私营企业投资者人数(万人) | 0.5805 | 13 | $X_{23}$ 化肥使用量(万吨) | 0.6433 |
| 14 | $X_{05}$ 村民人均消费支出(元) | 0.5794 | 14 | $X_{11}$ 农村个体就业人数(万人) | 0.6341 |
| 15 | $X_{35}$ 水库总库容量(亿立方米) | 0.5718 | 15 | $X_{18}$ 人均农业财政总支出(元) | 0.6312 |
| 16 | $X_{31}$ 自来水受益村比例(%) | 0.5668 | 16 | $X_{36}$ 农业自然科学独立机构科研人员(人) | 0.6138 |
| 17 | $X_{34}$ 人均农林牧渔业基本建设投资(元) | 0.5663 | 17 | $X_{04}$ 村民家庭人均转移性纯收入(元) | 0.5973 |
| 18 | $X_{25}$ 人均住宅建筑面积(平方米) | 0.5508 | 18 | $X_{16}$ 第三产业增加值占 GDP 比例(%) | 0.5937 |
| 19 | $X_{23}$ 化肥使用量(万吨) | 0.5314 | 19 | $X_{26}$ 人均农村竣工住宅投资额(元) | 0.5599 |
| 20 | $X_{24}$ 人均农村固定资产投资(元) | 0.5246 | 20 | $X_{22}$ 农药使用量(万吨) | 0.5309 |
| 21 | $X_{03}$ 村民家庭人均财产性纯收入(元) | 0.5173 | 21 | $X_{24}$ 人均农村固定资产投资(元) | 0.4979 |

（续表）

| 1998—2005 年 | 最小差值 $\Delta_{min}=0.00006$ 最大差值 $\Delta_{max}=3.24872$ | | 2006—2015 年 | 最小差值 $\Delta_{min}=0.00014$ 最大差值 $\Delta_{max}=2.86228$ | |
|---|---|---|---|---|---|
| 排序 | 子数列 | 关联系数 | 编号 | 子数列 | 关联系数 |
| 22 | $X_{28}$ 每万人拥有病床床位数(张) | 0.5048 | 22 | $X_{06}$ 村民家庭恩格尔系数 | 0.4787 |
| 23 | $X_{40}$ 农业受灾面积(千公顷) | 0.4907 | 23 | $X_{35}$ 水库总库容量(亿立方米) | 0.4747 |
| 24 | $X_{01}$ 村民家庭人均工资性纯收入(元) | 0.4742 | 24 | $X_{19}$ 森林覆盖率(%) | 0.4647 |
| 25 | $X_{06}$ 村民家庭恩格尔系数 | 0.4714 | 25 | $X_{27}$ 农村农户竣工住宅造价(元/平方米) | 0.464 |
| 26 | $X_{36}$ 农业自然科学独立机构科研人员(人) | 0.4677 | 26 | $X_{34}$ 人均农林牧渔业基本建设投资(元) | 0.4611 |
| 27 | $X_{38}$ 农村固定资产投资占全社会固定投资比重 | 0.4618 | 27 | $X_{03}$ 村民家庭人均财产性纯收入(元) | 0.4331 |
| 28 | $X_{14}$ 第一产业增加值占 GDP 比例(%) | 0.4614 | 28 | $X_{08}$ 第二产业就业人员比例(%) | 0.4145 |
| 29 | $X_{11}$ 农村个体就业人数(万人) | 0.3851 | 29 | $X_{38}$ 农村固定资产投资占全社会固定投资比重 | 0.4129 |
| 30 | $X_{07}$ 第一产业就业人员比例(%) | 0.3744 | 30 | $X_{29}$ 养老服务设施数量(个) | 0.4056 |
| 31 | $X_{17}$ 农业占地方财政支出比例(%) | 0.3702 | 31 | $X_{12}$ 农村私营企业投资者人数(万人) | 0.405 |
| 32 | $X_{21}$ 人均水资源量(立方米/人) | 0.3689 | 32 | $X_{10}$ 农村私营企业从业人数(万人) | 0.402 |
| 33 | $X_{15}$ 第二产业增加值占 GDP 比例(%) | 0.3678 | 33 | $X_{14}$ 第一产业增加值占 GDP 比例(%) | 0.3995 |
| 34 | $X_{27}$ 农村农户竣工住宅造价(元/平方米) | 0.343 | 34 | $X_{30}$ 农村邮政投递线路(万千米) | 0.3913 |
| 35 | $X_{08}$ 第二产业就业人员比例(%) | 0.3271 | 35 | $X_{07}$ 第一产业就业人员比例(%) | 0.3745 |
| 36 | $X_{20}$ 当年人工造林面积(千公顷) | 0.3193 | 36 | $X_{21}$ 人均水资源量(立方米/人) | 0.3459 |
| 37 | $X_{04}$ 村民家庭人均转移性纯收入(元) | 0.319 | 37 | $X_{17}$ 农业占地方财政支出比例(%) | 0.3351 |
| 38 | $X_{29}$ 养老服务设施数量(个) | 0.2872 | 38 | $X_{20}$ 当年人工造林面积(千公顷) | 0.3278 |
| 39 | $X_{30}$ 农村邮政投递线路(万千米) | 0.2868 | 39 | $X_{15}$ 第二产业增加值占 GDP 比例(%) | 0.3248 |
| 40 | $X_{39}$ 城乡居民收入比(%) | 0.215 | 40 | $X_{40}$ 农业受灾面积(千公顷) | 0.232 |
| 平均值 | | 0.5195 | 平均值 | | 0.5500 |

附表 3-10　2001—2015 年云南乡村人居环境演变指标体系

| 指标体系 | 2001 年 | 2002 年 | 2003 年 | 2004 年 | 2005 年 | 2006 年 | 2007 年 | 2008 年 | 2009 年 | 2010 年 | 2011 年 | 2012 年 | 2013 年 | 2014 年 | 2015 年 |
|---|---|---|---|---|---|---|---|---|---|---|---|---|---|---|---|
| A11 森林覆盖率(%) | 36 | 37 | 38 | 39 | 40.8 | 40.8 | 40.8 | 40.8 | 47.5 | 50 | 57.32 | 58 | 58 | 58 | 58.5 |
| A12 当年人工造林面积(千公顷) | 279.8 | 307.9 | 431.4 | 174.265 | 163.6 | 136.2 | 264.2 | 507.7 | 605.9 | 596.88 | 551.25 | 495.42 | 467.66 | 334.59 | 350.51 |
| A13 人均水资源量(立方米/人) | 5 976 | 5 328 | 3 902.5 | 4 770.8 | 4 161.7 | 3 832.25 | 5 013.94 | 5 110.96 | 3 459.73 | 4 233.1 | 3 206.53 | 3 637.91 | 3 652.24 | 3 673.28 | 3 959.3 |
| A21 农药使用量(万吨) | 2.5 | 2.57 | 2.69 | 2.91 | 3.06 | 3.29 | 3.52 | 4.29 | 4.26 | 4.62 | 4.82 | 5.53 | 5.48 | 5.72 | 5.86 |
| A22 化肥使用量(万吨) | 120.04 | 125 | 129.22 | 137.24 | 142.65 | 150.39 | 158.27 | 167.67 | 171.39 | 184.58 | 200.47 | 210.21 | 219.02 | 226.86 | 231.87 |
| A23 人均自然灾害受灾直接经济损失(元) | 286.87 | 200.87 | 188.98 | 229.92 | 309.75 | 264.79 | 332.77 | 651.15 | 440.87 | 1146.76 | 653.23 | 580.62 | 552.89 | 1 617.04 | 528.10 |
| B11 人均农村固定资产投资(元) | 173.42 | 174.95 | 204.48 | 228.35 | 201.66 | 458.60 | 758.16 | 859.72 | 1 281.01 | 746.72 | 882.44 | 981.58 | 1 242.27 | 1 546.12 | 1 604.88 |
| B12 人均农业财政总支出(元) | 140.52 | 144.57 | 152.52 | 226.46 | 234.23 | 269.13 | 413.21 | 584.00 | 885.91 | 1 088.89 | 1 400.07 | 1 833.80 | 1 932.48 | 2 164.00 | 2 387.50 |
| B13 自来水受益村数量(个) | 0.805 | 0.832 | 0.868 | 0.881 | 0.892 | 0.899 | 0.912 | 0.920 | 0.929 | 0.934 | 0.941 | 0.953 | 0.960 | 0.973 | 0.984 |
| B14 水库总库容量(亿立方米) | 92.90 | 94.06 | 103.11 | 104.20 | 106.07 | 111.45 | 113.43 | 128.27 | 128.96 | 131.70 | 134.83 | 142.59 | 373.76 | 375.29 | 741.59 |
| B21 人均住宅建筑面积(平方米) | 22.42 | 23.7 | 23.45 | 23.5 | 25.2 | 25.8 | 26.7 | 27.4 | 28.7 | 29 | 30.9 | 31.7 | 33 | 34 | 36.43 |

（续表）

| 指标体系 | 2001年 | 2002年 | 2003年 | 2004年 | 2005年 | 2006年 | 2007年 | 2008年 | 2009年 | 2010年 | 2011年 | 2012年 | 2013年 | 2014年 | 2015年 |
|---|---|---|---|---|---|---|---|---|---|---|---|---|---|---|---|
| B22人均农村竣工住宅投资额(元) | 145.73 | 163.01 | 196.48 | 225.45 | 266.09 | 291.08 | 283.94 | 317.97 | 327.05 | 411.31 | 494.84 | 549.79 | 741.95 | 1 056.02 | 1 582.88 |
| B23农村农户竣工住宅造价(元/平方米) | 186.40 | 220.00 | 208.00 | 199.21 | 254.73 | 334.19 | 249.46 | 260.53 | 376.04 | 357.40 | 378.78 | 381.36 | 427.52 | 477.10 | 999.86 |
| B31每万人拥有病床床位数(张) | 9.84 | 9.95 | 9.81 | 10.17 | 10.36 | 11.01 | 11.30 | 11.60 | 11.90 | 12.10 | 12.33 | 14.07 | 15.06 | 15.84 | 16.52 |
| B32养老服务设施数量(个) | 460 | 555 | 529 | 568 | 613 | 620 | 622 | 629 | 558 | 639 | 661 | 653 | 656 | 665 | 686 |
| B33农村邮政投递线路(万千米) | 16.47 | 16.43 | 16.52 | 16.38 | 16.55 | 16.05 | 16.14 | 16.09 | 15.99 | 15.96 | 15.86 | 16.94 | 16.90 | 16.50 | 17.04 |
| B41农村居民村民人均纯收入(元) | 1 533 | 1 608 | 1 697 | 1 864 | 2 041 | 2 250 | 2 634 | 3 103 | 3 369 | 3 952 | 4 722 | 5 417 | 6 141 | 7 456 | 8 242 |
| B42工资性收入占总收入(元) | 283.4 | 286.2 | 318.2 | 325.9 | 348.3 | 441.8 | 521.6 | 617.5 | 685.0 | 930.0 | 1 138.6 | 1 435.9 | 1 729.2 | 1 975.8 | 2 315.5 |
| B43农村居民村民人均消费支出(元) | 1 422 | 1 381 | 1 405 | 1 570 | 1 789 | 2 195 | 2 637 | 2 991 | 2 925 | 3 398 | 4 000 | 4 561 | 5 246.6 | 6 030 | 6 830 |
| B44农村居民村民恩格尔系数 | 0.5749 | 0.559 | 0.53 | 0.54 | 0.545 | 0.49 | 0.465 | 0.496 | 0.482 | 0.472 | 0.471 | 0.456 | 0.4422 | 0.3559 | 0.415 |
| B45城乡居民收入比 | 4.434 | 4.744 | 4.504 | 4.759 | 4.539 | 4.476 | 4.364 | 4.270 | 4.281 | 4.065 | 3.934 | 3.891 | 3.784 | 3.259 | 3.200 |
| C11农村年人均用电量(千瓦·时) | 101.09 | 108.55 | 115.61 | 127.06 | 132.86 | 144.67 | 156.96 | 165.70 | 180.34 | 205.22 | 228.15 | 260.89 | 295.34 | 317.15 | 340.34 |

（续表）

| 指标体系 | 2001年 | 2002年 | 2003年 | 2004年 | 2005年 | 2006年 | 2007年 | 2008年 | 2009年 | 2010年 | 2011年 | 2012年 | 2013年 | 2014年 | 2015年 |
|---|---|---|---|---|---|---|---|---|---|---|---|---|---|---|---|
| C12人均农业机械动力(千瓦) | 0.434 | 0.456 | 0.480 | 0.507 | 0.531 | 0.566 | 0.603 | 0.662 | 0.716 | 0.802 | 0.898 | 1.016 | 1.101 | 1.170 | 1.240 |
| C13人均农林牧渔总产值(元) | 4 164.3 | 4 348.3 | 4 729.1 | 5 698.8 | 6 322.4 | 6 809.6 | 8 001.9 | 9 610.4 | 10 291.7 | 10 976.3 | 14 010.3 | 16 552.9 | 19 124.1 | 20 798.9 | 21 197.3 |
| C14人均农林牧渔业基本建设投资(元) | 31.41 | 21.87 | 27.73 | 167.97 | 235.79 | 230.55 | 324.81 | 545.93 | 805.60 | 751.75 | 525.86 | 722.24 | 1 213.48 | 1 866.69 | 2 949.01 |
| C21农村个体就业人数(万人) | 54.87 | 54.90 | 56.68 | 47.80 | 58.57 | 76.53 | 66.18 | 57.12 | 78.79 | 75.77 | 89.63 | 127.95 | 164.55 | 194.60 | 219.10 |
| C22农村私营企业就业人数(万人) | 13.42 | 17.70 | 30.12 | 29.40 | 33.15 | 39.02 | 40.83 | 36.19 | 40.56 | 41.26 | 49.24 | 58.20 | 53.82 | 67.45 | 255.80 |
| C23农村私营企业投资者人数(万人) | 1.27 | 2.10 | 6.60 | 3.02 | 3.23 | 4.46 | 5.22 | 2.86 | 3.47 | 3.20 | 3.63 | 4.31 | 4.49 | 6.81 | 10.25 |
| C24第二产业就业人员比例(%) | 8.95 | 8.80 | 8.92 | 9.09 | 10.00 | 10.40 | 10.90 | 11.30 | 12.00 | 12.60 | 13.10 | 13.50 | 13.20 | 13.20 | 13.00 |
| C25第三产业就业人员比例(%) | 17.40 | 17.90 | 18.33 | 19.62 | 20.60 | 22.20 | 23.70 | 25.10 | 25.70 | 27.00 | 27.50 | 29.70 | 31.30 | 33.10 | 33.40 |

# 后　　记

乡宁，则城稳；乡荣，则国盛。作为一名规划师，乡村是不可回避的空间主体与实践对象。要做好规划，就必须深入乡村、研究乡村、弄懂乡村。

2015 年暑假，深圳大学城市规划系教研团队有幸参与全国乡村人居环境调查课题，与同济大学团队一起承担西南地区的调查工作，这也成为我本人在乡村研究领域的开端。在随后的研究过程中，团队对前期田野调研资料进行充分的数据整理、挖掘与指标建构，并从时空演变及差异角度，通过对多源的人居环境数据资料进行复合分析与解读，尝试对西南地区（尤其是云南省）的乡村人居环境的演变趋势、地域差异、人居评价、价值认同、影响因素、乡村发展本质与动力机制等方面进行系统完整且富有深度思考的地域乡村人居样本研究。研究还基于乡村价值认同，提出“生活愿景”和“本土认同”概念，期望能够对乡村人居环境建设及乡村永续发展，提供有益的理论分析、方法探索与案例参考。

通过本次课题的乡村研究，我对规划有了更全面的认识。从规划实践角度来看，乡村不再是规划工作的技术边缘，国土空间规划体系的改革让乡村成为空间规划技术版图的有机组成，规划实践必须建立于扎实的乡村调查与研究基础上，“以城划乡”的做法必须改变。从人才培育角度来看，深圳大学地处粤港澳大湾区的示范区城市——深圳，既有教学内容中缺乏对乡村的感性认识与学习积累。大湾区城市的高速发展，容易让学生忽视国家广域视野下的乡村问题。近年来，通过增设乡村规划教学单元、鼓励师生团队积极参与各类乡村设计竞赛、承担各地村镇课题研究，乡村人居已成为深圳大学城乡规划教育中的特色板块。

虽历时五年，著一书不易，但仍存不如人意之处。西南地区涵盖云贵川等省份，但调研仅针对云贵两省，并受组织规模及资源条件限制，使得村庄及村民样本的代表性存在一定不足。且云贵两省调查样本规模与调研深度存在差异，导致后续关于生活愿景及本土认同等定量化研究，均集中于云南省的村庄调查数据，缺乏对贵州省部分的深入探讨。这也是我未来将继续弥补的研究缺憾，希望与更多的同仁一起探索。行而不辍，未来可期。

在此，由衷感谢同济大学赵民教授、彭震伟教授，同济大学出版社社长华春荣对本书初稿提出的宝贵意见。特别感谢参与本次西南地区调研课题的师生：同济大学的栾峰教授(团队)和深圳大学的陈宇老师，参与现场调研的李颢禹、李思齐、李淑桃、田尚灵、卢映圻、洪崇林、王冠、郭添、杨雨青、黄一益、陶银银等同学，协助调研数据整理的李颢禹、吴秋虹、周夏雨、胡雅丽同学，协助撰写及制图工作的陈泽霖、郑浩钦、钟婧华同学，同济大学团队的林楚阳、宝一力同学等。特别感谢李雯骐博士帮助梳理、优化相关研究进展及云贵乡村建设政策两部分内容，并对全书文字进行校核与优化提升。

感谢住建部赵晖、张学勤、张雁、胡建坤、郭志伟等领导同志对本次调研工作给予的大力支持，感谢住建部村镇司对本书出版的肯定，感谢同济大学出版社对本书出版的支持。

李云
深圳大学 城市规划系
2021 年 06 月 06 日